Kalide · Einführung in die technische Strömungslehre

Studienbücher

der technischen Wissenschaften

Carl Hanser Verlag München Wien

Einführung
in die technische Strömungslehre

von Prof. Dipl.-Ing. Wolfgang Kalide

Mit 198 Bildern, 18 Tafeln und Tabellen,
61 durchgerechneten Beispielen und
40 Übungsaufgaben mit Lösungsangabe

7., durchgesehene Auflage

Carl Hanser Verlag München Wien

Professor Dipl.-Ing. Wolfgang Kalide
ist Hochschullehrer an der Fachhochschule Dortmund

CIP-Kurztitelaufnahme der Deutschen Bibliothek

Kalide, Wolfgang:
Einführung in die technische Strömungslehre / von
Wolfgang Kalide. – 7., durchges. Aufl. – München ;
Wien : Hanser, 1990.
  (Studienbücher der technischen Wissenschaften)
  ISBN 3-446-15892-8

© 1990 Carl Hanser Verlag München Wien
Umschlaggestaltung: Kaselow + Partner
Satz und Druck: Passavia Druckerei GmbH Passau
Printed in Germany

Vorwort

Das vorliegende Buch ist aus dem Stoff meiner Vorlesungen zunächst an der Staatlichen Ingenieurschule und später an der Fachhochschule Dortmund hervorgegangen. Es wendet sich in erster Linie an Studierende der technischen Fachbereiche. Aber auch bereits im Berufsleben stehenden Ingenieuren soll das Buch eine gute Hilfe sein, wenn sie sich mit einem plötzlich auftretenden Strömungsproblem herumschlagen müssen. Ich habe mich daher bemüht, den Stoff so weit wie möglich praxisgerecht darzustellen unter Verzicht auf ein Übermaß an Theorie. Dieses Buch soll vielmehr der Vermittlung wissenschaftlicher Erkenntnisse und Methoden dienen unter besonderer Betonung ihrer Anwendung in der Praxis.

Der Umfang des dargebotenen Stoffes ist bewußt in Grenzen gehalten, worauf bereits der Titel hinweist. Es werden die wesentlichen Grundlagen der Strömungsmechanik behandelt, wobei ich mich in der Hauptsache auf die stationären, ebenen Vorgänge beschränkt habe. Zum Verständnis des Dargebotenen sind Grundkenntnisse in Physik und Mathematik erforderlich, bei letzterer besonders solche der Infinitesimalrechnung.

Entsprechend der Bedeutung, welche die Überschallströmung in der modernen Technik einnimmt, mußte dieses Gebiet der Strömungslehre in der fünften Auflage erweitert werden. In dem neuen Kapitel „Gasdynamik" wird der Bedeutung dieser Strömungsvorgänge im Verdichter- und Turbinenbau sowie in der Flugtechnik Rechnung getragen.

Besonderen Wert habe ich darauf gelegt, alle Gesetzmäßigkeiten als Größengleichungen wiederzugeben. Die in der ersten bis dritten Auflage gewählte Methode, alle Beispiele sowohl mit technischen als auch mit SI-Einheiten durchzurechnen, wurde ab der vierten Auflage fallengelassen. Gerechnet wird nun nur noch mit den gesetzlichen Einheiten.

Dem Textteil ist ein Anhang angefügt, der neben Stoffwerten, Kennwerten, Widerstandszahlen und Diagrammen auch zwei Tafeln zum Abgreifen überschlägiger Druckverlustwerte von Rohrströmungen enthält.

Dortmund, 1990   Der Verfasser

Inhaltsverzeichnis

Formelzeichen und Einheiten 10

Gleichungen und Einheitensysteme 12

1 Einleitung und Grundlagen 14
   1.1   Physikalische Grundlagen 14
   1.2   Hydrostatik 17
   1.3   Grundbegriffe der Strömungslehre 24
   1.4   Durchfluß 25
   1.5   Kontinuität 26

2 Die Strömung der idealen Flüssigkeit 28
   2.1   Definition der idealen Flüssigkeit 28
   2.2   Die Energiegleichung der idealen Flüssigkeit 28
   2.3   Statischer und dynamischer Druck 36
   2.4   Das d'Alembertsche Paradoxon 37
   2.5   Die Potentialströmung 37

3 Die Strömung wirklicher Flüssigkeiten 39
   3.1   Die Flüssigkeitsreibung 39
   3.2   Die Viskosität 39
   3.3   Die Reynolds-Zahl 42
   3.4   Die Froude-Zahl 44
   3.5   Modell-Untersuchungen 44
   3.6   Die Strömungsformen 45
   3.7. Die Strömungsablösung 48
   3.8   Die Grenzschichttheorie 49
   3.9   Die erweiterte Energiegleichung der wirklichen Flüssigkeiten 52
   3.10 Der Strömungsverlust in Leitungen 52
   3.11 Strömungsverlust bei laminarer Rohrströmung 53
   3.12 Strömungsverlust bei turbulenter Rohrströmung 55
   3.13 Die Rohrreibungszahl 57
   3.14 Strömung durch unrunde Querschnitte 61
   3.15 Strömungsverluste bei Querschnitts- und Richtungsänderungen 63
   3.16 Die adäquate Leitungslänge 78
   3.17 Strömungsverlust beim Ausfluß ins Freie 81
   3.18 Seitlicher Ausfluß aus großen Öffnungen 87
   3.19 Die Strömung in offenen Gerinnen 92
   3.20 Der Pfeilerstau in offenen Gerinnen 98
   3.21 Instationäre Strömung 99

4 Strömung mit Änderung des Volumens 101
   4.1   Druck- und Geschwindigkeitsverlauf bei der Rohrströmung
         von gasförmigen Fluiden 101
   4.2   Die Energiegleichung der gasförmigen Fluide 107
   4.3   Die Ausströmung aus Mündungen 110
   4.4   Das kritische Druckverhältnis 112
   4.5   Die kritische Geschwindigkeit 114
   4.6   Die Schallgeschwindigkeit 115
   4.7   Die Grenzgeschwindigkeit 118

4.8   Die maximal ausströmende Masse   119
4.9   Die Ausströmung aus erweiterten Düsen   120
4.10   Die Strömung durch Spalte und Labyrinthe   126

5 Gasdynamik   134
5.1   Bewegung mit Schall- und Überschallgeschwindigkeit   134
5.2   Ebene Strömung bei variablem Strömungsquerschnitt   138
5.3   Eindimensionale, isentrope Strömung   139
5.4   Massenstromdichte   142
5.5   Das Flächenverhältnis   143
5.6   Der Gesamtzustand   143
5.7   Thermodynamische Betrachtung der isentropen Düsenströmung   144
5.8   Rückstoßkraft oder Schub einer Lavaldüse   146
5.9   Verdichtungsstöße   152
       5.9.1 Der gerade, senkrechte, stationäre Verdichtungsstoß   153
       5.9.2 Verdichtungsstoß nach Hugoniot   157
       5.9.3 Schräger Verdichtungsstoß   163
5.10   Verhalten der Lavaldüse bei veränderlichem Gegendruck   170
5.11   Der Überschallknall   172

6 Kraftwirkung und Energieaustausch bei Strömungsvorgängen   174
6.1   Ermittlung der Strömungskräfte   174
6.2   Strömungskräfte in Rohrkrümmern   176
6.3   Rückstoßkräfte von Flüssigkeitsstrahlen   178
6.4   Strahlstoßkräfte   180
6.5   Der Drallsatz   184
6.6   Strömung mit Energiezufuhr oder Energieabgabe   187
6.7   Die Kavitation   191

7 Die Strömung um Körper   192
7.1   Der Strömungswiderstand von Körpern   192
7.2   Der Reibungswiderstand   193
7.3   Der Druckwiderstand   195
7.4   Messung der Widerstandskräfte   196
7.5   Der Luftwiderstand   198
7.6   Schwebegeschwindigkeit   200

8 Die Tragflügel   201
8.1   Das Linienintegral   201
8.2   Die Zirkulation   201
8.3   Der Satz von Thomson   202
8.4   Der Magnuseffekt   202
8.5   Die Tragflügeltheorie   203
8.6   Die Kräfte am Tragflügel   205
6.7   Das Polardiagramm   208
8.8   Der induzierte Widerstand   210
8.9   Gitterströmung   211

9 Die Messung von strömenden Flüssigkeiten   214
9.1   Druckmessung   214
9.2   Geschwindigkeitsmessung mit dem Prandtlschen Staugerät   215
9.3   Durchflußmessung mit Drosselgeräten   219
9.4   Überfallmessungen   224

9.5 Durchflußmessung in offenen Gerinnen 226
9.6 Durchflußmessung mit Schwebekörper-Meßgeräten 227

Anhang

Schrifttum 229
Namenverzeichnis 229
Tabellen und Diagramme 230
Stichwortverzeichnis 247

Verwendete Formelzeichen und Einheiten

Nach DIN 1301, 1304, 1341, 1345, 5492

Formel-zeichen	Einheiten	Bedeutung
A	m^2	Fläche, Querschnitt
a	1	Reibungsfaktor bei Düsen
a	m/s	Schallgeschwindigkeit
a	m/s^2	Beschleunigung
a	1	Pfeilerbeiwert
b	m	Breite
c	1	Abminderungsbeiwert für Rückstau
c	m/s	Geschwindigkeit, Absolutgeschwindigkeit
c	1	Widerstandsbeiwert, allg.
c_A	1	Auftriebsbeiwert
c_M	1	Momentenbeiwert
c_W	1	Widerstandsbeiwert
c_p	$kJ/kg \cdot K$	Spez. Wärme bei konst. Druck
c_v	$kJ/kg \cdot K$	Spez. Wärme bei konst. Volumen
D	$kg \cdot m^2/s$	Impulsmoment, Drall
d	m	Durchmesser
E	$J = Nm$	Energiemenge
E	$W = Nm/s$	Energiestrom, Energieleistung
e	m	Beliebiges Längenmaß
F	N	Kraft
F_A	N	Auftrieb, Auftriebskraft
F_N	N	Normalkraft
F_T	N	Tangentialkraft
F_W	N	Widerstand, Widerstandskraft
Fr	1	Froude-Zahl
G	N	Gewichtskraft
g	m/s^2	Fallbeschleunigung
h	kJ/kg	Spez. Enthalpie
h_v	$m^2/s^2 = J/kg$	Spez. Verlustenergie
I	m^4	Flächenträgheitsmoment
I	kgm/s	Impuls
k	mm	Rauhigkeit
l	m	Länge
M	Nm	Moment
Ma	1	Mach-Zahl
m	kg	Masse, Stoffmenge
$\dot{m}$	kg/s	Massenstrom, Mengenstrom
n	$Hz = s^{-1}$	Drehzahl, Drehfrequenz
O	m^2	Oberfläche
P	$W = Nm/s$	Leistung
p	$N/m^2 = Pa$, bar	Absoluter Druck

Formelzeichen	Einheiten	Bedeutung
$p_{\ddot{u}}$	$N/m^2 = Pa$, bar	Überdruck = Absolutdruck abzüglich Umgebungsdruck
p_B	mbar $=$ hPa	Luftdruck
Q	$J = Nm$	Wärmemenge
$\dot{Q}$	$kW = kJ/s$	Wärmestrom, Wärmeleistung
q	N/m^2	Staudruck
dq	kJ/kg	Änderung der spez. thermischen Energie
R	$Nm/kg \cdot K$	Gaskonstante
Re	1	Reynolds-Zahl
r	m	Radius
s	m	Strecke, Weg, Wandstärke
s	$kJ/kg \cdot K$	Spez. Entropie
T	K	Absolute Temperatur
t	°C	Temperatur über dem Gefrierpunkt des Wassers bei 1013,25 mbar
t	m	Körpertiefe
t, T	s	Zeit, Zeitpunkt, Zeitspanne
U	m	Umfang
u	kJ/kg	Spez. innere Energie
u	m/s	Umfangsgeschwindigkeit
V	m^3	Rauminhalt, Volumen
V_0	m^3	Normvolumen = Rauminhalt bei Normzustand (1013,25 mbar, 0 °C)
$\dot{V}$	m^3/s	Volumenstrom
v	m^3/kg	Spezifisches Volumen
W	Nm	Arbeit
w	m/s	Geschwindigkeit, Relativgeschwindigkeit
w	$J/kg = m^2/s^2$	Spez. Arbeit
z	m	Höhe, Tiefe
α	1	Kontraktionszahl
α	1	Durchflußzahl
ε	1	Gleitzahl
ε	1	Expansionszahl
ζ	1	Widerstandszahl
η	$Pa \cdot s$	Dynamische Viskosität
$\varkappa$	1	Adiabatenexponent, Isentropenexponent
λ	1	Rohrreibungszahl
μ	1	Ausflußzahl
v	m^2/s	Kinematische Viskosität
π	1	Kreiszahl
ϱ	kg/m^3	Dichte
ϱ_0	kg/m^3	Dichte beim physikal. Normzustand
σ	1	Kavitationszahl
τ	N/m^2	Schubspannung
ϕ	1	Potential
φ	1	Geschwindigkeitszahl
ψ	1	Nusselt'sche Ausflußfunktion
ω	s^{-1}	Winkelgeschwindigkeit

0   Gleichungen und Einheitensysteme

0.1   Gleichungen

Die Behandlung physikalischer Gesetze oder technischer Fragen ist nicht möglich, ohne dabei physikalische Größen aufeinander zu beziehen.
Eine physikalische Größe ist ein Produkt aus Zahlenwert und Einheit:

   Physikalische Größe = Zahlenwert mal Einheit, z. B.

   $w = 10 \, \text{m/s}$

   w physikalisches Formelzeichen der Geschwindigkeit
   10   Zahlenwert der Geschwindigkeit
   m/s   Einheit der Geschwindigkeit

Man kann obige Beziehung auch schreiben:

   $w = \{w\} \cdot [w]$

Der Ausdruck

   $\{w\} = 10$ bedeutet: Zahlenwert von w ist 10
   $[w] = \text{m/s}$ bedeutet: Die Einheit von w ist m/s

   $\dim w = \dfrac{L}{T}$ bedeutet: Die Dimension von w ist $\dfrac{\text{Länge}}{\text{Zeit}}$

Die Beziehungen der physikalischen Größen zueinander werden ausgedrückt in Gleichungen, deren Auswertung nach den Gesetzen der Mathematik erfolgt. Man bezeichnet Gleichungen, in denen die Formelzeichen für die physikalischen Größen stehen, als Größengleichungen,

   z. B. $u = d \cdot \pi \cdot n$

Größengleichungen zwingen nicht zur Benutzung eines bestimmten Einheitensystems und legen innerhalb eines Einheitensystems keine Beschränkung in der Wahl der Einheiten auf. Daher empfiehlt DIN 1313, nach Möglichkeit Größengleichungen zu verwenden.
Zahlenwertgleichungen sind Gleichungen, in denen die Formelzeichen Zahlenwerte bedeuten. Wo im folgenden auf die Verwendung von Zahlenwertgleichungen nicht verzichtet werden konnte, wurde die Schreibweise nach DIN 1313, Ziffer 4.1 c gewählt. Z. B.

   $u = \dfrac{d \cdot \pi \cdot n}{60}$ in   m/s   mit d in m n in min^{-1}

0.2   Einheitensysteme

Das „Gesetz über Einheiten im Meßwesen" vom 2. Juli 1969, veröffentlicht im Bundesgesetzblatt 1969, Teil I, Nr. 55, Seite 709, und die „Ausführungsverordnung zum Gesetz über Einheiten im Meßwesen" vom 26. Juni 1970, veröffentlicht im Bundesgesetzblatt 1970, Teil I, Nr. 62, Seite 981, sind beide am 5. Juli 1970 in Kraft getreten. In ihnen werden für physikalische Größen gesetzliche Einheiten festgelegt, die dem Internationalen Einheitensystem (système international d'unités) entsprechen. Man unterscheidet Basiseinheiten (m, kg, s, A, K, cd) und abgeleitete Einheiten. Die abgeleiteten Einheiten sind den Basiseinheiten kohärent und lassen sich durch diese ausdrücken, z. B.:

$$N = \frac{kg \cdot m}{s^2} \; ; \qquad \frac{N \cdot s^2}{kg} = m \; ; \qquad \frac{N \cdot s^2}{m} = kg$$

$$\frac{N}{m^2} = Pa \;\; = \frac{kg}{s^2 \cdot m}$$

$$J = N \cdot m = \frac{kg \cdot m^2}{s^2}$$

$$\frac{J}{kg} = \frac{N \cdot m}{kg} = \frac{m^2}{s^2}$$

$$W = \frac{J}{s} = \frac{N \cdot m}{s} = \frac{kg \cdot m^2}{s^3}$$

Von Wichtigkeit sind auch noch folgende Zusammenhänge:

$$1 \, kWh = 3600 \, kJ = 3,6 \cdot 10^6 \, \frac{kg \cdot m^2}{s^2}$$

$$1 \, bar \;\; = 10^5 \, Pa$$

$$1 \, mm \, WS = 9,80665 \, Pa$$

$$1 \, mm \, Hg = 133,3224 \, Pa$$

1 Einleitung und Grundlagen

Die Strömungslehre behandelt die Gesetze der Bewegungen von unzusammendrückbaren und zusammendrückbaren strömenden Stoffen in technischen Anlagen.
Die Strömungslehre kennt nur strömende Flüssigkeiten und unterscheidet

      tropfbare Flüssigkeiten und
      gasförmige Flüssigkeiten oder Fluide.

Die tropfbare Flüssigkeit wird im allgemeinen als inkompressibel (v = konst.), die gasförmige als kompressibel ($v \neq$ konst.) angesehen. Der einzige strömungstechnisch zu beachtende Unterschied zwischen den beiden Flüssigkeitsformen liegt in ihrer Dichte.
Grundsätzlich gelten alle Gesetzmäßigkeiten, die im folgenden für Flüssigkeiten abgeleitet werden, sinngemäß auch für Gase und Dämpfe. Dort, wo sich infolge thermodynamischer Vorgänge bei den gasförmigen Flüssigkeiten Abweichungen ergeben, werden diese gesondert behandelt werden.
Die Aufgabe der Strömungslehre ist es, strömende Medien auf

      Druck- und Geschwindigkeitsverhalten,
      auftretende Strömungskräfte,
      Energieverluste und
      gegebenenfalls Änderung der Dichte

zu untersuchen und die gefundenen Gesetzmäßigkeiten physikalischer Natur in mathematische Formen zu kleiden.
Wie bei allen physikalischen Vorgängen in der Natur ist der Einfluß der (lebenswichtigen) Reibung das größte Hindernis bei der Untersuchung der Gesetzmäßigkeiten. Es wird deshalb zunächst notwendig sein, den Einfluß der Reibung durch Idealisierung der Flüssigkeiten auszuschalten und damit die Entwicklung der grundlegenden Gesetze der Strömungslehre möglich zu machen. Die Anpassung der auf diesem Wege gefundenen, theoretischen Gesetzmäßigkeiten an das Strömungsverhalten der wirklichen Flüssigkeiten erfolgt dann später – wie bei allen physikalischen Untersuchungen – durch Hinzufügen von experimentell gefundenen Beiwerten, welche die Einflüsse der Reibung berücksichtigen. Eine analytische Ableitung der Reibungsgesetze ist der Forschung bisher noch nicht gelungen.

1.1 Physikalische Grundlagen

Dichte

Die Dichte ϱ eines Fluids ist das Verhältnis seiner Masse m zu seinem Volumen V

$$\varrho = \frac{m}{V}$$

Das spezifische Volumen ist der Kehrwert der Dichte

$$v = \frac{1}{\varrho} = \frac{V}{m}$$

Zahlenwerte des spezifischen Volumens von Wasserdampf siehe Anhang, Tafel 1, Zahlenwerte der Dichte von Wasser siehe Anhang, Tafel 2.

Druck

Druck entsteht durch

Wirkung einer Kraft auf eine Fläche,
Dehnung (Erhöhung der kinetischen Molekularenergie) im geschlossenen Gefäß
oder
Verkleinerung des Volumens einer Masse, z. B. Kolben in einem Zylinder.

Definition: $p = \dfrac{F_n}{A}$ F_n Normalkraft $\perp$ Fläche

Druck kann auch als spezifische Energiegröße verstanden werden

$$p = \frac{E}{V}$$

Die Druckmeßmethoden, die es im allgemeinen nur erlauben, Druckdifferenzen zu messen (Ausnahme: Barometer), zwingen zur Unterscheidung in

Absolutdruck p, $p = 0$ bedeutet 100% Vakuum
Überdruck $p_ü = p - p_B$ mit p_B barometrischer Luftdruck
Unterdruck $p_u = p_B - p = -p_ü$ (Bild 1).

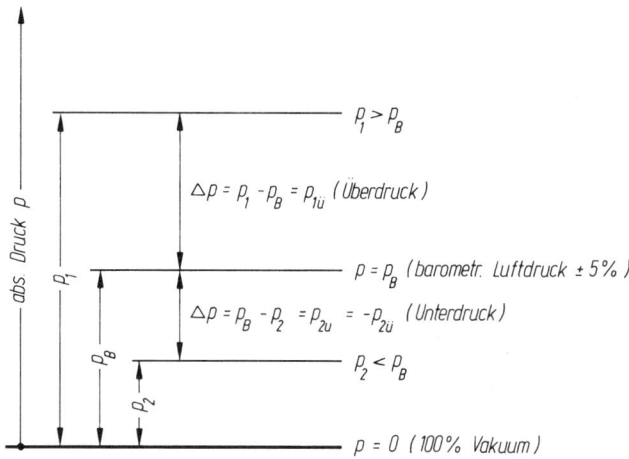

Bild 1   Absoluter Druck, Über- und Unterdruck

Fallbeschleunigung

Die Fallbeschleunigung ist die Beschleunigung, die einem Körper durch die Schwerkraft einer Masse erteilt wird, wenn der Körper in freiem, ungebremstem Fall auf die Masse zufällt.
Die Fallbeschleunigung bzw. Schwerebeschleunigung, die durch eine große Masse wie z. B. die Erde verursacht wird, läßt sich mit Hilfe der beiden bekannten Gesetze von Newton ermitteln:

Trägheitsgesetz von Newton:
Kraft ist Masse mal Beschleunigung $F = m \cdot a$
Gewichtskraft ist Masse mal Schwerebeschleunigung $G = m \cdot g$
Gravitationsgesetz von Newton:
Zwei materielle Körper mit den Massen m_1 und m_2, die sich im Abstand r voneinander befinden, üben aufeinander eine Anziehungskraft (Gravitationskraft) F_g aus, die proportional dem Produkt der beiden Massen und umgekehrt proportional dem Quadrat ihrer Entfernung ist

$$F_g = \frac{m_1 \cdot m_2}{r^2} \cdot \gamma$$

darin ist $\gamma = 6{,}67 \cdot 10^{-11} \dfrac{\mathrm{N} \cdot \mathrm{m}^2}{\mathrm{kg}^2}$ die Gravitationskonstante.

Ein Körper mit der Masse m, der sich auf der Erdoberfläche (Erdmasse m_E, Erdradius r_E) befindet, übt auf die Oberfläche die Gewichtskraft G aus.

$$G = \frac{m \cdot m_E}{r_E^2} \cdot \gamma$$

Daraus die Fall- bzw. Schwerebeschleunigung der Erde

$$\frac{G}{m} = g = \frac{m_E}{r_E^2} \cdot \gamma \qquad \text{abzüglich der Zentralbeschleunigung } \omega^2 \cdot r_E$$

Mit $m_E = 5{,}965 \cdot 10^{24} \,\mathrm{kg}$ Masse der Erde

   $r_E = 6\,378\,200 \,\mathrm{m}$ Erdradius am Äquator
   $ = 6\,360\,000 \,\mathrm{m}$ Erdradius an den Polen
wird die Fallbeschleunigung
   $g = 9{,}78 \,\mathrm{m/s^2}$ am Äquator (Zentralbeschleun. ca. 0,3 %)
   $g = 9{,}833 \,\mathrm{m/s^2}$ an den Polen

Die Fallbeschleunigung g der Erde ist nicht an allen Punkten der Erde gleich groß, sondern abhängig von der geographischen Breite (Bild 2). Aus diesem Grunde wurde international die Normalfallbeschleunigung

$$g_n = 9{,}80665 \,\mathrm{m/s^2} \approx 9{,}81 \,\mathrm{m/s^2}$$

vereinbart.

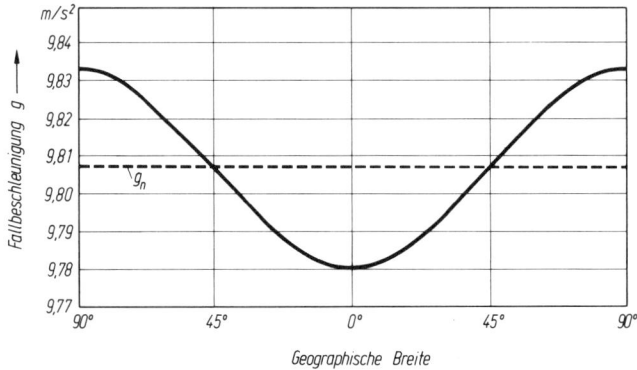

Bild 2   Abhängigkeit der Fallbeschleunigung der Erde von der geographischen Breite

1.2 Hydrostatik

Die Hydrostatik ist ein Teilgebiet der Hydromechanik und bildet eine der Grundlagen, auf denen die Strömungslehre aufbaut. Die Hydrostatik behandelt alle Fälle, bei denen die Flüssigkeit ihre Lage gegenüber einer Gefäßwandung oder einem eingeschlossenen Körper nicht ändert. Im folgenden werden die wichtigsten Begriffe der Hydrostatik kurz erläutert.

Der hydrostatische Druck p im Innern einer ruhenden oder bewegten Flüssigkeit entsteht durch die Gewichtskraft der über der betrachteten Stelle lastenden Flüssigkeitsmasse. Er nimmt linear proportional mit der Tiefe z zu,

$$p = z \cdot \varrho \cdot g + p_B$$

Zu diesem Druck addiert sich gegebenenfalls die Pressung einer von außen wirkenden Kraft.

$$p = z \cdot \varrho \cdot g + p_0 + p_B$$

Der hydrostatische Druck wirkt wie jeder Druck gleichmäßig nach allen Richtungen. An einer Gefäßwandung oder Körperoberfläche A entsteht eine resultierende Druckkraft $F = p \cdot A$. Der Kraftvektor steht senkrecht auf der betrachteten Oberfläche.

Beispiel 1.1.: Hydrostatischer Druck durch die Gewichtskraft einer Flüssigkeitssäule (Bild 3)

$$p_1 = p_2 = p_3 = p = z \cdot \varrho \cdot g + p_B$$

Für $\quad A_1 = A_2 = A_3 = A$

ist $\quad F_1 = F_2 = F_3 = p_{\ddot{u}} \cdot A = z \cdot \varrho \cdot g \cdot A$

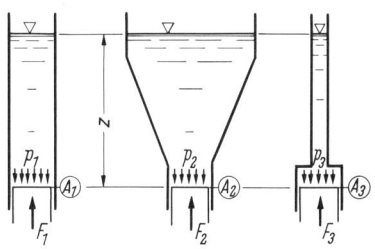

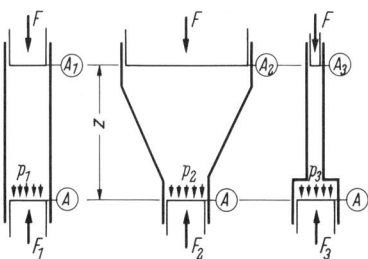

Bild 3   Hydrostatisches Paradoxon   Bild 4   Schweredruck und Pressung

Beispiel 1.2.: Hydrostatischer Druck durch die Gewichtskraft einer Flüssigkeit und durch die Pressung einer von außen wirkenden Kraft F (Bild 4)

$$F_1 = p_{1\ddot{u}} \cdot A = \left(z \cdot \varrho \cdot g + \frac{F}{A_1} \right) \cdot A$$

$$F_2 = p_{2\ddot{u}} \cdot A = \left(z \cdot \varrho \cdot g + \frac{F}{A_2} \right) \cdot A$$

$$F_3 = p_{3\ddot{u}} \cdot A = \left(z \cdot \varrho \cdot g + \frac{F}{A_3} \right) \cdot A$$

Wird an irgendeiner Stelle im Innern der Flüssigkeit oder an der begrenzenden Wand ein Druck auf die Flüssigkeit ausgeübt, so pflanzt sich dieser durch die Flüssigkeitsmasse gleichmäßig fort und addiert sich an jeder Stelle in gleicher Größe zu dem vorhandenen Schweredruck, der durch die Gewichtskraft der darüberlastenden Flüssigkeitsmasse hervorgerufen wird *(Pascal)*.

Beispiel 1.3.: Mit Hilfe eines U-Rohres und einer Vergleichsflüssigkeit, deren Dichte bekannt ist, soll die Dichte einer Meßflüssigkeit bestimmt werden (Bild 5). Hierzu werden die Gleichgewichtsbedingungen in der Ebene $A-B$ aufgestellt:

$$z \cdot g \cdot \varrho_2 = (z - \Delta z) g \cdot \varrho_1$$

$$\varrho_2 = \frac{z - \Delta z}{z} \varrho_1$$

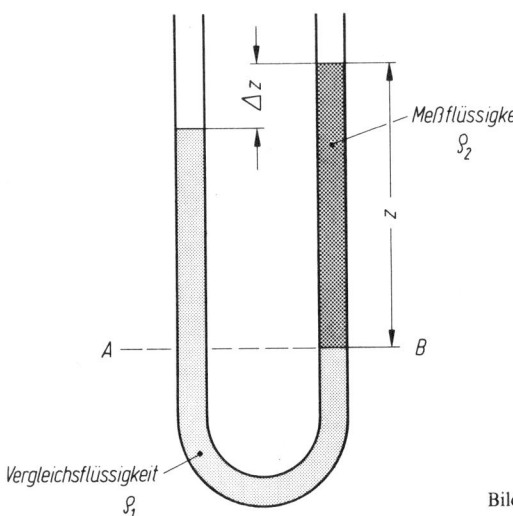

Bild 5   U-Rohr zu Beispiel 1.3

Beispiel 1.4.: Hydraulische Presse (Bild 6)

$$p_1 = \frac{F_1}{A_1} + p_B = p_2 + z \cdot g \cdot \varrho$$

$$p_2 = \frac{F_2}{A_2} + p_B$$

$$F_2 = F_1 \frac{A_2}{A_1} - z \cdot g \cdot \varrho \cdot A_2$$

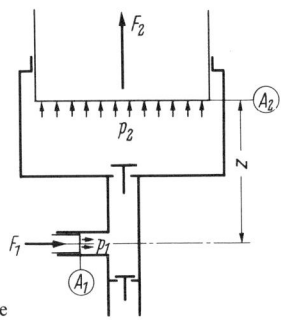

Bild 6   Hydraulische Presse

Zum Messen des Flüssigkeitsdruckes verwendet man Manometer (s. Abschn. 9.1).
Der Auftrieb ist die Kraftwirkung des Flüssigkeitsdruckes auf einen in die Flüssigkeit getauchten Körper (Bild 7).

$$dF = p_2 \cdot dA - p_1 \cdot dA$$
$$= (e_2 \cdot g \cdot \varrho - e_1 \cdot g \cdot \varrho) \cdot dA$$
$$= g \cdot \varrho \cdot e \cdot dA$$
$$F = g \cdot \varrho \cdot \int e \cdot dA$$

$$\boxed{F = g \cdot \varrho \cdot V} \qquad \textit{Auftriebsgesetz von Archimedes}$$

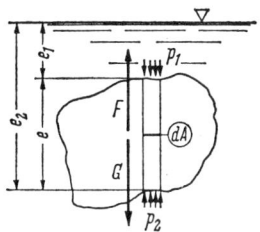

$G = F$ Körper schwebt bzw. schwimmt
$G < F$ Körper taucht auf
$G > F$ Körper sinkt nach unten

Bild 7 Tauchkörper

Gegen eine geneigte Wandfläche (Bild 8) wirkt der Druck senkrecht zur Fläche. Jedoch ist die Druckverteilung nicht gleichförmig, sondern eine Funktion der Tiefe z. Der Angriffspunkt D (Druckmittelpunkt) der auf die Wandfläche A wirkenden Druckkraftresultierenden F fällt daher nicht mit dem Schwerpunkt S der Wandfläche zusammen.

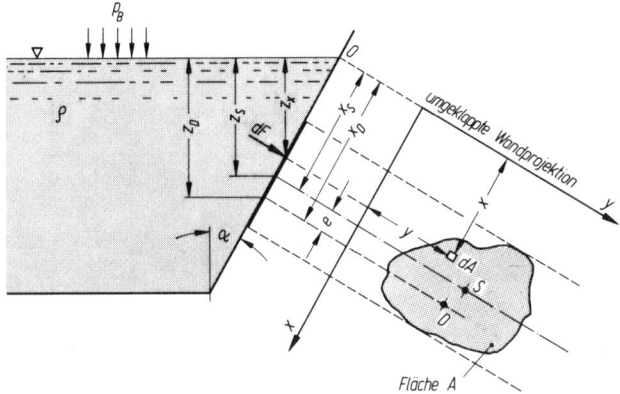

Bild 8 Flüssigkeitsdruck gegen eine geneigte Wandfläche

Auf das Flächenelement dA wirkt

$$dF = p_{\ddot{u}} \cdot dA = z_x \cdot g \cdot \varrho \cdot dA = g \cdot \varrho \cdot x \cdot \cos\alpha \cdot dA$$

Auf die ganze Fläche A wirkt dann

$$F = g \cdot \varrho \int\limits_{(A)} x \cdot \cos\alpha \cdot dA$$

$x \cdot dA$ ist das statische Moment bezogen auf 0

$$\int x \cdot dA = x_S \cdot A$$

Damit wird

$$F = g \cdot \varrho \cdot x_S \cdot \cos\alpha \cdot A = g \cdot \varrho \cdot z_S \cdot A$$

d.h., die Flüssigkeitsdruckkraft ist das Produkt aus gedrückter Fläche und dem hydrostatischen Druck auf den Flächenschwerpunkt. Der Angriffspunkt dieser Kraft liegt aber nicht im Schwerpunkt, sondern im Druckmittelpunkt.

Nach dem Momentensatz sind

$$\int\limits_{(A)} x \cdot \mathrm{d}F = x_\mathrm{D} \cdot F \quad \text{und}$$

$$\int\limits_{(A)} y \cdot \mathrm{d}F = y_\mathrm{D} \cdot F$$

Mit $\quad \mathrm{d}F = g \cdot \varrho \cdot z_\mathrm{x} \cdot \mathrm{d}A = g \cdot \varrho \cdot x \cdot \cos\alpha \cdot \mathrm{d}A \quad$ und

$\qquad F \ = g \cdot \varrho \cdot z_\mathrm{S} \cdot A = g \cdot \varrho \cdot x_\mathrm{S} \cdot \cos\alpha \cdot A$

wird $\quad \int x^2 \cdot g \cdot \varrho \cdot \cos\alpha \cdot \mathrm{d}A \ = x_\mathrm{D} \cdot x_\mathrm{S} \cdot g \cdot \varrho \cdot \cos\alpha \cdot A \qquad$ und

$\qquad \int y \cdot x \cdot g \cdot \varrho \cdot \cos\alpha \cdot \mathrm{d}A = y_\mathrm{D} \cdot x_\mathrm{S} \cdot g \cdot \varrho \cdot \cos\alpha \cdot A$

$\int x^2 \cdot \mathrm{d}A \ = I_\mathrm{y} \quad$ ist das Trägheitsmoment der Fläche A in bezug auf die y-Achse,

$\int x \cdot y \cdot \mathrm{d}A = Z_\mathrm{xy} \ $ ist das Zentrifugalmoment der Fläche A in bezug auf das Koordinaten-
$\qquad\qquad\qquad\qquad$ kreuz.

Diese Bezeichnungen, in obige Gleichungen eingesetzt, ergeben

$$x_\mathrm{D} = \frac{g \cdot \varrho \cdot \cos\alpha \cdot I_\mathrm{y}}{g \cdot \varrho \cdot \cos\alpha \cdot x_\mathrm{S} \cdot A} = \frac{I_\mathrm{y}}{x_\mathrm{S} \cdot A} \quad \text{und}$$

$$y_\mathrm{D} = \frac{g \cdot \varrho \cdot \cos\alpha \cdot Z_\mathrm{xy}}{g \cdot \varrho \cdot \cos\alpha \cdot x_\mathrm{S} \cdot A} = \frac{Z_\mathrm{xy}}{x_\mathrm{S} \cdot A}$$

Das Trägheitsmoment, auf die Schwerpunktachse bezogen, wird nach *Steiner*

$$I_\mathrm{y} = I_\mathrm{S} + A \cdot x_\mathrm{S}^2$$

Damit wird

$$x_\mathrm{D} = \frac{I_\mathrm{S}}{x_\mathrm{S} \cdot A} + x_\mathrm{S} \quad \text{und mit}$$

$$x_\mathrm{D} - x_\mathrm{S} = e$$

$$e \ = \frac{I_\mathrm{S}}{x_\mathrm{S} \cdot A}$$

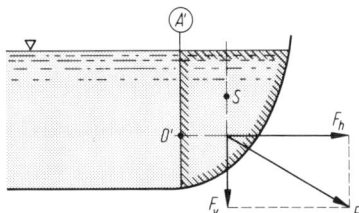

Bild 9   Hydrostatische Druckkräfte gegen
eine gekrümmte Wand

Flüssigkeitsdruckkräfte gegen gekrümmte Wände setzen sich aus zwei Komponenten zusammen (Bild 9). Die horizontale Komponente F_h der Druckkraft F ist gleich der Druckkraft gegen die vertikale Projektion A' der gedrückten Fläche A.

$$F_\mathrm{h} = z_\mathrm{S}' \cdot g \cdot \varrho \cdot A'$$

$\quad z_\mathrm{S}' \ $ ist die Tiefe des Schwerpunktes S' der vertikalen Projektionsfläche A' von der Oberfläche

Die Wirkungslinie der Horizontalkomponente geht durch den Druckmittelpunkt D' der
Projektionsfläche A'.
Die vertikale Komponente F_v ist gleich der Gewichtskraft der Flüssigkeitsmasse über
der gedrückten Fläche

$$F_\mathrm{v} = g \cdot \varrho \cdot V$$

Ihre Wirkungslinie geht durch den Schwerpunkt S dieser Flüssigkeitsmasse.
Benetzt die Flüssigkeit die gekrümmte Wand von unten her, so ist die vertikale Druck-

kraftkomponente nach oben gerichtet (Auftrieb) und gleich der Gewichtskraft eines gedachten Flüssigkeitskörpers, der über der gekrümmten Fläche steht und bis zur Oberfläche der Flüssigkeit reicht.

Beispiel 1.5.: An einem Walzenwehr nach Bild 10a sind folgende Daten gegeben:

$b = 15\,\text{m}$
$d = 3\,\text{m}$
$\alpha = 50°$
$\beta = 65°$

Das Wasser hat eine Dichte $\varrho = 1000\,\text{kg/m}^3$

Gesucht werden:
z_0, Δz und die resultierende Gesamtdruckkraft aus den Flüssigkeitsdrücken nach Größe und Richtung.

Lösung: Hierzu siehe die Bilder 10b) bis e).

$$A_1 = \frac{d}{2} \cdot \frac{d}{2} - \frac{1}{4} \cdot \frac{\pi}{4} d^2 = \frac{d^2}{4}\left(1 - \frac{\pi}{4}\right)$$

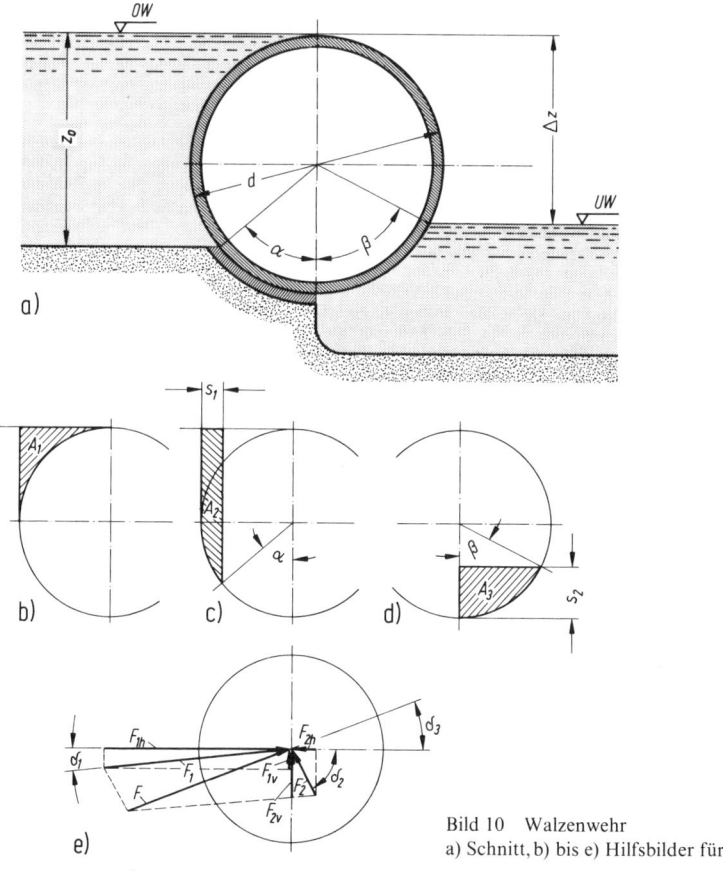

Bild 10   Walzenwehr
a) Schnitt, b) bis e) Hilfsbilder für Beispiel 1.5

$$s_1 = \frac{d}{2} - \frac{d}{2}\cos(90° - \alpha) = \frac{d}{2}[1 - \cos(90° - \alpha)]$$

$$A_2 = \frac{\pi}{4}d^2\frac{90° - \alpha}{360°} - \frac{1}{2}\cdot\frac{d}{2}\cos(90° - \alpha)\frac{d}{2}\sin(90° - \alpha) + s_1\cdot\frac{d}{2}$$

$$A_3 = \frac{\pi}{4}d^2\frac{\beta}{360°} - \frac{1}{2}\cdot\frac{d}{2}\cos\beta\frac{d}{2}\sin\beta$$

$$z_0 = \frac{d}{2} + \frac{d}{2}\cdot\sin(90° - \alpha) = \frac{d}{2} + \frac{d}{2}\cos\alpha$$

$$\Delta z = \frac{d}{2} + \frac{d}{2}\cdot\cos\beta$$

$$s_2 = d - \Delta z$$

Alle resultierenden Kräfte wirken in Richtung auf den Walzenmittelpunkt.

$$F_{1h} = g\cdot\varrho\cdot z_s'\cdot A' = g\cdot\varrho\cdot\frac{z_0}{2}z_0\cdot b$$

$$F_{1v} = g\cdot\varrho\cdot A_2\cdot b - g\cdot\varrho\cdot A_1\cdot b = g\cdot\varrho\cdot b(A_2 - A_1)$$

$$F_{2h} = g\cdot\varrho\cdot z_s'\cdot A' = g\cdot\varrho\frac{s_2}{2}s_2\cdot b$$

$$F_{2v} = g\cdot\varrho\cdot A_3\cdot b$$

$$F_1 = \sqrt{F_{1h}^2 + F_{1v}^2} \qquad \tan\delta_1 = \frac{F_{1v}}{F_{1h}}$$

$$F_2 = \sqrt{F_{2h}^2 + F_{2v}^2} \qquad \tan\delta_2 = \frac{F_{2v}}{F_{2h}}$$

$$F_h = F_{1h} - F_{2h}$$

$$F_v = F_{1v} + F_{2v}$$

$$F = \sqrt{F_h^2 + F_v^2} \qquad \tan\delta_3 = \frac{F_v}{F_h}$$

$$A_1 = \frac{9}{4}\,\text{m}^2\left(1 - \frac{\pi}{4}\right) = 0{,}483\,\text{m}^2$$

$$s_1 = 1{,}5\,\text{m}(1 - \cos 40°) = 0{,}351\,\text{m}$$

$$A_2 = \frac{\pi}{4}9\,\text{m}^2\frac{40}{360} - \frac{9\,\text{m}^2}{8}\cos 40°\cdot\sin 40° + 0{,}351\,\text{m}\cdot 1{,}5\,\text{m} = 0{,}758\,\text{m}^2$$

$$A_3 = \frac{\pi}{4}9\,\text{m}^2\frac{65}{360} - \frac{9\,\text{m}^2}{8}\cos 65°\cdot\sin 65° = 0{,}845\,\text{m}^2$$

$$z_0 = 1{,}5\,\text{m} + 1{,}5\,\text{m}\cdot\cos 50° = 2{,}464\,\text{m}$$

$$\Delta z = 1{,}5\,\text{m} + 1{,}5\,\text{m}\cdot\cos 65° = 2{,}134\,\text{m}$$

$$s_2 = 3\,\text{m} - 2{,}134\,\text{m} = 0{,}866\,\text{m}$$

$$F_{1h} = 9{,}81\frac{\text{m}}{\text{s}^2}1000\frac{\text{kg}}{\text{m}^3}\frac{2{,}464\,\text{m}}{2}2{,}464\,\text{m}\cdot 15\,\text{m} = 446\,761\frac{\text{kg m}}{\text{s}^2} = 446\,761\,\text{N}$$

$$= 446{,}8\,\text{kN}$$

$$F_{1v} = 9{,}81\frac{\text{m}}{\text{s}^2}1000\frac{\text{kg}}{\text{m}^3}15\,\text{m}(0{,}758 - 0{,}483)\cdot\text{m}^2 = 40\,466\frac{\text{kg m}}{\text{s}^2} = 40{,}5\,\text{kN}$$

$$F_{2h} = 9{,}81\frac{\text{m}}{\text{s}^2}1000\frac{\text{kg}}{\text{m}^3}\frac{0{,}866\,\text{m}}{2}0{,}866\,\text{m}\cdot 15\,\text{m} = 55\,178\frac{\text{kg m}}{\text{s}^2} = 55{,}2\,\text{kN}$$

$$F_{2v} = 9,81\,\frac{m}{s^2}\,1000\,\frac{kg}{m^3}\,0,845\,m^2 \cdot 15\,m = 124\,342\,\frac{kg\,m}{s^2} = 124,3\,kN$$

$$F_1 = \sqrt{446,8^2 + 40,5^2}\,kN = 448,6\,kN$$

$$\delta_1 = 5,2°$$

$$F_2 = \sqrt{55,2^2 + 124,3^2}\,kN = 136\,kN$$

$$\delta_2 = 66°$$

$$F_h = 446,8\,kN - 55,2\,kN = 391,6\,kN$$

$$F_v = 40,5\,kN + 124,3\,kN = 164,8\,kN$$

$$F = \sqrt{391,6^2 + 164,8^2}\,kN = 424,9\,kN$$

$$\delta_3 = 22,7°$$

Für einen schwimmenden Körper gelten folgende Stabilitätsbedingungen (Bild 11):
Bei Ruhelage herrscht Gleichgewicht, wenn der Schwerpunkt S des schwimmenden Körpers senkrecht über dem Schwerpunkt S_v des verdrängten Flüssigkeitskörpers steht, weil die Gewichtskraft am Körperschwerpunkt angreift, die Auftriebskraft aber am Schwerpunkt der verdrängten Flüssigkeitsmasse.

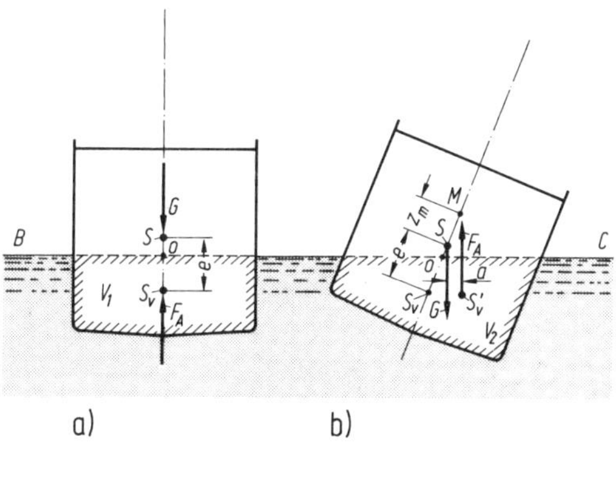

Bild 11   Stabilität des schwimmenden Körpers
a) Ruhelage, b) Auslenkung
$B–C$ Schwimmebene,
G Gewichtskraft des schwimmenden Körpers,
S Schwerpunkt des schwimmenden Körpers,
F_A Auftriebskraft der verdrängten Wassermasse,
S_v Schwerpunkt der Verdrängung bei Ruhelage,
S_v' Schwerpunkt der Verdrängung bei Auslenkung,
V_1 Verdrängung bei Ruhelage, V_2 Verdrängung bei Auslenkung, O Schnittpunkt von Schwimmebene und Schwimmachse

Bei einer Auslenkung aus der Ruhelage ist Stabilität vorhanden, wenn der schwimmende Körper von selbst in die Ruhelage zurückdreht, aus der er durch eine Störung herausgedreht wurde. Dazu ist Bedingung, daß die Körpergewichtskraft G und die Auftriebskraft F_A kein Moment bilden, das die eingeleitete Drehung verstärkt, sondern vielmehr ein Rückstellmoment. Mit anderen Worten: Die Schwimmlage ist stabil, wenn die am Körper angreifenden Kräfte das Bestreben haben, den Gleichgewichtszustand wiederherzustellen. Verdrängung $V_2 = V_1$, weil $G = F_A$ als Schwimmbedingung bestehen bleibt. Jedoch hat V_2 eine andere Form als V_1, daher hat S_v' eine andere Lage als S_v. Die Wirkungslinie der Auftriebskraft F_A geht durch S_v' und schneidet die Schwimmachse $S–S_v$ im Punkte M, dem Metazentrum. Das aus dem Kräftepaar G und F_A mit dem Abstand a gebildete Moment $G \cdot a$ ist bestrebt, die ursprüngliche Schwimmlage wieder herzustellen, wenn M oberhalb S liegt.

Der Abstand des Metazentrums von dem Körperschwerpunkt ist die metazentrische Höhe z_m.

$$z_m = \frac{I}{V} - e$$

I Flächenträgheitsmoment der Schwimmfläche bezogen auf die Achse O, senkrecht zur Bildebene (Schwimmfläche ist die Schnittfläche, in der der Flüssigkeitsspiegel den schwimmenden Körper schneidet)

V Verdrängung, d. h. Volumen des verdrängten Flüssigkeitskörpers

e Abstand $S-S_v$

Nach oben Gesagtem besteht Stabilität, wenn z_m positiv ist, d. h., wenn

$$\frac{I_{min}}{V} > e$$

Infolge der leichten Verschiebbarkeit der Flüssigkeitsteilchen paßt sich der Flüssigkeitskörper jeder Form einer festen Wand an.

Die im Innern einer Flüssigkeit auftretenden Kohäsionskräfte sind zwischen benachbarten Flüssigkeitsteilchen allseitig gleich groß. An der freien Oberfläche wirken die Kohäsionskräfte nur nach innen, weil die zwischen Flüssigkeiten und Gasen vorhandenen Kohäsionskräfte vernachlässigbar klein sind. Daher ist die freie Oberfläche bestrebt, einen möglichst kleinen Wert anzunehmen. Die dabei auftretende Spannung heißt Oberflächenspannung. Folgen der Oberflächenspannung sind z. B. Flüssigkeitshäute (Seifenblasen) bzw. Tropfenbildung bei kleinsten Flüssigkeitsmengen. Die freie Oberfläche stellt sich in jedem Punkt senkrecht zur Resultierenden aller auf diesen Punkt wirkenden Kräfte, z. B. Meeresoberfläche = Kugelfläche.

Zwischen einer Flüssigkeit und einer Wand treten Adhäsionskräfte auf (Bild 12).

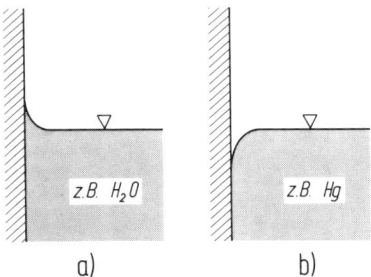

z.B. H_2O z.B. Hg

a)   b)

Bild 12   Wandverhalten von Flüssigkeiten
a) Adhäsionskräfte > Kohäsionskräfte
b) Kohäsionskräfte > Adhäsionskräfte

1.3   Grundbegriffe der Strömungslehre

Stationäre Strömung liegt vor, wenn die Strömungsgeschwindigkeiten in einer strömenden Flüssigkeit im Verlaufe der Zeit nach Größe und Richtung konstant bleiben, d. h., bei einer stationären Strömung können wohl an verschiedenen Stellen des Strömungsweges verschiedene Strömungsgeschwindigkeiten vorliegen, jedoch an ein und derselben Stelle ändert sich der Geschwindigkeitsvektor im Laufe der Zeit nicht.

Stromlinien sind Linien, deren Richtung in jedem Punkt der Strömung mit der Richtung der an dieser Stelle vorliegenden Strömungsgeschwindigkeit zusammenfällt, d. h. jede Stromlinie wird gebildet durch die Aneinanderreihung der Angriffspunkte der Geschwindigkeitsvektoren eines strömenden Flüssigkeitsteilchens. Es ist, mit anderen Worten, eine Stromlinie die Weglinie eines in die Flüssigkeit gebrachten und schwerelos in der Strömung schwimmenden Teilchens. Bei der Darstellung eines ebenen Stromlinienbildes werden aus der unendlichen Anzahl von Stromlinien einer Strömung eine beliebige Anzahl herausgegriffen und so in das Strömungsbild gezeichnet, daß jeweils zwischen zwei Stromlinien der gleiche Teilstrom hindurchfließt. Die Abstände zweier Stromlinien sind somit ein Maß für die Strömungsgeschwindigkeit in diesem Bereich.

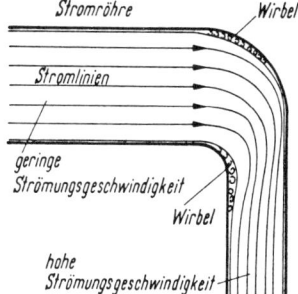

Bild 13   Stromlinienbild

Eine *Strömröhre* wird gebildet durch die Zusammenfassung beliebig vieler, räumlich verteilter Stromlinien. Bei stationärer Strömung bleibt die Gestalt einer Strömröhre erhalten, und durch die angenommene Seitenbegrenzung tritt strömende Flüssigkeit weder aus noch ein. (Bei technischen Rohrleitungen sieht man im allgemeinen den strömenden Inhalt als eine einzige Stromröhre an.)

Der *Stromfaden* ist eine Stromröhre, die aus nur einer oder sehr wenigen Stromlinien gebildet ist.

Als *Querschnitt* einer Stromröhre oder eines Stromfadens versteht man eine Schnittebene senkrecht zur Mittelstromlinie.

Die *Strömungsgeschwindigkeit* in einem Querschnitt ist die mittlere Geschwindigkeit über den Querschnitt. Die Richtung der Strömungsgeschwindigkeit verläuft senkrecht zum Querschnitt mit Angriffspunkt im Mittelpunkt des Querschnittes.

Mit *Wirbel* wird die Drehung einzelner Teilchen einer strömenden Flüssigkeit bezeichnet.

1.4   Durchfluß

Man nennt das in der Zeiteinheit durch einen beliebigen Querschnitt strömende Flüssigkeitsvolumen

$$\frac{V}{t} = \dot{V} \quad \text{den } \textit{Volumensstrom} \text{ oder } \textit{Durchflußstrom,}$$

die in der Zeiteinheit durch einen beliebigen Querschnitt strömende Flüssigkeitsmenge (-masse)

$$\frac{m}{t} = \dot{m} \quad \text{den } \textit{Massenstrom.}$$

Zwischen diesen Strömungsgrößen bestehen die Zusammenhänge

$$\dot{V} = \dot{m} \cdot v = \frac{\dot{m}}{\varrho}$$

Durch jeden beliebigen Querschnitt A einer beliebig geformten Stromröhre tritt in einer Zeit t das Flüssigkeitsvolumen $V = m \cdot v$ und in der Zeit dt das Volumen $dV = dm \cdot v$. In dieser Zeit dt verschiebt sich der Querschnitt A mit der Strömung um die Strecke ds.

$$dV = A \cdot ds$$

$$\dot{V} = \frac{dV}{dt} = A \cdot \frac{ds}{dt} = A \cdot w$$

$$\dot{V} = \frac{dm}{dt} \cdot v = \dot{m} \cdot v$$

$$\boxed{\dot{m} \cdot v = A \cdot w} \qquad\qquad \textit{Durchflußgleichung}$$

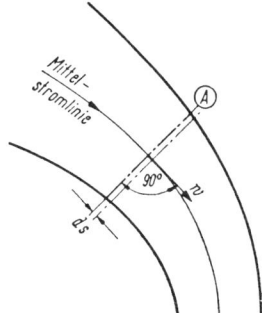

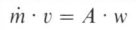

Bild 14   Darstellung der Strömungsgeschwindigkeit

1.5   Kontinuität

Bei der Strömung der Flüssigkeiten verschwindet nirgends Materie, noch entsteht auf dem Strömungsweg neue Materie. Auf die stationäre Strömung bezogen bedeutet das, daß durch jeden Querschnitt einer Stromröhre in der gleichen Zeit gleich viel Masse strömt.

$$\dot{m}_1 = \dot{m}_2 = \dot{m}_3 = \cdots\cdots \text{ oder}$$

$$\boxed{\dot{m} = \text{konst} = \frac{A \cdot w}{v} = A \cdot w \cdot \varrho} \qquad \textit{Kontinuitätsgleichung}$$

Bei einer unzusammendrückbaren Flüssigkeit ändert sich bei Strömungsvorgängen auch das Volumen nicht; und weil hier keinen Augenblick lang durch den Querschnitt einer Stromröhre mehr Volumen hindurchfließen kann als durch irgendeinen anderen, entfällt bei Inkompressibilität auch die Beschränkung auf stationäre Strömung. Für volumenbeständige Strömung gilt also

$$\dot{V}_1 = \dot{V}_2 = \dot{V}_3 = \cdots\cdots \text{ oder}$$

$$\dot{V} = \text{konst} = A \cdot w$$

Beispiel 1.6.: Durch eine Rohrleitung mit 320 mm äußerem Durchmesser und 10 mm Wandstärke strömen 120 000 kg/h Öl mit $\varrho = 0,9$ kg/dm³.

a) Wie groß ist die Strömungsgeschwindigkeit?
b) Welchen lichten Durchmesser muß die Rohrleitung erhalten, wenn die Strömungsgeschwindigkeit genau 1 m/s betragen soll?

Gegeben a): $d_i = d_a - 2 \cdot s = 320$ mm $- 20$ mm $= 300$ mm

$\dot{m} = 120\,000$ kg/h

$\varrho = 0,9$ kg/dm³

Lösung a): $\quad w = \dfrac{\dot{V}}{A} = \dfrac{\dot{m} \cdot 4}{\varrho \cdot \pi \cdot d_i^2}$

$$= \frac{120\,000\,\text{kg}}{\text{h} \cdot 0,9\,\text{kg} \cdot \pi \cdot 300^2\,\text{mm}^2 \cdot 3600\,\text{s}} \cdot \frac{\text{dm}^3\,4}{} \cdot \frac{\text{h}}{1000\,\text{dm}^3} \cdot \frac{\text{m}^3 \cdot 10^6\,\text{mm}^2}{\text{m}^2}$$

$w = 0,524$ m/s

Gegeben b): $\quad d_1 = 0,3$ m $\qquad\qquad w_2 = 1$ m/s

$\quad w_1 = 0,524$ m/s

Lösung b): $\quad \dfrac{\pi}{4} d_1^2 \cdot w_1 = \dfrac{\pi}{4} d_2^2 \cdot w_2$

$\quad w_2 = w_1 \dfrac{d_1^2}{d_2^2} \quad$ bzw. $\quad d_2 = d_1 \sqrt{\dfrac{w_1}{w_2}}$

$\quad d_2 = 0,3$ m $\sqrt{\dfrac{0,524}{1}} = 0,217$ m

Beispiel 1.7.: In einer Heißdampfleitung, durch die 60 000 kg/h überhitzter Wasserdampf von 25 bar und 300 °C strömt, soll die Strömungsgeschwindigkeit den Betrag von 20 m/s nicht überschreiten.
Welcher Mindestwert ergibt sich für die Wahl des Innendurchmessers der Rohrleitung?

Gegeben: $\quad p = 25$ bar $\qquad\qquad\qquad \left.\begin{array}{l} \\ \end{array}\right\} v = 0,1$ m³/kg

$\quad t = 300\,°\text{C}; \; T = 573$ K $\qquad$ (Anhang, Tafel 1)

$\quad \dot{m} = 60\,000$ kg/h

$\quad w_{max} = 20$ m/s

Lösung: $\quad \dot{m} \cdot v = \dfrac{\pi}{4} d^2 \cdot w$

$\quad d_{min} = \sqrt{\dfrac{4 \cdot \dot{m} \cdot v}{\pi \cdot w_{max}}}$

$\quad = \sqrt{\dfrac{4 \cdot 60\,000\,\text{kg}}{\pi} \cdot \dfrac{\text{s} \cdot 0,1\,\text{m}^3}{\text{h} \cdot 20\,\text{m}} \cdot \dfrac{\text{h}}{\text{kg} \cdot 3600\,\text{s}}}$

$\quad d_{min} = 0,326$ m

2 Die Strömung der idealen Flüssigkeit

In einer strömenden Flüssigkeit sind folgende Kraftformen wirksam:

Massenkräfte durch Erdbeschleunigung und Geschwindigkeitsänderungen,
Druckkräfte, hervorgerufen von statischem und dynamischem Flüssigkeitsdruck und
Widerstandskräfte, die durch die Reibung verursacht werden.

Übersichtliche Gesetzmäßigkeiten lassen sich auch bei strömenden Flüssigkeiten nur dann entwickeln, wenn der Einfluß der Reibungswiderstände zunächst vernachlässigt wird. Es ist deshalb üblich, die fundamentalen Gesetze der strömenden Bewegung an dem Idealbild der reibungslosen, vollkommen unzusammendrückbaren Flüssigkeit abzuleiten und erst hinterher zu untersuchen, welche Abweichungen von dem idealen Verhalten sich bei Vorhandensein von Reibung ergeben.

2.1 Definition der idealen Flüssigkeit

Die ideale Flüssigkeit kann nur Druck-, jedoch keine Schubkräfte übertragen, d.h. zwischen parallel aneinander vorbeibewegten Flüssigkeitsteilchen treten keine Kräfte auf, – die ideale Flüssigkeit ist frei von innerer und äußerer Reibung. Außerdem schreibt man der idealen Flüssigkeit auch vollkommene Unzusammendrückbarkeit zu, so daß Volumensänderungen bei ihr nicht vorkommen. In der Stromröhre der idealen Flüssigkeit ist die Geschwindigkeit aller Massenteilchen eines Querschnittes gleich groß. Die wirbelfreie Strömung der idealen Flüssigkeit wird als Potentialströmung bezeichnet (s. Abschn. 2.5).

2.2 Die Energiegleichung der idealen Flüssigkeit

Auf eine beliebige Stromröhre der idealen Flüssigkeit wird der Satz von der Erhaltung der Energie angewendet, der sich wie folgt formulieren läßt:
Energie (Arbeitsvermögen) kann nicht aus dem Nichts entstehen und auch nicht verschwinden oder vernichtet werden, sondern sie kann nur von einem Körper auf einen anderen übergehen oder ihre Erscheinungsform wandeln. Die Gesamtenergie eines Körpers kann in verschiedenen Erscheinungsformen auftreten, die wechselseitig ihre Größe ändern können, jedoch bleibt in einem abgeschlossenen Körpersystem die Summe aller Energiemengen im Verlaufe der Zeit konstant.
Auf die strömende Flüssigkeit angewendet, bedeutet dieses Naturgesetz, daß sich die Gesamtenergie einer strömenden Masse längs des Strömungsweges nicht ändert, sofern ihr nicht Energie von außen zugeführt oder nach außen entzogen wird. Beides ist aber nur möglich, wenn in den Strömungsweg eine Kraftmaschine oder eine Arbeitsmaschine eingeschaltet wird.

Grundsätzlich kann die Gesamtenergie eines Körpers aus folgenden Energieformen bestehen:

Energie der Lage

potentielle Energie

Mechan. Energie

Druckenergie

kinetische Energie

Innere Energie = kinetische Energie der Moleküle

Elektrische Energie

Magnetische Energie

Chemische Energie

Massenenergie des Atomkerns.

Von diesen Energieformen verändern sich bei Strömungsvorgängen die vier letztgenannten in ihrer Größe nicht. Diese können somit bei den folgenden Betrachtungen außer acht gelassen werden.

Die anderen Energieformen können sich nach dem Satz von der Erhaltung der Energie in ihrer Größe wechselseitig nur derart ändern, daß ihre Summe konstant bleibt.

Es können also bei Strömungsvorgängen an einer wechselseitigen Energieumsetzung, d. h. an einem Austausch der Energiebeträge teilnehmen:

Die Energie der Lage $\quad m \cdot g \cdot z$

die Druckenergie $\quad m \cdot \dfrac{p}{\varrho}$

die kinetische Energie $\quad m \cdot \dfrac{w^2}{2}$ und

die innere Energie $\quad m \cdot u$

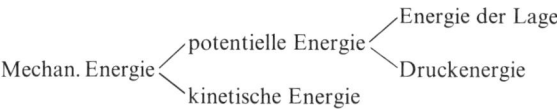

Bild 15   Beliebig geformte Stromröhre

Für zwei beliebige Querschnitte A_1 und A_2 einer Stromröhre, durch die sich ein Massenstrom $\dot{m}$ bewegt, kann bei stationärer Strömung der Energiesatz angesetzt werden:

$$\Sigma \dot{E}_1 = \Sigma \dot{E}_2$$

oder in die veränderlichen Energieformen aufgeschlüsselt

$$\dot{m} \cdot g \cdot z_1 + \dot{m} \cdot \frac{p_1}{\varrho_1} + \dot{m} \cdot \frac{w_1^2}{2} + \dot{m} \cdot u_1 = \dot{m} \cdot g \cdot z_2 + \dot{m} \cdot \frac{p_2}{\varrho_2} + \dot{m} \cdot \frac{w_2^2}{2} + \dot{m} \cdot u_2$$

Was für zwei beliebige Querschnitte gilt, hat in der gleichen Weise für alle Querschnitte Gültigkeit, so daß man obige Gleichung, bezogen auf die Massenstromeinheit, auch schreiben kann

$$g \cdot z + \frac{p}{\varrho} + \frac{w^2}{2} + u = \text{konst}$$

*Energiegleichung strömender **Fluide***

Bei der Strömung tropfbarer Flüssigkeiten kann ein Wärmeaustausch mit der Umgebung im allgemeinen vernachlässigt werden. Es kann also gesetzt werden

$$\mathrm{d}q = 0 = \mathrm{d}u + p \cdot \mathrm{d}v$$

Da bei tropfbaren Flüssigkeiten $\mathrm{d}v = 0$ ist, muß nach vorstehender Aussageform des 1. Hauptsatzes der Wärmelehre auch $\mathrm{d}u = 0$ sein, d.h. $u_1 = u_2$. Somit vereinfacht sich die Energiegleichung für die ideale Flüssigkeit zu

$$g \cdot z + \frac{p}{\varrho} + \frac{w^2}{2} = \text{konst} = \text{Summe der spezifischen Strömungsenergieformen}$$

In dieser Gleichung haben die Glieder die Bedeutung von spezifischen Energiegrößen. Durch Umformung lassen die Einzelglieder sich in Druckgrößen

$$g \cdot \varrho \cdot z + p + \frac{\varrho}{2} w^2 = \text{konst}$$

oder als Höhengrößen wiedergeben.

$$z + \frac{p}{g \cdot \varrho} + \frac{w^2}{2g} = \text{konst} \qquad\qquad\qquad \textit{Bernoulli-Gleichung}$$

Es ist üblich, die Einzelglieder der Bernoulli-Gleichung auch wie folgt zu bezeichnen:

z Ortshöhe, d.h. Höhe über einer beliebig gewählten Bezugsebene $N-N$.

$\dfrac{w^2}{2g}$ Geschwindigkeitshöhe; sie entspricht der Höhe, die ein Körper in reibungslosem, freiem Fall herabfallen muß, um die Geschwindigkeit w zu erlangen.

$\dfrac{p}{g \cdot \varrho}$ Druckhöhe; sie entspricht der Höhe, die eine Flüssigkeitssäule mit der Dichte ϱ haben muß, damit sie auf ihre Unterlage den Druck p ausübt.

Euler hat die Energiegleichung an einem Flüssigkeitselement abgeleitet. Voraussetzung: Ebene Strömung.

Nach *Newton* ist

$$\Sigma F = \mathrm{d}m \frac{\mathrm{d}w}{\mathrm{d}t}$$

$$\Sigma F = -\mathrm{d}G \cdot \sin\delta + p \cdot \mathrm{d}A - (p + \mathrm{d}p) \cdot \mathrm{d}A$$

$$\mathrm{d}G = g \cdot \mathrm{d}m = g \cdot \varrho \cdot \mathrm{d}s \cdot \mathrm{d}A$$

$$\sin\delta = \frac{\mathrm{d}z}{\mathrm{d}s}$$

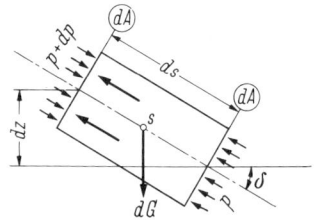

Bild 16   Strömungselement

damit

$$-g \cdot \varrho \cdot \mathrm{d}s \cdot \mathrm{d}A \cdot \frac{\mathrm{d}z}{\mathrm{d}s} - \mathrm{d}p \cdot \mathrm{d}A = \varrho \cdot \mathrm{d}s \cdot \mathrm{d}A \frac{\mathrm{d}w}{\mathrm{d}t}$$

$$\frac{\mathrm{d}s \cdot \mathrm{d}w}{\mathrm{d}t} = w \cdot \mathrm{d}w = \frac{1}{2}\mathrm{d}(w^2)$$

damit

$$\boxed{\; g \cdot \mathrm{d}z + \frac{\mathrm{d}p}{\varrho} + \frac{\mathrm{d}(w^2)}{2} = 0 \;}\qquad\qquad \textit{Strömungsgleichung von Euler}$$

Diese Gleichung ist mit der Energiegleichung identisch!

Durch Umstellung ergibt sich

$$\frac{\mathrm{d}p}{\mathrm{d}z} = -g \cdot \varrho - \frac{\varrho}{2} \frac{\mathrm{d}(w^2)}{\mathrm{d}z}$$

Diese Gleichung gibt die Neigung der Drucklinie gegen die Vertikale wieder in Abhängigkeit von der Dichte der Flüssigkeit und von der Änderung der kinetischen Energie.
In Bild 17 ist der Druckverlauf in einem senkrechten Behälterauslaufrohr dargestellt. Bei Druckbetrachtungen an einem Auslauf muß immer davon ausgegangen werden, daß im Austrittsquerschnitt der äußere Druck, d.h. Luftdruck herrscht.

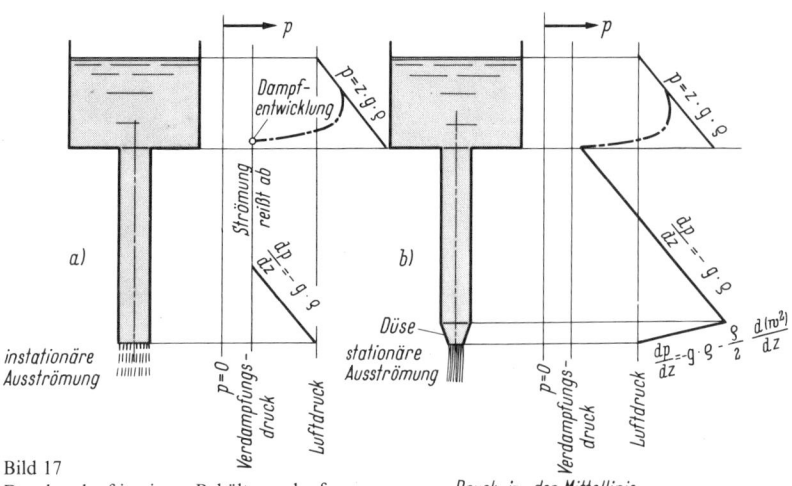

Bild 17
Druckverlauf in einem Behälterauslauf   — — — *Druck in der Mittellinie*

Fall a   Das Auslaufrohr hat konstanten Querschnitt. Nach Kontinuität ist $\mathrm{d}(w^2/2)$ also null. $\mathrm{d}p/\mathrm{d}z = -g \cdot \varrho$. Die Neigung der Drucklinie ist negativ und nur von der Dichte der Flüssigkeit abhängig. Oder, mit anderen Worten, mit abnehmender Höhe nimmt der Druck linear zu.
          In einem durchströmten, parallelwandigen Rohr ändert sich also der Flüssigkeitsdruck der strömenden, idealen Flüssigkeit wie der hydrostatische Druck. Das bedeutet, daß im Rohreinlauf der Druck tiefer sein muß als der äußere Luftdruck. Sobald allerdings bei Absinken des Druckes der Verdampfungsdruck erreicht ist, tritt Dampfblasenbildung ein, und die Strömung reißt ab. Mit Verdampfungsdruck bezeichnet man den der Flüssigkeitstemperatur entsprechenden Siededruck.

Fall b   Soll eine Dampfbildung mit Sicherheit vermieden werden, muß der Druck im Rohr gegen den Austritt absinken. Das ist aber nur dann der Fall, wenn $\mathrm{d}p/\mathrm{d}z$ positiv ist. Dazu muß die kinetische Energie zunehmen, was nach Kontinuität nur möglich ist, wenn der Rohrquerschnitt abnimmt. Eine Austrittsdüse erhöht also den Druck am unteren Ende des parallelwandigen Rohres und verhindert so eine Unterschreitung des Verdampfungsdruckes an der Stelle des niedrigsten Druckes im Rohreinlauf.

Beispiel 2.1.: Ausströmung aus einem offenen Behälter unter dem Einfluß der Fallbeschleunigung nach Bild 18.

Gegeben: $A_1 \gg A_2$, deshalb nach Kontinuität: $w_1 \ll w_2$

$A_2 = A_3 = 20\,\text{cm}^2$

$A_4 = 50\,\text{cm}^2$

$A_5 = 15\,\text{cm}^2$

$\varrho = 1\,\text{kg/dm}^3$

$e_1 = 6\,\text{m} \quad e_2 = 12\,\text{m} \quad e_3 = 7\,\text{m}$

$p_1 = p_5 = p_B = 0{,}981\,\text{bar} = 98{,}1\,\text{kN/m}^2$

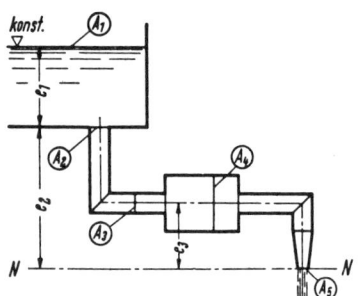

Gesucht: Geschwindigkeiten und Drücke in A_1 bis A_5.

Lösung: $w_1 \approx 0$ siehe oben!

Ansatz der Energiegleichung zwischen A_1 und A_5

$$g \cdot z_1 + \frac{p_1}{\varrho} + \frac{w_1^2}{2} = g \cdot z_5 + \frac{p_5}{\varrho} + \frac{w_5^2}{2}$$

Bild 18   Ausströmung aus einem offenen Gefäß

Bezugsebene $N - N$ durch A_5: $z_5 = 0$

$$z_1 = e_1 + e_2$$

mit $p_1 = p_5$ und $w_1 = 0$:

$$w_5 = \sqrt{2 \cdot g(e_1 + e_2)}$$

Bei reibungsfreiem Ausfluß aus einem offenen Behälter wird die Energie der Lage des gesamten Gefälles in kinetische Energie umgesetzt.

$$w_5 = \sqrt{2 \cdot 9{,}81\,\text{m/s}^2 \cdot 18\,\text{m}} = 18{,}8\,\text{m/s}$$

$$w_2 = w_3 = w_5 \frac{A_5}{A_2} = \frac{15}{20} \cdot 18{,}8\,\text{m/s} = 14{,}1\,\text{m/s}$$

$$w_4 = w_5 \frac{A_5}{A_4} = \frac{15}{50} \cdot 18{,}8\,\text{m/s} = 5{,}64\,\text{m/s}$$

Ansatz der Energiegleichung zwischen A_1 und A_2

$$g \cdot z_1 + \frac{p_1}{\varrho} + \frac{w_1^2}{2} = g \cdot z_2 + \frac{p_2}{\varrho} + \frac{w_2^2}{2}$$

$$p_2 = p_1 + \varrho \left(g \cdot z_1 - g \cdot z_2 + \frac{w_1^2 - w_2^2}{2} \right)$$

$$= p_B + g \cdot \varrho \cdot e_1 - \frac{\varrho \cdot w_2^2}{2}$$

$$p_2 = 98{,}1\,\frac{\text{kN}}{\text{m}^2} + 9{,}81\,\frac{\text{m}}{\text{s}^2} \cdot 1000\,\frac{\text{kg}}{\text{m}^3} \cdot 6\,\text{m} - \frac{14{,}1^2\,\text{m}^2 \cdot 1000\,\text{kg}}{2 \quad \text{s}^2 \quad \text{m}^3} =$$

$$= 98{,}1\,\frac{\text{kN}}{\text{m}^2} + 58{,}86\,\frac{10^3\,\text{kg}}{\text{m} \cdot \text{s}^2} - 99{,}41\,\frac{10^3\,\text{kg}}{\text{m} \cdot \text{s}^2} = 57{,}55\,\frac{\text{kN}}{\text{m}^2} = 0{,}5755\,\text{bar}$$

Ansatz der Energiegleichung zwischen A_1 und A_3

$$p_3 = p_B + g \cdot \varrho(z_1 - z_3) - \frac{\varrho \cdot w_3^2}{2}$$

$$p_3 = 10656\,\text{kN/m}^2 = 1{,}0656\,\text{bar}$$

Ansatz der Energiegleichung zwischen A_4 und A_5

$$p_4 = p_B + \varrho\,\frac{w_5^2 - w_4^2}{2} - g \cdot \varrho \cdot e_3$$

$$p_4 = 19024\,\text{kN/m}^2 = 1{,}9024\,\text{bar}$$

Beispiel 2.2.: Ausströmung aus einem geschlossenen Gefäß unter dem Einfluß eines inneren Überdruckes und der Fallbeschleunigung nach Bild 19.

Gegeben: $A_1 \gg A_2$, deshalb $w_1 = 0$

$A_2 = 50\,\text{cm}^2$ $e_1 = 6\,\text{m}$

$A_3 = 30\,\text{cm}^2$ $e_2 = 3\,\text{m}$

$\varrho = 1\,\text{kg/dm}^3$

$p_{1\ddot{u}} = 5\,\text{bar}$

$p_B = 0{,}9203\,\text{bar}$

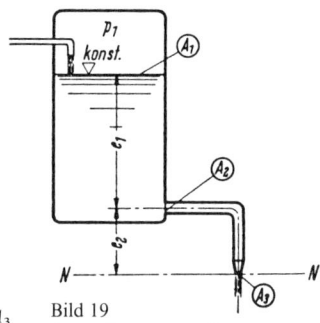

Gesucht: w_2, w_3, $\dot{V}$ und p_2

Lösung: Ansatz der Energiegleichung zwischen A_1 und A_3

Bild 19
Ausströmung aus einem
Druckgefäß

$$g \cdot z_1 + \frac{p_1}{\varrho} + \frac{w_1^2}{2} = g \cdot z_3 + \frac{p_3}{\varrho} + \frac{w_3^2}{2}$$

Bezugsebene durch A_3: $z_3 = 0$ $p_3 = p_B$

$z_1 = e_1 + e_2$ $p_1 = p_B + p_{1\ddot{u}}$

$$w_3^2 = 2 \left[g(e_1 + e_2) + \frac{p_B + p_{1\ddot{u}} - p_B}{\varrho} \right]$$

$$w_3 = \sqrt{2g(e_1 + e_2) + 2\,\frac{p_{1\ddot{u}}}{\varrho}}$$

$$= \sqrt{2 \cdot 9{,}81\,\frac{\text{m}}{\text{s}^2} \cdot 9\,\text{m} + \frac{2 \cdot 5 \cdot 10^5\,\text{N}\,\text{m}^3}{\text{m}^2 \cdot 1000\,\text{kg}}}$$

$$= \sqrt{176{,}6\,\text{m}^2/\text{s}^2 + 10^3\,\text{m}^2/\text{s}^2}$$

$$= 34\,\text{m/s}$$

$$w_2 = w_3 \frac{A_3}{A_2} = \frac{30}{50} \cdot 34\,\text{m/s} = 20{,}4\,\text{m/s}$$

$$\dot{V} = A_3 \cdot w_3 = 30\,\text{cm}^2 \cdot 34\,\frac{\text{m}}{\text{s}} \cdot \frac{\text{m}^2}{10^4\,\text{cm}^2} = 0{,}102\,\frac{\text{m}^3}{\text{s}}$$

Ansatz der Energiegleichung zwischen A_1 und A_2

$$g \cdot z_1 + \frac{p_1}{\varrho} + \frac{w_1^2}{2} = g \cdot z_2 + \frac{p_2}{\varrho} + \frac{w_2^2}{2}$$

$$p_2 = \left[g(z_1 - z_2) + \frac{p_1}{\varrho} + \frac{w_1^2 - w_2^2}{2} \right] \cdot \varrho$$

$$p_2 = p_B + p_{1\ddot{u}} + \varrho \left(g \cdot e_1 - \frac{w_2^2}{2} \right)$$

$$= 0{,}9203\,\text{bar} + 5\,\text{bar} + 1000\,\frac{\text{kg}}{\text{m}^3} \left(9{,}81\,\frac{\text{m}}{\text{s}^2} \cdot 6\,\text{m} - \frac{20{,}4^2}{2}\,\frac{\text{m}^2}{\text{s}^2} \right)$$

$$= 5{,}9203\,\text{bar} + (-149\,220)\,\text{N/m}^2$$

$$= 4{,}4281\,\text{bar}$$

Beispiel 2.3.: Ausströmung aus einem Rohrmundstück unter dem Einfluß eines inneren Überdruckes nach Bild 20.

Gegeben: $p_{\ddot{u}} = 8\,\mathrm{bar}$

             $d_1 = 250\,\mathrm{mm}$ $\varrho = 1\,\mathrm{kg/dm^3}$

             $d_2 = 100\,\mathrm{mm}$

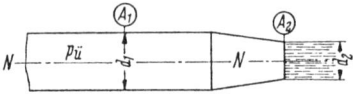

Bild 20 Ausströmung aus einem
Rohrmundstück

Gesucht: Ausströmungsgeschwindigkeit w_2, Strömungsgeschwindigkeit w_1 im Rohr und Ausflußstrom $\dot{V}$.

Lösung: Ansatz der Energiegleichung zwischen A_1 und A_2:

$$g \cdot z_1 + \frac{p_1}{\varrho} + \frac{w_1^2}{2} = g \cdot z_2 + \frac{p_2}{\varrho} + \frac{w_2^2}{2}$$

Bezugsebene durch die Rohrachse: $z_1 = z_2$

$$p_2 = p_B$$

$$p_1 = p_{\ddot{u}} + p$$

$$\frac{p_{\ddot{u}} + p_B}{\varrho} + \frac{w_1^2}{2} = \frac{p_B}{\varrho} + \frac{w_2^2}{2}$$

$$w_1 = w_2 \frac{d_2^2}{d_1^2}$$

$$\frac{p_{\ddot{u}}}{\varrho} = \frac{w_2^2}{2}\left[1 - \left(\frac{d_2}{d_1}\right)^4\right]$$

$$w_2 = \sqrt{\frac{2 \cdot p_{\ddot{u}}}{\varrho\left[1 - \left(\frac{d_2}{d_1}\right)^4\right]}}$$

$$w_2 = \sqrt{\frac{2 \cdot 8 \cdot 10^5\,\mathrm{N}}{\mathrm{m^2}}\frac{\mathrm{m^3}}{1000\,\mathrm{kg}\left[1 - \left(\frac{1}{2{,}5}\right)^4\right]}}$$

$$= \sqrt{1642\,\mathrm{m^2/s^2}} = 40{,}5\,\mathrm{m/s}$$

$$w_1 = w_2 \frac{d_2^2}{d_1^2} = \frac{1}{6{,}25} \cdot 40{,}5\,\mathrm{m/s} = 6{,}31\,\mathrm{m/s}$$

$$\dot{V} = \frac{\pi}{4} d_2^2 \cdot w_2 = \frac{\pi}{4}\,0{,}01\,\mathrm{m^2} \cdot 40{,}5\,\mathrm{m/s} = 0{,}318\,\mathrm{m^3/s}$$

Aufgabe 1:   Überströmung aus einem offenen Behälter in einen zweiten offenen Behälter nach Bild 21.

Gegeben: $e_1 = 3\,\mathrm{m};$ $e_2 = 1{,}5\,\mathrm{m};$ $\varrho = 1\,\mathrm{kg/dm^3}.$

Gesucht: Überströmgeschwindigkeit w_2 in A_2.

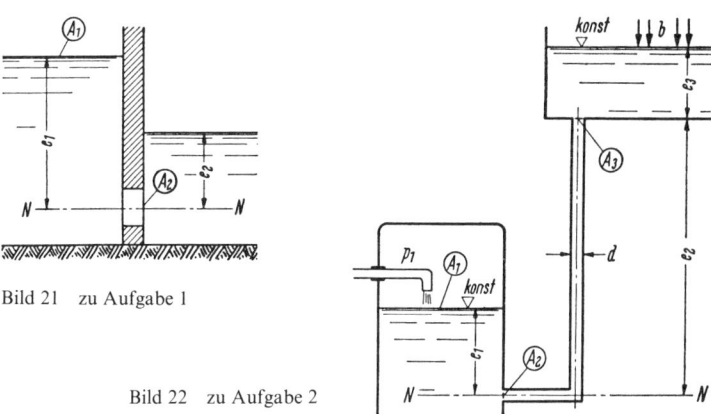

Bild 21   zu Aufgabe 1

Bild 22   zu Aufgabe 2

Lösung: $w_2 = 5,425\,\text{m/s}$

Aufgabe 2:   Überströmung aus einem Druckgefäß in einen offenen Behälter nach Bild 22.

Gegeben: $e_1 = 3\,\text{m};\quad e_2 = 26\,\text{m};\quad e_3 = 2\,\text{m};$

 $d = 100\,\text{mm};\quad A_2 = A_3;\quad A_1 \gg A_2;\quad \varrho = 1\,\text{kg/dm}^3;$

 $p_{1ü} = 2,943\,\text{bar}$

Gesucht: Überströmgeschwindigkeit w im Rohr, Volumensstrom $\dot{V}$ und Druck p_2 in A_2.

Lösung: $w = 9,905\,\text{m/s};\quad \dot{V} = 0,07775\,\text{m}^3/\text{s};\quad p_{2ü} = 2,747\,\text{bar}$

Aufgabe 3:   Aus einem Rohrmundstück, dessen Austrittsdurchmesser halb so groß ist wie der Rohrdurchmesser, tritt ideale Flüssigkeit ($\varrho = 1\,\text{kg/dm}^3$) mit 24 m/s aus. Wie groß ist der Druck im Rohr?

Lösung: $p_ü = 2,7\,\text{bar}.$

Aufgabe 4:   Ein mit idealer Flüssigkeit gefüllter Behälter hat 6 m unter der Oberfläche einen Rohrauslauf senkrecht nach unten. Das Abflußrohr hat einen im Verhältnis zum Behälterspiegel kleinen Querschnitt und an seinem unteren Ende eine Ausflußöffnung, die halb so groß ist wie der Rohrquerschnitt.
 Welche Länge muß das Abflußrohr haben, damit an seinem Einlauf der gleiche Druck herrscht, wie auf die Flüssigkeitsoberfläche im Behälter?

Lösung: $l = 18\,\text{m}$

Aufgabe 5:   Ein Behälter ist bis zur Höhe e_1 über dem Boden mit idealer Flüssigkeit gefüllt. Aus einem vom Boden abgehenden Ausflußrohr mit kleinem Querschnitt gegenüber dem Behälterspiegel strömen 0,05 m³/s aus. Das Ausflußrohr hat einen lichten Durchmesser $d_1 = 60\,\text{mm}$, der sich auf den Austrittsdurchmesser d_2 verengt. Die Austrittsgeschwindigkeit beträgt 30 m/s.

Gesucht: d_2, e_1 und erforderliches Gefälle Δz, wenn am Rohreinlauf der auf die Flüssigkeitsoberfläche lastende Außendruck herrschen soll.

Lösung: $d_2 = 46\,\text{mm},\quad e_1 = 15,98\,\text{m},\quad \Delta z = 45,9\,\text{m}.$

2.3   Statischer und dynamischer Druck

Wenn in eine gleichförmige Strömung ein feststehender Körper gebracht wird, so staut sich unmittelbar vor dem Hindernis die Strömung an und zerteilt sich, um das Hindernis zu umfließen. Im Mittelpunkt des Staugebietes, dem Staupunkt (Punkt *2* in Bild 23), kommt die Strömung völlig zur Ruhe, d.h. $w_2 = 0$.

Für eine durch den Staupunkt gezogene Stromlinie mit dem Punkt *1* im ungestörten Gebiet vor dem Hindernis liefert die Bernoulli-Gleichung bei gleichen Ortshöhen die Beziehung

$$\frac{p_1}{\varrho} + \frac{w_1^2}{2} = \frac{p_2}{\varrho} + \frac{w_2^2}{2} = \frac{p_2}{\varrho} + 0$$

$$p_2 = p_1 + \frac{\varrho}{2} \cdot w_1^2$$

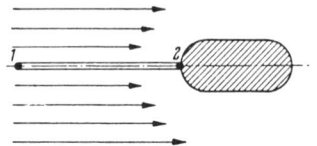

Die Glieder dieser Gleichung tragen die Bezeichnungen

Bild 23   Staukörper

p_2 \qquad\qquad\qquad Gesamtdruck

p_1 \qquad\qquad\qquad statischer Druck

$p_2 - p_1 = \frac{\varrho}{2} \cdot w_1^2 = q$ \quad dynamischer Druck oder Staudruck

Der Gesamtdruck von strömenden Flüssigkeiten kann mit Hilfe eines einfachen, umgebogenen Röhrchens, einem *Pitotrohr*, gemessen werden. Zur Feststellung des Staudruckes ist außer dem Pitotrohr noch ein Manometerröhrchen, ein sogenanntes *Piezometer*, erforderlich, mit dem der statische Druck gemessen wird. Der Staudruck ergibt sich dann als Differenz von Gesamtdruck und statischem Druck

$$p_2 - p_1 = z_2 \cdot g \cdot \varrho - z_1 \cdot g \cdot \varrho = \Delta z \cdot g \cdot \varrho$$

In der Meßtechnik wird der Staudruck zur Ermittlung der Strömungsgeschwindigkeit herangezogen (s. Abschn. 9.2), denn aus

$$p_2 - p_1 = \frac{\varrho \cdot w_1^2}{2} \qquad\qquad \text{folgt}$$

$$w_1 = \sqrt{\frac{2(p_2 - p_1)}{\varrho}} = \sqrt{2 \cdot g \cdot \Delta z}$$

Zur besseren Messung wurden von *Prandtl* Piezometer und Pitotrohr vereinigt zum *Prandtlschen Staugerät*.

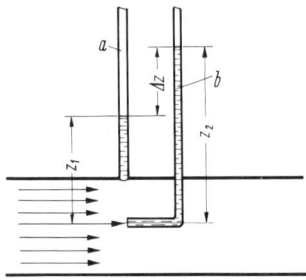

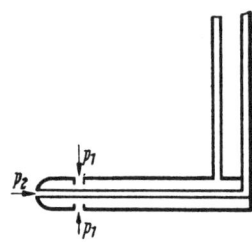

Bild 24   Staudruckmessung
a Piezometer, *b* Pitotrohr

Bild 25   Das Prandtl'sche
Staugerät

2.4 Das d'Alembertsche Paradoxon

Bei einem von idealer, wirbelfreier Flüssigkeit umströmten Körper steht dem durch Stauwirkung auf die Vorderseite ausgeübten Druck ein gleichgroßer Gegendruck auf der Rückseite gegenüber, wie sich mit Hilfe der Bernoulli-Gleichung leicht beweisen läßt.

Folgerung: Die ideale Flüssigkeit übt auf umströmte Körper keine resultierende Kraft aus!

Im Falle einer Körperumströmung führt die Annahme der idealen Flüssigkeit also zu Erscheinungen, die in der Natur nicht vorkommen:
Ein hineingeworfener Gegenstand schwimmt nicht von der Stelle. Ein Wasserfahrzeug kann nicht durch ein Steuerruder gelenkt werden.

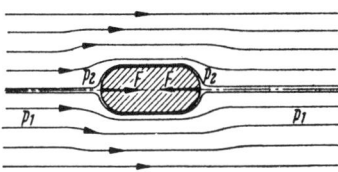

Bild 26   Staukörper in idealer Flüssigkeit

2.5 Die Potentialströmung

Erklärung des Begriffes *Potential:*
Ein Potential ist eine mathematische Funktion einer oder mehrerer Koordinaten mit der Eigenschaft, daß sie bei einmaliger Differentiation nach einer Koordinate eine Größe mit physikalischer Bedeutung angibt.

Das *Strömungspotential:*
Die allgemeinste Bewegung eines Flüssigkeitsteilchens läßt sich darstellen aus einer Translation, einer Rotation und einer Deformation. In einem räumlichen Koordinatensystem kann diese Bewegung beschrieben werden durch die Funktionen

$$\zeta = f(x, y, t)$$
$$\eta = f(x, z, t)$$
$$\xi = f(y, z, t)$$

Eine Flüssigkeitsbewegung, bei der wenigstens eine der drei Funktionen einen von null verschiedenen Wert hat, ist eine Wirbelbewegung.
Eine Flüssigkeitsbewegung, für welche alle drei Funktionen null werden, läßt sich durch eine vierte Funktion darstellen

$$\phi = f(x, y, z, t)$$

Eine solche Flüssigkeitsbewegung ist wirbelfrei. Ihre Funktion ist das Potential der Strömung. Die Ableitung dieser Funktion nach irgendeiner Richtung ergibt die Strömungsgeschwindigkeit in dieser Richtung.

$$\frac{\partial \phi}{\partial s} = w \cdot \cos \alpha$$

Man schreibt vektoriell

$$\mathfrak{w} = \operatorname{grad} \phi \quad \text{(sprich: Gradient von } \phi\text{)}$$

Analogie zum Kräftepotential der Physik:

Gradient des Kräftepotentials ist die Feldstärke,
Gradient des Strömungspotentials ist die Strömungsgeschwindigkeit.

Die Einführung des Begriffes des Strömungspotentials bringt eine Bestätigung des Satzes von *Thomson* (s. Abschn. 8.3):

Jede aus der Ruhe heraus entstandene Bewegung einer idealen Flüssigkeit besitzt ein Potential. Da bei Beginn der Bewegung die Zirkulation gleich null ist, muß bei der Potentialströmung die Gesamtzirkulation immer den Wert null behalten.

3   Die Strömung wirklicher Flüssigkeiten

Bei der Strömung einer wirklichen Flüssigkeit treten sowohl zwischen allen mit verschiedener Geschwindigkeit aneinander vorbeibewegten Flüssigkeitsteilchen als auch zwischen bewegten Flüssigkeitsteilchen und feststehenden Körperoberflächen durch Reibung hervorgerufene Widerstandskräfte auf, welche die theoretischen Gesetzmäßigkeiten der idealen Flüssigkeit beeinflussen.

Bevor auf das Verhalten der wirklichen Flüssigkeiten eingegangen wird, müssen zuerst einige Begriffe erklärt werden.

3.1   Die Flüssigkeitsreibung

Die zwischen einzelnen Flüssigkeitsteilchen oder Flüssigkeitsschichten auftretenden Widerstandskräfte bezeichnet man als *innere Reibung*. Die innere Schubspannung verursacht die *Viskosität* oder *Zähigkeit*.

Die zwischen strömender Flüssigkeit und allen Körperoberflächen, an denen sich die Flüssigkeit vorbeibewegt, auftretenden Widerstandskräfte nennt man *äußere* oder *Oberflächenreibung*.

3.2   Die Viskosität

Die Viskosität oder Zähigkeit der Flüssigkeiten kennzeichnet deren Vermögen, gegen Formänderungen Widerstand zu leisten. Neben den gewöhnlichen, dünnflüssigen Flüssigkeiten, wie Wasser, Gase und Dämpfe, gibt es dickflüssigere, wie Öle, und zähflüssige, wie Teer, Asphalt usw. Bei letzteren ist der Widerstand gegen Formänderung erheblich. Zähflüssige Flüssigkeiten gehen in ihrer Zustandsform bis zum festen Körper.

Zur Definition der Viskosität als Rechengröße denke man sich zwischen zwei unendlich großen Platten eine Flüssigkeitsschicht eingeschlossen. Die untere Platte befinde sich in Ruhe, die obere Platte werde parallel zu der ruhenden mit der Geschwindigkeit w bewegt. Die Höhe der Flüssigkeitsschicht habe gemessen von der ruhenden Platte aus den Betrag x.

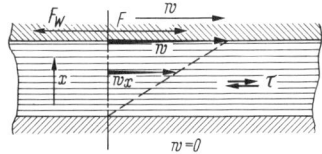

Bild 27   Begriff der Zähigkeit

Bei der Bewegung der oberen Platte bleibt infolge der Adhäsion an jeder Platte eine sehr dünne Flüssigkeitsschicht haften. Die Haftschicht an der bewegten Platte nimmt deren Geschwindigkeit w an, die an der ruhenden Platte behält die Geschwindigkeit null.

Denkt man sich die Stärke x der eingeschlossenen Flüssigkeit in sehr dünne, zu den Platten parallele Schichten aufgeteilt, so üben diese bei ihrer Verschiebung von $w_x = 0$ auf $w_x = w$ infolge der inneren Reibung aufeinander gleichgroße Schubkräfte aus, die in der Flüssigkeit ein Geschwindigkeitsgefälle $\dfrac{\mathrm{d}w_x}{\mathrm{d}x}$ hervorrufen.

Infolge des verzögernden Reibungswiderstandes der Flüssigkeit ist zur Aufrechterhaltung der Plattengeschwindigkeit w eine Beschleunigungskraft F erforderlich, die gleichgroß wie die Widerstandskraft F_W sein muß.

$$F = F_W$$

Nach *Newton* ist die Beschleunigungskraft F proportional dem Geschwindigkeitsgefälle $\dfrac{\mathrm{d}w_x}{\mathrm{d}x}$ und proportional der Plattenoberfläche A.

Mit einem Proportionalitätsfaktor η kann also geschrieben werden

$$F = F_W = \eta \cdot A \cdot \frac{\mathrm{d}w_x}{\mathrm{d}x} \quad \text{oder}$$

$$\frac{F_W}{A} = \eta \cdot \frac{\mathrm{d}w_x}{\mathrm{d}x} = \tau \quad \text{(Schubspannung)}$$

Das Geschwindigkeitsgefälle $\dfrac{\mathrm{d}w}{\mathrm{d}x}$ wird auch Schergefälle genannt.

Der Proportionalitätsfaktor η ist ein Maß für die absolute Zähigkeit der wirklichen Flüssigkeiten. η wird daher das *Zähigkeitsmaß* oder *dynamische Viskosität* oder auch nur kurz *Viskosität* genannt.

$$\eta = \frac{F/A}{\mathrm{d}w_x/\mathrm{d}x} = \frac{\text{Schubspannung}}{\text{Schergefälle}}$$

Die Viskosität ist eine Stoffeigenschaft sowohl von tropfbaren als auch von gasförmigen Flüssigkeiten. Da diese Stoffeigenschaft auf der inneren Reibung der Flüssigkeitsmoleküle beruht und die Flüssigkeitstemperatur ein Maß für die molekulare Bewegung ist, stellt die Temperatur die wichtigste, die Viskosität einer Flüssigkeit beeinflussende Zustandsgröße dar und muß deshalb stets in Verbindung mit der Viskosität angegeben werden.

Die Viskosität nimmt bei tropfbaren Flüssigkeiten mit wachsender Temperatur ab, bei gasförmigen Flüssigkeiten hingegen mit wachsender Temperatur zu, eine Folge des Molekularverhaltens der Aggregatzustände (Bild 28).

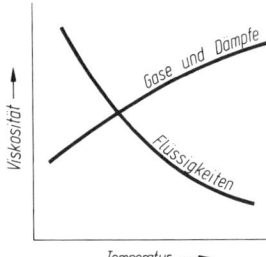

Bild 28   Viskositätsverhalten der Stoffe, abhängig von ihrer Temperatur

Aus der Ableitung der Viskosität als Proportionalitätsfaktor zwischen physikalischen Größen ist zu entnehmen, daß η eine Einheit haben muß.

Gesetzliche Einheit der *dynamischen Viskosität*

$$[\eta] = \mathrm{Pa} \cdot \mathrm{s}$$

In der Strömungstechnik wird häufiger mit der auf die Dichte bezogenen Viskosität gerechnet. Man bezeichnet das Verhältnis Viskosität/Dichte als *kinematische Viskosität ν*.

$$\frac{\eta}{\varrho} = v$$

Gesetzliche Einheit der *kinematischen* Viskosität

$$[v] = \mathrm{m}^2/\mathrm{s}$$

Alle Flüssigkeiten und Gase, bei denen $\eta = \dfrac{\tau}{\mathrm{d}\,w_\mathrm{x}/\mathrm{d}\,x}$ ist, bezeichnet man als Newtonsche Flüssigkeiten. Bei Newtonschen Flüssigkeiten verhält sich die Viskosität bei jeder
beliebigen Temperatur und jedem Druck konstant und unabhängig vom Schergefälle
(Bild 29a), während sich die Schubspannung direkt proportional zum Schergefälle verhält (Bild 29b).

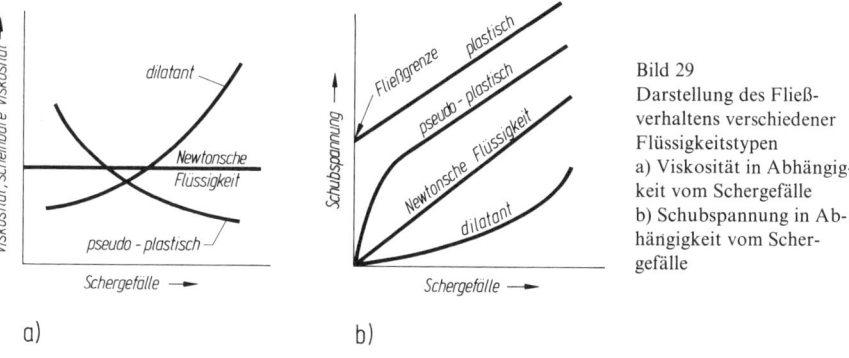

Bild 29
Darstellung des Fließ-
verhaltens verschiedener
Flüssigkeitstypen
a) Viskosität in Abhängigkeit vom Schergefälle
b) Schubspannung in Ab-
hängigkeit vom Scher-
gefälle

Bei vielen anderen technischen Stoffen wird die Viskosität durch den Schereffekt beeinflußt. Solche Stoffe bezeichnet man als Nicht-Newtonsche Flüssigkeiten.
Die Viskosität der Nicht-Newtonschen Flüssigkeit hängt von dem Schergefälle ab, bei
welchem sie gemessen wird. Da eine Nicht-Newtonsche Flüssigkeit bei unterschiedlichen
Schergefällen eine unbegrenzte Anzahl von Viskositätswerten aufweisen kann, verwendet
man den Ausdruck *scheinbare Viskosität* zur Bezeichnung ihrer viskosen Eigenschaften.
Die scheinbare Viskosität ist das Maß des Widerstandes gegen das Fließen bei einem
gegebenen Schergefälle und wird in absoluten Einheiten ausgedrückt. Sie hat nur Bedeutung, wenn das bei der Messung verwendete Schergefälle auch angegeben ist und
experimentell ermittelt wurde.
Die hauptsächlichsten Nicht-Newtonschen Flüssigkeiten lassen sich in drei Kategorien
einteilen.

Plastische, z.B. Schmierfett, Kitt, Formmasse.
Plastisches Material wird, wie in Bild 29b) dargestellt, durch eine Fließgrenze
gekennzeichnet. Das bedeutet, daß eine bestimmte Mindestschubkraft auf das
Material ausgeübt werden muß, bis ein Fließen zustande kommt.

Pseudoplastische, z.B. Emulsionen, Harze.
Eine pseudoplastische Flüssigkeit hat zwar keine Fließgrenze, jedoch nimmt ihre
scheinbare Viskosität ebenfalls mit zunehmendem Schergefälle ab und stabili-
siert sich erst bei sehr hohem Schergefälle.

Dilatante, z. B. Farben, Druckerschwärze.
Bei dilatanten Flüssigkeiten steigt die scheinbare Viskosität mit zunehmendem Schergefälle an. Häufig erstarren solche Flüssigkeiten bei hohen Schergefällen.
Zur Bestimmung der Viskositätswerte dienen folgende Verfahren:

1. Messung der *Durchflußzeit* einer bestimmten Flüssigkeitsmenge, die unter dem Einfluß der Schwerkraft oder eines Fremddruckes durch ein kurzes Rohr oder eine Kapillare fließt.

2. Messung des *Drehmomentes*, das zur Rotation eines Zylinders, einer Scheibe oder eines Flügelrades in der zu untersuchenden Flüssigkeit bei einer bestimmten Drehzahl erforderlich ist.

3. Messung des *Drehmomentes*, das von einem mit Flüssigkeit gefüllten, rotierenden Hohlkörper auf eine konzentrisch darin aufgehängte Scheibe oder Zylinder durch die Flüssigkeit übertragen wird.

4. Messung der *Drehzahl* eines Zylinders oder einer Scheibe in der zu untersuchenden Flüssigkeit bei Antrieb mit einem bekannten, konstanten Drehmoment.

5. Messung der *Fallzeit* einer Kugel oder eines zylindrischen Körpers durch die Flüssigkeit.

6. Messung der *Steigzeit* einer Luftblase durch die in einem Rohr befindliche Flüssigkeit.

7. Messung des *Grades der Dämpfung von Ultraschallwellen* durch die Flüssigkeit.

8. Messung des *Druckverlustes* in einer Kapillare.

Wegen des außerordentlich großen Einflusses der Temperatur auf die Viskosität ist die Flüssigkeitstemperatur in allen Viskosimetern während des gesamten Meßvorganges genau einzuhalten und zu kontrollieren.

3.3   Die Reynolds-Zahl

Die Reynolds-Zahl ist eine Kennzahl der Ähnlichkeitsmechanik.
Bei Strömungsproblemen wirklicher Flüssigkeiten ist ein analytischer Lösungsweg in vielen Fällen noch nicht gegeben. Man ist deshalb gezwungen, die Ergebnisse von experimentellen Untersuchungen auf Strömungsvorgänge anzuwenden, für die hydrodynamische Berechnungen durchgeführt werden sollen. Diese Methode ist aber nur dann anwendbar, wenn für Versuchs- und Originalströmung die Bedingungen physikalischer Ähnlichkeit erfüllt sind.
Zwei Strömungen wirklicher Flüssigkeiten erfüllen die Bedingungen physikalischer Ähnlichkeit unter folgenden Voraussetzungen:

a) Proportionalität der äußeren Abmessungen,
b) Proportionalität der Oberflächenbeschaffenheit,
c) Proportionalität aller an der Strömung beteiligten mechanischen Größen und Stoffeigenschaften.
Zu a):
Wenn bei zwei Strömungen wirklicher Flüssigkeiten zwei in ihrer Lage einander entsprechende, charakteristische Längenabmessungen die Bezeichnungen d_1 und d_2 erhalten, ist Proportionalität der äußeren Abmessungen vorhanden, wenn sich verhalten

sämtliche einander entsprechende Längen wie $\dfrac{d_1}{d_2}$

und sämtliche einander entsprechende Flächen wie $\dfrac{A_1}{A_2} = \dfrac{d_1^2}{d_2^2}$

und sämtliche einander entsprechende Volumina wie $\dfrac{V_1}{V_2} = \dfrac{d_1^3}{d_2^3}$

Zu b):

Als Begriff der Oberflächenbeschaffenheit wird die *Rauhigkeit* gewählt. Man versteht unter der Rauhigkeit k in mm die mittlere Höhe sämtlicher Wandunebenheiten der betrachteten Oberfläche.

Anhaltswerte für die Rauhigkeit k verschiedener Wandmaterialien siehe Anhang, Tafel 7.

Proportionalität der Oberflächenbeschaffenheit ist vorhanden, wenn sich verhalten

die Rauhigkeiten $\dfrac{k_1}{k_2}$ wie $\dfrac{d_1}{d_2}$.

Unter Einführung der *relativen Rauhigkeit* k/d kann auch gesagt werden, daß Proportionalität der Oberflächenbeschaffenheit vorhanden ist, wenn die relativen Rauhigkeiten gleich sind.

Zu c):

Wenn bei zwei Strömungen wirklicher Flüssigkeiten zwei in ihrer Lage einander entsprechende Geschwindigkeiten die Bezeichnungen w_1 und w_2 erhalten, ist Proportionalität aller an der Strömung beteiligten mechanischen Größen vorhanden, wenn sich verhalten

sämtliche entsprechende Beschleunigungen

$$\frac{a_1}{a_2} = \frac{w_1/t_1}{w_2/t_2} = \frac{w_1 \cdot t_2}{w_2 \cdot t_1} \quad \text{wie} \quad \frac{w_1 \cdot d_2/w_2}{w_2 \cdot d_1/w_1} = \frac{w_1^2 \cdot d_2}{w_2^2 \cdot d_1}$$

sämtliche entsprechende Massen

$$\frac{m_1}{m_2} = \frac{V_1 \cdot \varrho_1}{V_2 \cdot \varrho_2} \quad \text{wie} \quad \frac{d_1^3 \cdot \varrho_1}{d_2^3 \cdot \varrho_2}.$$

sämtliche entsprechende Beschleunigungskräfte

$$\frac{F_1}{F_2} = \frac{m_1 \cdot a_1}{m_2 \cdot a_2} \quad \text{wie} \quad \frac{d_1^3 \cdot \varrho_1 \cdot w_1^2 \cdot d_2}{d_2^3 \cdot \varrho_2 \cdot w_2^2 \cdot d_1} = \frac{d_1^2 \cdot \varrho_1 \cdot w_1^2}{d_2^2 \cdot \varrho_2 \cdot w_2^2}$$

und sämtliche entsprechende Widerstandskräfte

$$\frac{F_{W1}}{F_{W2}} = \frac{\eta_1 \cdot A_1 \cdot \mathrm{d}w_1/\mathrm{d}x_1}{\eta_2 \cdot A_2 \cdot \mathrm{d}w_2/\mathrm{d}x_2} \quad \text{wie} \quad \frac{\eta_1 \cdot d_1^2 \cdot w_1 \cdot d_2}{\eta_2 \cdot d_2^2 \cdot w_2 \cdot d_1} = \frac{\eta_1 \cdot d_1 \cdot w_1}{\eta_2 \cdot d_2 \cdot w_2}$$

Bei stationärer Strömung ist $w = \text{konst}$ und $F = F_W$, also

$$\frac{F_1}{F_2} = \frac{F_{W1}}{F_{W2}}$$

$$\frac{\varrho_1 \cdot d_1^2 \, w_1^2}{\varrho_2 \cdot d_2^2 \, w_2^2} = \frac{\eta_1 \cdot d_1 \cdot w_1}{\eta_2 \cdot d_2 \cdot w_2}$$

$$\frac{\varrho_1 \cdot d_1 \cdot w_1}{\eta_1} = \frac{\varrho_2 \cdot d_2 \cdot w_2}{\eta_2}$$

$$\frac{d_1 \cdot w_1}{v_1} = \frac{d_2 \cdot w_2}{v_2}$$

Dieser Quotient aus Länge, Geschwindigkeit und kinematischer Viskosität ist eine einfache Zahl mit der Einheit 1 und charakterisiert das Verhältnis der Trägheitskräfte zu den Viskositätskräften innerhalb einer Strömung. Zu Ehren ihres Entdeckers wird diese Zahl *Reynolds-Zahl Re* genannt.

$$Re = \frac{d \cdot w}{v}$$

Damit stehen sämtliche Ähnlichkeitsbedingungen für die Strömungen wirklicher Flüssigkeiten fest: Für ähnliche Strömungsverhältnisse bzw. für die Anwendung von Versuchsergebnissen auf andere Strömungsvorgänge müssen folgende Bedingungen erfüllt sein:

1) Maßstabsgerechte Verkleinerung oder Vergrößerung,

2) $\frac{k}{d}$ = konst, d.h., die relative Rauhigkeit muß gleich sein,

3) $\frac{d \cdot w}{v}$ = konst, d.h., die Reynolds-Zahl beider Strömungen muß gleich sein.

3.4   Die Froude-Zahl

Bei einigen Strömungsvorgängen wirken die Schwerekräfte als beschleunigende Kräfte, so z.B. bei der Wellenbewegung um Schiffskörper oder bei pneumatischer Förderung. Beim Modellvergleich dieser Vorgänge sind andere Ähnlichkeitsbedingungen anzusetzen als die von Reynolds, die für die Einwirkung von Widerstandskräften abgeleitet wurden. Aus Geschwindigkeit w, Länge l (charakteristische Körperabmessung) und Erdbeschleunigung g läßt sich die *Froude-Zahl* mit der Einheit 1 bilden. Sie ist so definiert, daß beim Vergleich zweier ähnlicher Strömungsvorgänge das Verhältnis von Schwerkraft und Trägheitskraft jeweils gleich ist.

Schwerkraft: $G = m \cdot g$

Trägheitskraft: $F = m \cdot a$

Definition: $\dfrac{F_1}{G_1} = \dfrac{F_2}{G_1}$ bzw. $\dfrac{m \cdot a_1}{m \cdot g} = \dfrac{m \cdot a_2}{m \cdot g}$

mit $\dfrac{a_1}{a_2} = \dfrac{w_1^2 \cdot d_2}{w_2^2 \cdot d_1} = \dfrac{w_1^2 \cdot l_2}{w_2^2 \cdot l_1}$ wird daraus $\dfrac{w_1^2 \cdot l_2}{g} = \dfrac{w_2^2 \cdot l_1}{g}$ oder

$$\frac{w_1^2}{l_1 \cdot g} = \frac{w_2^2}{l_2 \cdot g} = \frac{w^2}{l \cdot g}$$

Als Froude-Zahl bezeichnet man

$$Fr = \frac{w}{\sqrt{l \cdot g}}$$

Das Wellenbild um zwei geometrisch ähnliche Schiffskörper wird bei gleicher Froude-Zahl ebenfalls geometrisch ähnlich sein.

3.5   Modell-Untersuchungen

Zur Untersuchung von rechnerisch nicht erfaßbarem Strömungsverhalten und zur Festlegung von Kenn- und Beiwerten werden Versuche in Strömungskanälen vorgenommen. Bei komplizierten oder großräumigen Versuchskörpern bedient man sich dabei des Modellverfahrens, d. h., der zu untersuchende Körper wird in verkleinerndem Maßstab erstellt. Der Vorteil dieses Verfahrens liegt darin, daß Kosten und auch Raum gespart werden. Damit aus den Ergebnissen des Modellversuches Schlüsse auf das Verhalten der Groß- ausführung gezogen werden können, müssen Modellströmung und Großströmung ein- ander ähnlich sein, d. h., es müssen die oben abgeleiteten Bedingungen für die Ähnlichkeit bei der Strömung wirklicher Flüssigkeiten erfüllt sein.

Beispiel 3.1.: In einem Modellversuch soll der Widerstand einer Tauchkugel von 3 m Durchmesser ermittelt werden, die von einer Wasserströmung mit 7 km/h bei einer Wassertempera- tur von 4 °C umströmt wird. Wie groß muß die Geschwindigkeit der Modellströmung sein, wenn dazu

a) Wasser von 20 °C, $\qquad v = 1{,}004 \cdot 10^{-6}\,\text{m}^2/\text{s}$

b) Gasöl mit $\qquad\qquad v = 6{,}25 \cdot 10^{-6}\,\text{m}^2/\text{s}$

c) Luft von 20 °C und 1013,25 mbar, $\qquad v = 15{,}1 \cdot 10^{-6}\,\text{m}^2/\text{s}$

d) Luft von 40 °C und $p_{\ddot{u}} = 5$ bar, $\qquad v = 2{,}92 \cdot 10^{-6}\,\text{m}^2/\text{s}$

verwendet wird und die Modellkugel 300 mm Durchmesser hat?

Gegeben: $\quad d_1 = 3\,\text{m}$

$$w_1 = 7\,\text{km/h} = \frac{7\,\text{km} \cdot 1000\,\text{m} \cdot}{\text{h} \cdot} \frac{\text{h}}{\text{km} \cdot 3600\,\text{s}} = 1{,}94\,\text{m/s}$$

$$v_1 = 1{,}562 \cdot 10^{-6}\,\text{m}^2/\text{s}$$

Lösung: $\quad$ Aus $\quad Re_2 = Re_1 \quad$ folgt $\quad w_2 = w_1 \dfrac{d_1 \cdot v_2}{d_2 \cdot v_1}$

a) $\quad w_2 = 1{,}94\,\dfrac{\text{m}}{\text{s}}\,\dfrac{3000 \cdot 1{,}004}{300 \cdot 1{,}562} = 12{,}47\,\text{m/s} \quad$ (zu hoch!)

b) $\quad w_2 = 1{,}94\,\dfrac{\text{m}}{\text{s}}\,\dfrac{3000 \cdot 6{,}25}{300 \cdot 1{,}562} = 77{,}7\,\text{m/s} \quad$ (zu hoch!)

c) $\quad w_2 = 1{,}94\,\dfrac{\text{m}}{\text{s}}\,\dfrac{3000 \cdot 15{,}1}{300 \cdot 1{,}562} = 187{,}5\,\text{m/s} \quad$ (zu hoch!)

d) $\quad w_2 = 1{,}94\,\dfrac{\text{m}}{\text{s}}\,\dfrac{3000 \cdot 2{,}92}{300 \cdot 1{,}562} = 36{,}2\,\text{m/s}$

Aufgabe 6: $\quad$ Der Widerstand des Drahtes einer Hochspannungsleitung mit 10 mm Durchmesser bei orkanartiger Windgeschwindigkeit von 120 km/h soll im Modellversuch gemessen wer- den. Zur Verfügung steht ein Wasserkanal mit 0,3 m/s Strömungsgeschwindigkeit. Welchen Durchmesser muß der Modelldraht erhalten, wenn die kinematische Viskosität der Luft 13,9mal größer ist als jene des Wassers?

Lösung: $\quad d_2 = 80\,\text{mm}$

3.6 Die Strömungsformen

Infolge ihres Aufbaues ist die Reynolds-Zahl nicht nur eine wichtige Kenngröße für Ähn- lichkeitsbetrachtungen, sondern sie charakterisiert auch jeden Strömungszustand wirk- licher Flüssigkeiten.
Kleine Reynolds-Zahl bedeutet überwiegende Viskositätskräfte, große *Re* dagegen über- wiegende Trägheitskräfte.

Einen weiteren Einfluß hat die Größe der Reynolds-Zahl auf die Art der Strömungsform wirklicher Flüssigkeiten, deren Bewegung in zwei verschiedenen Formen erfolgen kann.

Erste Strömungsform:

    Merkmale: Die einzelnen Flüssigkeitsteilchen bewegen sich in wohlgeordneten, nebeneinander hergleitenden Schichten.

    Bezeichnung dieser Strömungsform:

    Schichtströmung oder *laminare Strömung* (von lat. lamina = Schicht).

    Ein in die laminare Strömung hineingebrachter, andersfarbiger Stromfaden schiebt sich zwischen die Schichten der Strömung und bleibt in Form und Farbe erhalten, ohne sich mit der anderen Flüssigkeit zu mischen.

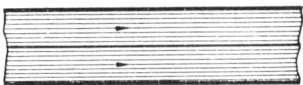

Bild 30   Laminare Strömung

Zweite Strömungsform:

    Merkmale: Bei einer Rohrströmung (d. h. ohne Änderung des Querschnittes und ohne Änderung der Viskosität) mit laminarer Strömungsform ändert sich das Strömungsverhalten bei allmählichem Anwachsen der Strömungsgeschwindigkeit von einer bestimmten Geschwindigkeit an. Der eigentlichen, axial gerichteten Strömungsbewegung überlagern sich an allen Stellen der Strömung ständig wechselnde Zusatzbewegungen, die regellos nach allen Seiten verlaufen, so daß die Strombahnen sich gegenseitig beeinflussen und kleine Wirbel bilden.

    Bezeichnung dieser Strömungsform:

    Wirbelströmung oder *turbulente Strömung* (von lat. turbo = Wirbel).

    Ein in die turbulente Strömung gebrachter, andersfarbiger Stromfaden zerflattert sofort und mischt sich mit der Hauptströmung.

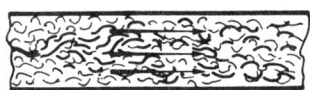

Bild 31   Turbulente Strömung

Über die Entstehung der Turbulenz aus der laminaren Strömung gibt es heute noch keine einwandfreie, analytisch abgeleitete Erklärung. Nach der Theorie von *Prandtl* entsteht die Turbulenz aus dünnen Schichten der strömenden Flüssigkeit, die entlang der strömungsbegrenzenden Wände verlaufen, den sogenannten Grenzschichten (s. Abschnitt 3.8). Nach der heutigen Auffassung unterscheidet man dabei drei Phasen, das Anwachsen kleiner Störungen, das Entstehen örtlicher Turbulenzstellen und das Anwachsen und Ausbreiten dieser lokalisierten Turbulenz bis zur vollständig ausgebildeten turbulenten Strömung. Durch Versuche wurde festgestellt, daß folgende Einflußfaktoren an dem Übergang von laminarer zu turbulenter Strömung maßgeblich beteiligt sind:

    Äußere Abmessungen der Stromröhre,
    Strömungsgeschwindigkeit und
    Viskosität des strömenden Mediums.

Diese Faktoren entsprechen den Zustandsgrößen, aus denen die Reynolds-Zahl gebildet ist. Tatsächlich vollzieht sich der Umschlag im Bereich einer bestimmten, der sogenannten *kritischen Reynolds-Zahl*.

Bei Rohr- und Kanalströmungen, d.h., bei allen Innenströmungen kann mit guter Genauigkeit gesetzt werden

$$Re_{kr} \approx 2300$$

Den Übergang zur Turbulenz kann man auch in den Grenzschichten bei der Umströmung von Körpern feststellen. In diesem Falle ist die charakteristische Längenabmessung die Tiefe e des Körpers in Strömungsrichtung. Der mit der Körpertiefe e gebildete kritische Wert der Reynolds-Zahl und damit der Umschlagpunkt von laminarer zu turbulenter Grenzschicht ist weitgehend abhängig von der Ausbildung der Körpervorderkante und keineswegs so eindeutig wie bei Innenströmungen. Gemessen wurden

$$Re_{kr} = \frac{w \cdot e}{v} = 3 \cdot 10^5 \cdots 5 \cdot 10^5 \; (\cdots 3 \cdot 10^6)$$

Aber auch bei Innenströmungen kann unter bestimmten Voraussetzungen der Umschlagpunkt von laminarer zu turbulenter Strömung von Re_{kr} abweichen. Als Regel gilt: Wenn $Re < Re_{kr}$, liegt stabile, laminare Strömung vor, d.h., auch bei einer Störung von außen stellt sich nach Abklingen der Störung wieder laminares Strömungsverhalten ein. Wenn $Re > Re_{kr}$, kann unter günstigen Strömungsverhältnissen noch laminare Strömung möglich sein. Jedoch ist diese Strömungsform instabil, d.h., bei Auftreten einer Störung tritt sofort ein bleibender Umschlag zur Turbulenz ein (bei Wasser liegt der Bereich des instabilen, laminaren Verhaltens zwischen Re_{kr} und $Re = 8000 \cdots 10000$). Bei allen Werten von Re, die oberhalb des instabilen Bereiches liegen, ist nur noch turbulente Strömung möglich.

Beispiel 3.2.: a) Wie groß ist die Strömungsgeschwindigkeit in einer Rohrleitung mit 150 mm lichtem Durchmesser, durch die Wasser von 20 °C mit Re_{kr} strömt?

b) Wie groß ist Re, wenn in derselben Rohrleitung das Wasser mit 1,2 m/s strömt?

Gegeben a): $d = 0,15\,\text{m}$

$v = 1,004 \cdot 10^{-6}\,\text{m}^2/\text{s}$ (s. Anhang, Tafel 2)

Lösung a): $w = \dfrac{Re \cdot v}{d} = \dfrac{2300 \cdot 1,004\,\text{m}^2}{10^6 \quad \text{s} \cdot 0,15\,\text{m}} = 0,0154\,\text{m/s}$

Gegeben b): $d = 0,15\,\text{m}$

$v = 1,004 \cdot 10^{-6}\,\text{m}^2/\text{s}$

$w = 1,2\,\text{m/s}$

Lösung b): $Re = \dfrac{w \cdot d}{v} = \dfrac{1,2\,\text{m} \cdot 0,15\,\text{m} \cdot 10^6\,\text{s}}{\text{s} \cdot \quad 1,004\,\text{m}^2}$

$= 179\,300$, also *turbulente Strömung*.

Aus den Ergebnissen dieses Beispiels läßt sich folgern, daß in wasserdurchströmten Rohren bei üblichen Strömungsgeschwindigkeiten (s. Anhang, Tafel 9) immer turbulente Strömung vorliegt.

Beispiel 3.3.: Durch eine Rohrleitung mit 100 mm lichtem Durchmesser werden 18 m³/h Öl mit $v = 37,3 \cdot 10^{-6}\,\text{m}^2/\text{s}$ gefördert.

Welche Strömungsform herrscht in der Rohrleitung?

Gegeben: $\dot{V} = 18\,\mathrm{m^3/h}$

$v = 37,3 \cdot 10^{-6}\,\mathrm{m^2/s}$

$d = 0,1\,\mathrm{m}$

Lösung: $w = \dfrac{\dot{V}}{A} = \dfrac{18\,\mathrm{m^3} \cdot \quad \mathrm{h} \cdot 4}{\mathrm{h} \cdot 3600\,\mathrm{s} \cdot \pi \cdot 0,1^2\,\mathrm{m^2}} = 0,637\,\mathrm{m/s}$

$Re = \dfrac{w \cdot d}{v} = \dfrac{0,637\,\mathrm{m} \cdot 0,1\,\mathrm{m} \cdot 10^6\,\mathrm{s}}{\mathrm{s} \qquad 37,3\,\mathrm{m^2}} = 1708 < Re_{kr}$

also *laminare Strömung!*

3.7   Die Strömungsablösung

Bei unstetig begrenzten Stromröhren, besonders an Vorsprüngen oder nach plötzlichen Erweiterungen, aber auch hinter umströmten Körpern, löst sich die Strömung wirklicher Flüssigkeiten von der Wand- oder Körperoberfläche ab. Zwischen Oberfläche und eindeutig gerichteter Strömung bilden sich sogenannte *Toträume*, d.h. Räume, die mit wirbelnder Flüssigkeit erfüllt sind.

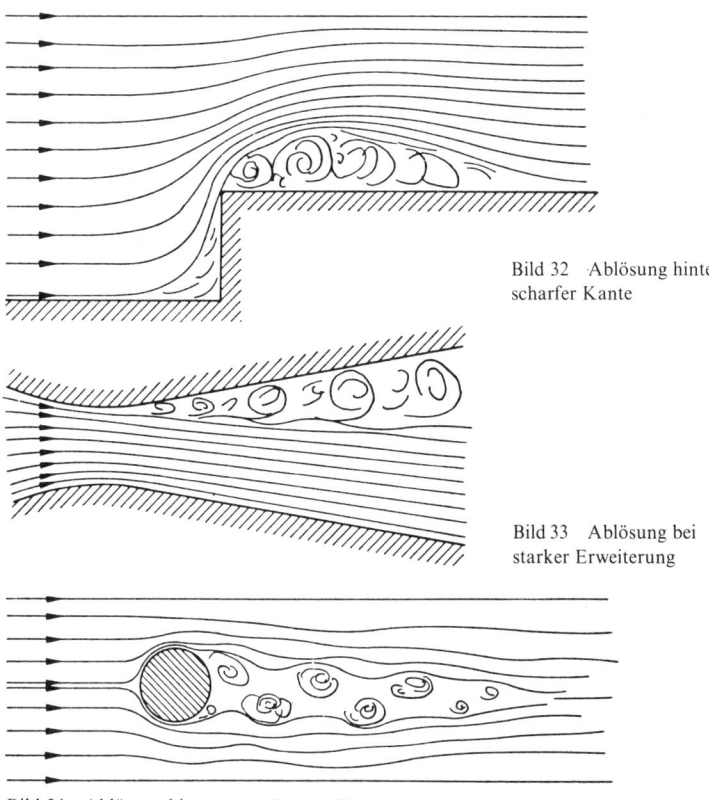

Bild 32   Ablösung hinter
scharfer Kante

Bild 33   Ablösung bei
starker Erweiterung

Bild 34   Ablösung hinter umströmtem Körper

Die Aufrechterhaltung dieser Wirbelbewegung erfordert Energie, die der Strömungs-energie der Flüssigkeit entzogen wird. Dadurch entsteht bei Strömungsablösungen ein Verlust an Nutzenergie. Eine Erklärung für die Strömungsvorgänge bei den Ablösungs-erscheinungen bietet die *Grenzschichttheorie von Prandtl.*

3.8 Die Grenzschichttheorie

Bereits im Jahre 1901 begann *Ludwig Prandtl* mit Hilfe eines für heutige Begriffe primiti-ven, handbetriebenen Wasserkanals mit experimentellen Untersuchungen von Strö-mungsvorgängen, die zu grundlegend wichtigen Forschungsergebnissen führten. Eines dieser Ergebnisse, das heute unter der Bezeichnung Grenzschichttheorie bekannt ist, wurde von Prandtl auf dem Internationalen Mathematiker-Kongreß 1904 in Heidelberg der Öffentlichkeit vorgelegt.

Es kann nachgewiesen werden, daß bei turbulenter Strömungsform die Strömungsge-schwindigkeit der Flüssigkeit bereits in sehr geringem Abstand von der strömungsbe-grenzenden Wand einen Wert erreicht, welcher annähernd gleich dem bei reibungsfreier Bewegung vorhandenen Geschwindigkeitswert $w = \dot{V}/A$ ist. Andererseits haftet die Flüssigkeit durch Adhäsion an der Wand, hat also dort die Geschwindigkeit null.

Es muß demnach dicht an der Wandoberfläche eine dünne Übergangsschicht existie-ren – die von Prandtl so benannte Grenzschicht –, in welcher ein starkes Geschwindig-keitsgefälle vorhanden ist. Dieses Geschwindigkeitsgefälle läßt sich nur so erklären, daß die Viskosität der Flüssigkeit sich hauptsächlich in der Grenzschicht auswirkt, während ihre Wirkung in der Mittelströmung praktisch ohne Bedeutung ist.

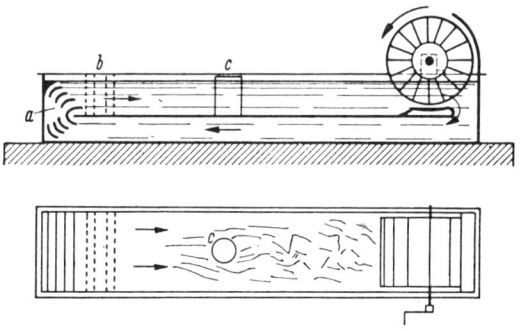

Bild 35 Von Prandtl ent-wickelter Wasserkanal zur Untersuchung von Strö-mungsvorgängen
a Lenkbleche,
b Gleichrichter,
c Profilkörper

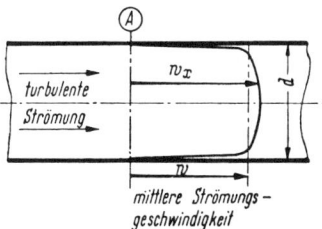

Bild 36 Geschwindigkeitsverlauf in einem Querschnitt *A* der turbulenten Strömung

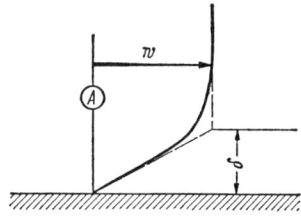

Bild 37 Grenzschicht gestreckt
δ Stärke der Grenzschicht

Wenn also außerhalb der Grenzschicht die Viskosität bedeutungslos ist, so gilt das auch
für die innere Schubspannung $\tau = \eta \cdot \mathrm{d}w_x/\mathrm{d}x$, d.h., in der Außenströmung ist $\tau \approx 0$.
In der Grenzschicht ist $\mathrm{d}w_x/\mathrm{d}x$ sehr groß, so daß dort also τ wesentlich von null ver-
schieden sein muß. Prandtl unterscheidet eine gesunde Außenströmung, in der die Bernoulli-Gleichung gilt, und die Grenzschicht, in der sie nicht mehr gilt. Daraus erklärt
sich das Strömungsverhalten der wirklichen Flüssigkeit bei der Umströmung von Körpern gegenüber dem d'Alembertschen Paradoxon.
Entstehung und Ausbildung der Grenzschicht läßt sich am besten an einer längs angeströmten, ebenen Platte erläutern und demonstrieren (Bild 38). Die Anströmung kommt
im Staupunkt zunächst zur Ruhe. Aus diesem Zustand entwickelt sich dann die Grenzschicht längs der Platte – auf der Unterseite symmetrisch zur Oberseite. Die Stärke der
Grenzschicht nimmt in Strömungsrichtung zu. In derselben Grenzschicht-Strömungs-
form ist bei dünner Grenzschicht die Wandschubspannung größer als bei dicker.

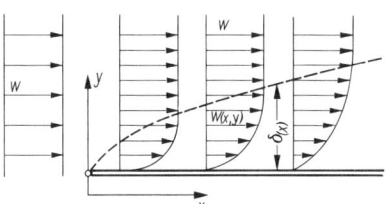

Bild 38 Grenzschichtausbildung an einer längs
angeströmten, ebenen Platte (Abmessungen in
y-Richtung stark vergrößert)

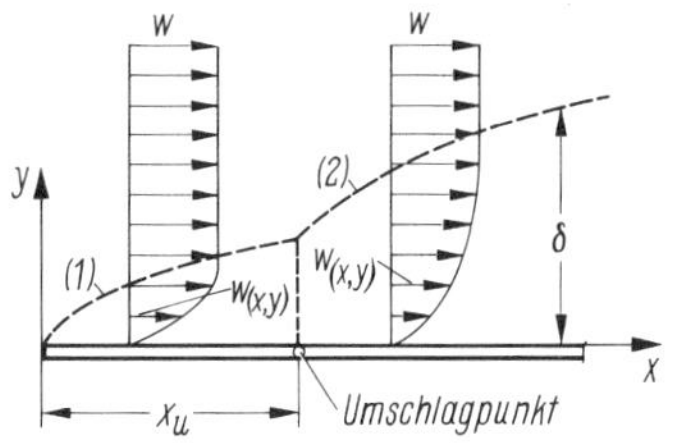

Bild 39 Umschlag der Strömungsform in der
Grenzschicht umströmter Körper

Die Grenzschichtströmung bei umströmten Körpern ist zunächst, ausgehend vom Staupunkt ($w = 0$), laminar. Nach einer bestimmten Strecke x_u schlägt sie dann in Turbulenz
um (Bild 39). Die Geschwindigkeitsprofile der laminaren bzw. turbulenten Grenzschicht
sind ähnlich unterschiedlich wie das Geschwindigkeitsverhalten bei laminarer und turbulenter Rohrströmung (Bild 46 und 36). Bei turbulenter Strömung in der Grenzschicht
sind die an der Körperwandung auftretenden Reibungswiderstände wesentlich größer als
bei laminarer Strömung (Bild 40).
Die Grenzschichtströmung bleibt nicht in jedem Falle als dünne Schicht an der strömungsbegrenzenden Wand anliegen. Bei verzögerter Strömung kann es vorkommen, daß die

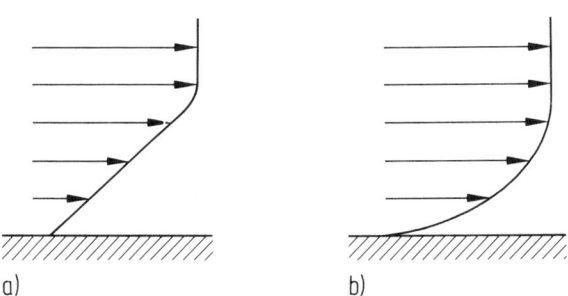

Bild 40 Geschwindigkeitsverteilung
a) in der laminaren Grenzschicht, b) in der turbulenten Grenzschicht

Grenzschicht sich stromabwärts stark verdickt, und daß in der Grenzschicht Rückströmung eintritt (Bild 41). Dabei wird das verzögerte Grenzschichtmaterial in die Außenströmung hinausgetragen, und diese dadurch von der Wand abgelöst (Bild 42). Dieser Vorgang ist immer mit einem großen Verlust an Strömungsenergie verbunden.

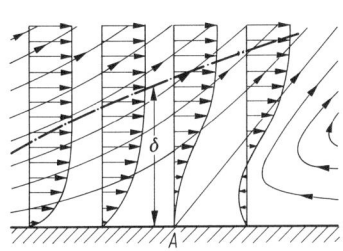

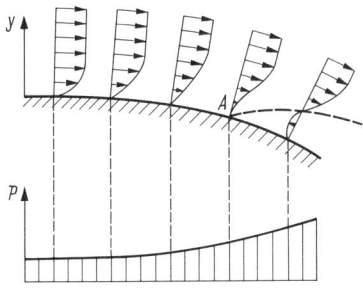

Bild 41   Grenzschichtverhalten bei verzögerter Strömung

Bild 42   Grenzschichtprofile in der verzögerten Strömung mit Darstellung des Druckverlaufs
A Beginn der Ablösung

Als Folgerung der Grenzschichttheorie läßt sich nun auch die Wirbelentstehung bei unstetigem Wandverlauf erklären.

Infolge Wandreibung an einer Oberfläche tritt ein ständiger Energieverbrauch und damit eine Verzögerung der wandnahen Flüssigkeitsteilchen ein. Besteht in Strömungsrichtung ein Druckabfall, so bewirkt dieser eine Beschleunigung, und die Verzögerung durch die Wandreibung kann ausgeglichen werden. Bei Druckanstieg in Strömungsrichtung wird dagegen die Verzögerung in der Grenzschicht verstärkt. Die verzögerten Flüssigkeitsteilchen der Grenzschicht werden zunächst infolge der vorhandenen Schubspannung von dem äußeren Flüssigkeitsstrom noch eine Strecke mitgerissen. Hört dann der Druckanstieg nicht auf, gelangen die Flüssigkeitsteilchen der Grenzschicht durch weitere Verzögerungen allmählich zur Ruhe und werden schließlich zu einer rückläufigen Bewegung gezwungen.

Eine Analogie hierzu ist das Verhalten einer Kugel, die von einem Luftstrom angeblasen über eine Ebene rollt. Wenn nun die Ebene durch eine Senke unterbrochen wird, wird die Kugel zunächst beim Herabrollen beschleunigt, anschließend beim Bergaufrollen verzögert. Reicht die kinetische Energie zur Überwindung des Anstiegs nicht aus, kehrt die Kugel um und rollt wieder zurück.

Bei der Strömung von Flüssigkeiten schiebt sich die durch Verzögerung in der Grenzschicht entstandene rückläufige Strömung zwischen Wandfläche und Grenzschicht, wodurch die äußere Hauptströmung von der Wand abgedrängt oder „abgelöst" wird. Zwischen gerichteter Strömung und Wand entsteht eine Unstetigkeitsfläche, die sich spiralig in Einzelwirbel auflöst.

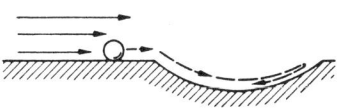

Bild 43   Rollende Kugel

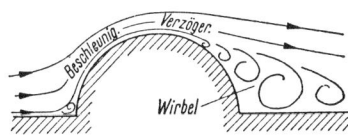

Bild 44   Strömende Flüssigkeit

Turbulente Grenzschichten lösen später ab als laminare.
Bei starker Querschnittserweiterung auf kurzer Strecke kann sich durch Ablösung ein freier Strahl ausbilden. Im erweiterten Rohr legt sich der Strahl erst allmählich wieder an die Rohrwand an.

3.9 Die erweiterte Energiegleichung der wirklichen Flüssigkeiten

Gegenüber den theoretischen Strömungsverhältnissen der idealen Flüssigkeit treten bei der stationären Strömung wirklicher Flüssigkeiten zusätzlich folgende Vorgänge auf:

Überwindung der Reibungswiderstände durch Aufwand von mechanischer Arbeit, die der Strömungsenergie entzogen wird.
Aufrechterhaltung von Wirbelbewegungen und Sekundärströmungen durch Bewegungsenergie, die ebenfalls der Strömungsenergie entzogen wird.

Während bei der Strömung der idealen Flüssigkeit die Strömungsenergie konstant bleibt (Bernoulli-Gleichung), wird bei der Strömung wirklicher Flüssigkeiten ein Teil der Strömungsenergie in technisch nicht verwertbare Energieformen – *Verlustenergie* – umgesetzt. Die ursprüngliche Strömungsenergie nimmt also in Strömungsrichtung ab. Es gilt jedoch nach wie vor der Satz von der Erhaltung der Energie:

Zwischen zwei betrachteten Strömungsquerschnitten bleibt die Summe aller während der Strömung veränderlichen Energieformen konstant.

Gegenüber den Energieformen der idealen Flüssigkeitsströmung (s. Abschnitt 2.2) tritt nun aber noch die zwischen den beiden betrachteten Querschnitten auftretende Verlustenergie hinzu, d.h. Strömungsenergie in Querschnitt *1* gleich Strömungsenergie in Querschnitt *2* plus Verlustenergie.
Bezeichnung der Verlustenergie: $\dot{E}_v = \dot{m} \cdot h_v$,
wobei h_v als spezifische Verlustenergie bezeichnet wird. Sie entspricht der Höhe, um die ein vorhandenes Gefälle in seiner Wirksamkeit durch die auftretenden Strömungsverluste vermindert wird.
Somit lautet die erweiterte Energiegleichung

$$g \cdot z_1 + \frac{p_1}{\varrho} + \frac{w_1^2}{2} = g \cdot z_2 + \frac{p_2}{\varrho} + \frac{w_2^2}{2} + h_v$$

3.10 Der Strömungsverlust in Leitungen

Als Einflußfaktoren für die Größe des Strömungsenergieverlustes können festgestellt werden:

Länge *l* des Strömungsweges,
Querschnitt des Strömungsweges,
Rauhigkeit und Verlauf der Wandoberfläche,
Viskosität und Dichte der strömenden Flüssigkeit,
Art der Strömungsform.

Die Frage, ob eine Energieform der mechanischen Strömungsenergie bevorzugt oder ob mehrere der Energieformen in Verlustenergie umgesetzt werden, kann durch einfache Überlegung beantwortet werden:

Die Energie der Lage wird vom Strömungsverlust nicht betroffen, da die Ortshöhen durch die Reibung nicht verändert werden.

Die kinetische Energie wird ebenfalls vom Strömungsverlust nicht betroffen, da die Strömungsgeschwindigkeiten durch die Kontinuität vorgegeben sind.

Also kann der Strömungsverlust nur auf Kosten der Druckenergie gehen.

Strömungsverlust in Rohrleitungen bedeutet Druckverlust!

Für den Sonderfall der stationären Rohrströmung, d.h. d = konst und w = konst, vereinfacht sich die erweiterte Energiegleichung.

$$h_v = \frac{p_1 - p_2}{\varrho} + g(z_1 - z_2)$$

auf die Rohrlängeneinheit bezogen

$$\frac{h_v}{g \cdot l} = \frac{p_1 - p_2}{g \cdot \varrho \cdot l} + \frac{z_1 - z_2}{l}$$

Darin ist $\dfrac{z_1 - z_2}{l}$ das natürliche Leitungsgefälle.

$$\frac{z_1 - z_2}{l} = \sin \alpha$$

wenn die Rohrleitung unter dem Winkel α gegen die Horizontale geneigt ist. Bei horizontaler Rohrleitung wird $\alpha = 0°$ und $z_1 = z_2$. Die Energiegleichung vereinfacht sich noch weiter:

$$h_v = \frac{p_1 - p_2}{\varrho}$$

$$\Delta p = \varrho \cdot h_v$$

3.11 Strömungsverlust bei laminarer Rohrströmung

Das Strömungsverhalten der laminaren Strömung erlaubt es, aus der Rohrströmung einen zentrischen Flüssigkeitszylinder herauszugreifen und diesen auf sein physikalisches Verhalten innerhalb der Strömung zu untersuchen.

Im stationären Strömungszustand besteht Gleichgewicht zwischen der beschleunigenden Kraft F und der Reibungswiderstandskraft F_W. Die beschleunigende Kraft ist die Resul-

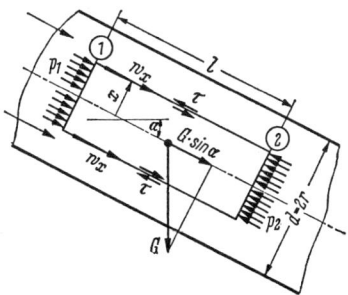

Bild 45 Laminare Rohrströmung

tierende aller in positiver oder negativer Strömungsrichtung an dem Flüssigkeitszylinder angreifenden Druck- und Gewichtskräfte.

$$F = A_1 \cdot p_1 - A_2 \cdot p_2 + G \cdot \sin\alpha$$

$$= \pi \cdot x^2 \cdot p_1 - \pi \cdot x^2 \cdot p_2 + \pi \cdot x^2 \cdot l \cdot g \cdot \varrho \cdot \sin\alpha$$

$$= \pi \cdot x^2 \cdot l \cdot g \cdot \varrho \left(\frac{p_1 - p_2}{g \cdot \varrho \cdot l} + \sin\alpha \right)$$

$$= \pi \cdot x^2 \cdot l \cdot \varrho \, \frac{h_v}{l}$$

$$= \pi \cdot x^2 \cdot \varrho \cdot h_v.$$

Die Widerstandskraft F_W bei der Strömung wirklicher Flüssigkeiten wurde bereits in Abschnitt 3.2 ermittelt. Sie ist hier negativ anzusetzen, weil die Randgeschwindigkeit w_x des angenommenen Flüssigkeitszylinders mit wachsendem Radius x abnehmen muß.

$$F_W = -\eta \cdot A \cdot \frac{dw_x}{dx}$$

$$= -2 \cdot \pi \cdot x \cdot l \cdot \eta \cdot \frac{dw_x}{dx};$$

mit $F = F_W$ folgt die Differentialgleichung

$$\pi \cdot x^2 \cdot \varrho \cdot h_v = -2 \cdot \pi \cdot x \cdot l \cdot \eta \, \frac{dw_x}{dx}$$

$$dw_x = -\frac{\varrho}{2 \cdot \eta} \cdot \frac{h_v}{l} \cdot x \cdot dx = -\frac{1}{2 \cdot v} \cdot \frac{h_v}{l} \cdot x \cdot dx$$

$$w_x = -\frac{1}{4 \cdot v} \cdot \frac{h_v}{l} \cdot x^2 + C$$

Die Integrationskonstante C erhält man aus der Randbedingung, daß für $x = r$ $w_x = 0$ sein muß.

$$C = \frac{1}{4 \cdot v} \cdot \frac{h_v}{l} \cdot r^2$$

damit $$\boxed{w_x = \frac{h_v}{4 \cdot v \cdot l} \cdot (r^2 - x^2)}$$ *Gesetz von Stokes*

Diese Gleichung ist die Gleichung einer Parabel.

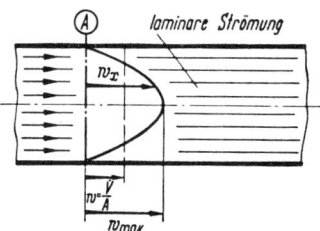

Bild 46   Geschwindigkeitsverlauf in einem Querschnitt A der laminaren Strömung

Zur Ermittlung des Strömungsverlustes ist es zweckmäßig, mit der mittleren Geschwindigkeit w zu arbeiten, die sich aus der Durchflußgleichung ergibt:

$$w = \frac{\dot{V}}{A}$$

In der Darstellung der Geschwindigkeitsverteilung über einen Strömungsquerschnitt entspricht diese mittlere Strömungsgeschwindigkeit der Höhe eines Zylinders, der inhaltsgleich ist dem Paraboloid der Geschwindigkeitsverteilung der örtlichen Strömungsgeschwindigkeiten über den Kreisquerschnitt der laminaren Strömung (Bild 46).

$$Zylinderinhalt = Paraboloidinhalt$$

$$\pi \cdot r^2 \cdot w = \frac{1}{2} \cdot \pi \cdot r^2 \cdot w_{max}$$

$$w = 0{,}5 \cdot w_{max}$$

Bei laminarer Strömung ist die mittlere Strömungsgeschwindigkeit in einem Kreisquerschnitt halb so groß wie die maximale Geschwindigkeit in der Rohrachse.

Nach dem Gesetz von *Stokes* wird für $x = 0$ und $r = \dfrac{d}{2}$

$$w_{max} = \frac{h_v}{16 \cdot v \cdot l} \cdot d^2$$

$$w = \frac{1}{2} w_{max} = \frac{h_v}{32 \cdot v \cdot l} \cdot d^2$$

$$h_v = \frac{32 \cdot v \cdot w \cdot l}{d^2} \quad \text{erweitert mit} \quad \frac{2 \cdot w}{2 \cdot w}$$

$$h_v = \frac{64 \cdot v}{w \cdot d} \cdot \frac{l}{d} \cdot \frac{w^2}{2}$$

$$\boxed{h_v = \frac{64}{Re} \cdot \frac{l}{d} \cdot \frac{w^2}{2}} \qquad \textit{Gesetz von Hagen-Poiseuille}$$

Man erkennt aus dieser Gleichung zur Ermittlung der Verlustenergie bei laminarer Rohrströmung, daß zur Aufrechterhaltung der Bewegung ein Energiegefälle h_v bzw. ein Ortshöhengefälle $\Delta z = h_v/g$ oder ein Druckgefälle $\Delta p = \varrho \cdot h_v$ notwendig ist. Der Druckverlust ist direkt proportional der Strömungsgeschwindigkeit.

3.12 Strömungsverlust bei turbulenter Rohrströmung

Wie in Abschnitt 3.6 dargelegt, finden in der turbulenten Strömung unkontrollierbare Querbewegungen statt, die eine Untersuchung der Strömungsverhältnisse an einem herausgegriffenen, zentrischen Flüssigkeitszylinder, ähnlich wie bei der laminaren Strömung, unmöglich machen.

Nach *Prandtl* ist die Wirkung der Viskosität in einer turbulent strömenden, wirklichen Flüssigkeit außerhalb der Grenzschicht praktisch belanglos, während sie innerhalb der Grenzschicht ein sehr starkes Geschwindigkeitsgefälle verursacht (s. Abschnitt 3.8). Diese Vergleichmäßigung der Geschwindigkeitsverteilung über den Strömungsquerschnitt der Rohrströmung wirkt sich natürlich auf den Wert der mittleren Strömungsgeschwindigkeit aus. Bei turbulenter Rohrströmung ist

$$w = (0{,}8 \cdots 0{,}88) \cdot w_{max}$$

Die Ermittlung des Strömungsverlustes bei turbulenter Strömung erfolgt in Annäherung an die Ableitung des Gesetzes von *Hagen-Poiseuille*. Da aber eine exakte Ableitung infolge der instationären, örtlichen Strömungszustände noch nicht möglich ist, müssen hierbei Erfahrungswerte zugrunde gelegt werden, die nach neuesten Forschungsergebnissen mit großer Genauigkeit bestimmt werden können.
Auch für turbulente Strömung gilt, daß die beschleunigende Kraft bei stationärer Strömung gleich der Widerstandskraft sein muß. Die beschleunigende Kraft ist auch hier die Resultierende aus den Druckkräften und der Schwerkraftkomponente in Strömungsrichtung. Sie kann aus den genannten Gründen aber nur für den vollen Rohrquerschnitt zum Ansatz gebracht werden.

$$F = \frac{\pi}{4} \cdot d^2 \cdot \varrho \cdot h_v$$

Der Reibungswiderstand steigt proportional mit

der auf die Mengeneinheit bezogenen kinetischen Energie $\dfrac{w^2}{2}$

der Fläche der benetzten Rohrwand $\pi \cdot d \cdot l$
und der Dichte der Flüssigkeit ϱ.

Mit einem Proportionalitätsfaktor $\dfrac{\lambda}{4}$ läßt sich also schreiben

$$F_w = \frac{\lambda}{4} \cdot \pi \cdot d \cdot l \cdot \varrho \cdot \frac{w^2}{2} = F = \frac{\pi}{4} d^2 \cdot \varrho \cdot h_v$$

$$h_v = \lambda \cdot \frac{l}{d} \cdot \frac{w^2}{2}$$

Der verbleibende Faktor λ wird *Rohrreibungszahl* genannt.
Der Druckverlust bei turbulenter Rohrströmung ist proportional dem Quadrat der Strömungsgeschwindigkeit.
Diese für die turbulente Strömung gefundene Beziehung kann auf die laminare Strömung ebenfalls angewendet werden, wenn gesetzt wird

$$\lambda_{lam} = \frac{64}{Re}$$

Dann gilt allgemein für die Ermittlung des Strömungsverlustes bei der Strömung wirklicher Flüssigkeiten in geraden Rohrleitungen mit konstantem Querschnitt

$$\boxed{h_v = \lambda \cdot \frac{l}{d} \cdot \frac{w^2}{2}}$$

Gesetz von Darcy

3.13 Die Rohrreibungszahl

Zunächst durch experimentelle Untersuchungen und später auch durch mathematische Ergänzungen wurde von *Prandtl* und anderen Strömungsforschern folgende, bildlich dargestellte Abhängigkeit der Rohrreibungszahl λ von der Reynolds-Zahl und der relativen Rauhigkeit festgestellt.

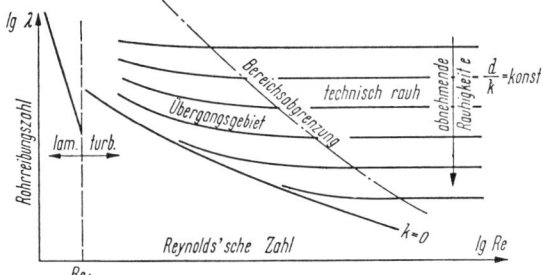

Bild 47 λ, *Re*-Diagramm (siehe auch Tafel 8)

Im λ, *Re*-Diagramm zeichnen sich deutlich vier verschiedene Einflußbereiche ab:

1) Im Gebiet der stabilen *laminaren* Strömung ($Re < Re_{kr}$) ist die Rohrreibungszahl nach dem Gesetz von *Hagen-Poiseuille* eine reine Funktion der Reynolds-Zahl

$$\lambda = \frac{64}{Re} \qquad\qquad \lambda = f(Re)$$

2) Im Gebiet der *turbulenten* Strömung macht sich der Einfluß einer weiteren Größe, der Rauhigkeit, bemerkbar.

2a) Hydraulisch *glattes* Verhalten der Rohrwand ($k \approx 0$)
Ein technisch glattes Rohr verhält sich dann hydraulisch glatt, wenn die stets vorhandenen, in diesem Falle aber geringfügigen Unebenheiten der Rohrwand von der Grenzschicht eingehüllt werden.
Prandtl und *v. Kármán* haben gestützt auf die Göttinger Versuche mit Ähnlichkeitsbetrachtungen und mathematisch-physikalischen Überlegungen für die Rohrreibungszahl des glatten Rohres folgende Beziehung gefunden:

$$\frac{1}{\sqrt{\lambda}} = 2 \cdot \lg \frac{Re \cdot \sqrt{\lambda}}{2,51}$$

$$\lambda = \frac{1}{\left(2 \cdot \lg \dfrac{Re\,\sqrt{\lambda}}{2,51}\right)^2} \qquad\qquad \lambda = f(Re)$$

2b) Hydraulisch *rauhes* Verhalten der Rohrwand
Nach *Prandtl* besteht zwischen der Reynolds-Zahl und der Dicke δ der Grenzschicht ein bestimmter Zusammenhang

$$\frac{\delta}{d} = \frac{34,2}{(0,5 \cdot Re)^{0,875}}$$

Die Grenzschicht wird also mit wachsender Reynolds-Zahl dünner. Von einem bestimmten *Re* ab werden die bei handelsüblichen Rohrqualitäten immer vor-

handenen Unebenheiten der Rohrwand nicht mehr von der Grenzschicht eingehüllt. Man spricht in diesem Falle von einem hydraulisch rauhen Rohr.
Auch bei ursprünglich glatten Rohren kann sich durch chemische oder mechanische Betriebseinwirkungen die Oberflächenbeschaffenheit der inneren Rohrwand erheblich ändern, d.h. rauher werden.
Nikuradse hat für das rauhe Rohr im Bereich hoher *Re*-Werte die Formel abgeleitet

$$\frac{1}{\sqrt{\lambda}} = 2 \cdot \lg \frac{d}{k} + 1{,}138$$

$$\lambda = \frac{1}{\left(2 \cdot \lg \dfrac{d}{k} + 1{,}138\right)^2} \qquad \lambda = f\!\left(\frac{k}{d}\right)$$

2c)   Übergangsbereich zwischen glattem und rauhem Verhalten
Bei Rohren, deren innere Wandunebenheiten teilweise aus der Grenzschicht her-
ausragen, zum Teil jedoch noch von der Grenzschicht eingehüllt werden, besteht eine gleichzeitige Abhängigkeit der Rohrreibungszahl von *Re* und der relativen Rauhigkeit.
Colebrook gibt dafür die Beziehung an

$$\frac{1}{\sqrt{\lambda}} = -2 \cdot \lg\left(\frac{2{,}51}{Re\sqrt{\lambda}} + \frac{k}{3{,}71\,d}\right)$$

$$\lambda = \frac{1}{\left[-2\lg\left(\dfrac{2{,}51}{Re\sqrt{\lambda}} + \dfrac{k}{3{,}71 \cdot d}\right)\right]^2} \qquad \lambda = f\!\left(Re, \frac{k}{d}\right)$$

Zur Ermittlung des Rohrwandverhaltens und zur Bestimmung der Rohrreibungszahl
muß zuerst die Reynolds-Zahl *Re* und die reziproke relative Wandrauhigkeit $\frac{d}{k}$ berechnet werden.
Mit den erhaltenen Werten kann aus dem λ, *Re*-Schaubild (Tafel 8) das Rohrwandverhalten der betrachteten Strömung bestimmt und bereits ein überschlägiger λ-Wert abgegrif-
fen werden. Zur genauen Berechnung der Rohrreibungszahl ist dann die dem ermittelten
Rohrwandverhalten entsprechende Formel zu benutzen.
Bei den beiden Formeln, in denen die Rohrreibungszahl implizit enthalten ist, muß in
die rechte Seite der Gleichung zunächst der Diagrammwert eingesetzt werden. Falls auch
die Reynolds-Zahl und die relative Rauhigkeit vorerst noch nicht bekannt sind, sollte als
erster Schätzwert $\lambda = 0{,}02$ gesetzt werden. Die Rechnung ist dann so lange durchzuführen, bis Schätzwert und Ergebnis übereinstimmen.

Beispiel 3.4.: Durch eine gerade, waagrecht verlegte Rohrleitung von 100 mm lichtem Durchmesser
und 2,5 km Länge sollen 10 m³/h Öl mit einer Viskosität von $56{,}8 \cdot 10^{-6}$ m²/s und
einer Dichte von 0,91 kg/dm³ gefördert werden. Gesucht wird die zur Förderung erforderliche Druckdifferenz.

Gegeben: $\dot{V} = 10\,\text{m}^3/\text{h} = 0{,}00278\,\text{m}^3/\text{s}$

               $l = 2500\,\text{m}$

               $d = 0{,}1\,\text{m}$

               $v = 56{,}8 \cdot 10^{-6}\,\text{m}^2/\text{s}$

               $\varrho = 910\,\text{kg/m}^3$

Lösung:
$$w = \frac{\dot{V}}{A} = \frac{2{,}78 \cdot 10^{-3}\,\text{m}^3 \cdot 4}{\text{s} \cdot \pi \cdot 0{,}1^2\,\text{m}^2} = 0{,}354\,\text{m/s}$$

$$Re = \frac{w \cdot d}{v} = \frac{0{,}354\,\text{m} \cdot 0{,}1\,\text{m} \cdot 10^6\,\text{s}}{\text{s} \cdot 56{,}8\,\text{m}^2} = 623 \qquad \textit{laminare Strömung!}$$

$$\lambda = \frac{64}{Re} = \frac{64}{623} = 0{,}1027$$

$$h_\text{v} = \lambda \frac{l}{d} \cdot \frac{w^2}{2} = 0{,}1027\,\frac{2500\,\text{m} \cdot 0{,}354^2\,\text{m}^2}{0{,}1\,\text{m} \quad 2 \quad \text{s}^2} = 160{,}874\,\text{m}^2/\text{s}^2$$

$$\Delta p = \varrho \cdot h_\text{v} = 910\,\frac{\text{kg}}{\text{m}^3} \cdot 160{,}874\,\frac{\text{m}^2}{\text{s}^2} = 146\,396\,\frac{\text{kg}}{\text{m} \cdot \text{s}^2} = 146\,396\,\text{Pa} \approx 1{,}464\,\text{bar}$$

Beispiel 3.5.: Durch eine gerade Betonrohrleitung von 1000 mm lichtem Durchmesser und 800 m Länge, die eine Rauhigkeit von 1 mm besitzt, sollen 100 000 dm³/min erwärmtes Kühlwasser von 40 °C ohne Vordruck abfließen.
Welches Gefälle in % muß die Leitung erhalten?

Gegeben:
$d = 1\,\text{m}$ $\qquad\qquad$ $d/k = 1000$
$l = 800\,\text{m}$ $\qquad\qquad$ $v = 0{,}658 \cdot 10^{-6}\,\text{m}^2/\text{s}$
$k = 1\,\text{mm}$
$\dot{V} = 10^5\,\text{dm}^3/\text{min} = 1{,}667\,\text{m}^3/\text{s}$

Lösung:
$$w = \frac{\dot{V}}{A} = \frac{1{,}667\,\text{m}^3 \cdot 4}{\text{s} \cdot \pi \cdot 1^2\,\text{m}^2} = 2{,}123\,\text{m/s}$$

$$Re = \frac{w \cdot d}{v} = \frac{2{,}123\,\text{m} \cdot 1\,\text{m} \cdot 10^6 \cdot \text{s}}{\text{s} \cdot 0{,}658\,\text{m}^2} = 3{,}238 \cdot 10^6$$

Aus dem λ, Re-Diagramm wird für $Re = 3{,}238 \cdot 10^6$ und $d/k = 1000$ entnommen, daß *rauhes* Rohrwandverhalten vorliegt.

$$\lambda = \frac{1}{(2 \cdot \lg 1000 + 1{,}138)^2} = \frac{1}{50{,}95} = 0{,}01963$$

$$h_\text{v} = \lambda \frac{l}{d} \cdot \frac{w^2}{2} = 0{,}01963\,\frac{800\,\text{m} \cdot 2{,}123^2\,\text{m}^2}{1\,\text{m} \quad \text{s}^2 \cdot 2} = 35{,}39\,\text{m}^2/\text{s}^2$$

für $p_1 = p_2$ ist $\quad \dfrac{z_1 - z_2}{l} = \dfrac{h_\text{v}}{l \cdot g}$

$$\frac{z_1 - z_2}{l} = \frac{35{,}39\,\text{m}^2}{\text{s}^2 \cdot 800\,\text{m} \cdot 9{,}81\,\text{m}} \cdot \text{s}^2 = 0{,}00451 = 0{,}451\,\%$$

Beispiel 3.6.: Von einem Wasserwerk wird durch eine gerade Stahlrohrleitung ($k = 0{,}6$ mm) von 500 mm lichtem Durchmesser und 3 km Länge Trinkwasser von 10 °C zu einem städtischen Verteilungsnetz herangeführt. Die Leitung verläuft ohne Höhenunterschiede.
Wie groß ist der erforderliche Pumpendruck bei einer Förderung von 1200 m³/h und einem einzuhaltenden Endüberdruck von 8 bar im Netz?

Gegeben:
$\dot{V} = 1200\,\text{m}^3/\text{h} = 0{,}333\,\text{m}^3/\text{s}$
$d = 0{,}5\,\text{m}$
$l = 3000\,\text{m}$
$k = 0{,}6\,\text{mm}$, damit $d/k = 833$
$p_{2\text{ü}} = 8\,\text{bar} = 8 \cdot 10^5\,\text{N/m}^2$
$10^6\,v = 1{,}297\,\text{m}^2/\text{s}$

Lösung: $w = \dfrac{\dot{V}}{A} = \dfrac{0,333\,\mathrm{m}^3 \cdot 4}{\mathrm{s} \cdot \pi \cdot 0,5^2\,\mathrm{m}^2} = 1,698\,\mathrm{m/s}$

$Re = \dfrac{w \cdot d}{v} = \dfrac{1,698\,\mathrm{m} \cdot 0,5\,\mathrm{m} \cdot 10^6\,\mathrm{s}}{\mathrm{s} \qquad \cdot\, 1,297\,\mathrm{m}^2} = 6,55 \cdot 10^5$

Für $Re = 6,55 \cdot 10^5$ und $d/k = 833$ aus λ, Re-Diagramm:

Übergangsgebiet
$\lambda = 0,021$

Kontrolle:

$$\lambda = \dfrac{1}{\left[-2\lg\left(\dfrac{2,51}{Re \cdot \sqrt{\lambda}} + \dfrac{k}{3,71\,d} \right) \right]^2}$$

$$= \dfrac{1}{\left[-2\lg\left(\dfrac{2,51}{6,55 \cdot 10^5\,\sqrt{0,021}} + \dfrac{0,6}{3,71 \cdot 500} \right) \right]^2}$$

$$\lambda = \dfrac{1}{\left[-2\lg(0,2645 \cdot 10^{-4} + 3,2345 \cdot 10^{-4}) \right]^2}$$

$$= \dfrac{1}{[-2(0,54394 - 4)]^2} = \dfrac{1}{47,78} = 0,02094$$

Die Übereinstimmung mit dem Diagrammwert ist ausreichend genau.

$h_v = \lambda \dfrac{l}{d} \dfrac{w^2}{2} = 0,02094 \dfrac{3000\,\mathrm{m} \cdot 1,698^2\,\mathrm{m}^2}{0,5\,\mathrm{m} \cdot 2 \quad \cdot\, \mathrm{s}^2} = 181,12\,\mathrm{m}^2/\mathrm{s}^2$

$p_{1\ddot{u}} = p_{2\ddot{u}} + \varrho \cdot h_v = 8 \cdot 10^5\,\mathrm{Nm}^2 + 181,12\,\dfrac{\mathrm{N} \cdot \mathrm{m}}{\mathrm{kg}} \cdot 1000\,\dfrac{\mathrm{kg}}{\mathrm{m}^3} = 981\,120\,\mathrm{N/m}^2 =$
$= 9,8112\,\mathrm{bar}$

Beispiel 3.7.: Durch eine gerade, waagrechte Stahlrohrleitung $(k = 0,03\,\mathrm{mm})$ von 150 mm lichtem Durchmesser wird über eine Länge von 5 km Wasser von 10 °C gefördert. Am Leitungsanfang wird ein Überdruck von 5,494 bar und am Leitungsende ein Überdruck von 2,06 bar gemessen. Welche Strömungsgeschwindigkeit herrscht in der Leitung und wie groß ist der Förderstrom?

Gegeben: $d = 0,15\,\mathrm{m};\quad l = 5000\,\mathrm{m}$
$\Delta p = p_{1\ddot{u}} - p_{2\ddot{u}} = 3,434\,\mathrm{bar} = 343\,400\,\mathrm{N/m}^2$
$k = 0,03\,\mathrm{mm};\quad v = 1,297 \cdot 10^{-6}\,\mathrm{m}^2/\mathrm{s}$

Lösung: $h_v = \dfrac{p_{1\ddot{u}} - p_{2\ddot{u}}}{\varrho} = \lambda \dfrac{l}{d} \dfrac{w^2}{2}$

$w = \sqrt{\dfrac{2 \cdot d\,(p_{1\ddot{u}} - p_{2\ddot{u}})}{\lambda \cdot l \cdot \varrho}}$

$w = \dfrac{1}{\sqrt{\lambda}} \cdot \sqrt{\dfrac{2 \cdot 0,15\,\mathrm{m} \cdot 3,434 \cdot 10^5\,\mathrm{N}}{5000\,\mathrm{m}} \dfrac{\mathrm{m}^3}{\mathrm{m}^2 \cdot 1000\,\mathrm{kg}}} = \dfrac{\sqrt{0,0206\,\mathrm{m}^2/\mathrm{s}^2}}{\sqrt{\lambda}} = \dfrac{0,1435}{\sqrt{\lambda}}\,\mathrm{m/s}$

In dieser Gleichung ist $\lambda = f(Re)$. Da aber $Re = f(w)$ ist, läßt sich eine Lösung nur durch Iteration finden.

λ geschätzt	0,02	0,0186
$w = \dfrac{0,1435}{\sqrt{\lambda}} \; \dfrac{\text{m}}{\text{s}}$	1,015 m/s	1,052 m/s
$Re = \dfrac{w \cdot d}{v}$	$1,174 \cdot 10^5$	$1,217 \cdot 10^5$
d/k	5000	5000
λ aus λ, Re-Diagr.	0,0186	0,0184

Kontrolle

$$\lambda = \frac{1}{\left[-2\lg\left(\dfrac{2,51}{1,217 \cdot 10^5 \sqrt{0,0184}} + \dfrac{0,03}{3,71 \cdot 150}\right)\right]^2} = \frac{1}{54,39} = 0,0184$$

Die Geschwindigkeit der Rohrströmung ist also

$$w = \frac{0,1435}{\sqrt{0,0184}} \; \frac{\text{m}}{\text{s}} = 1,058 \; \frac{\text{m}}{\text{s}}$$

$$\dot{V} = A \cdot w = \frac{\pi}{4} \cdot 0,15^2 \, \text{m}^2 \cdot 1,058 \, \text{m/s} = 0,01868 \, \text{m}^3/\text{s}$$

Aufgabe 7: Durch eine gerade, waagrecht verlegte Gußrohrleitung ($k = 1,5$ mm) von 300 mm Innendurchmesser und 580 m Länge sollen 650 m³/h Wasser von 20 °C gefördert werden. Um welchen Betrag muß der Eintrittsdruck größer sein als der Austrittsdruck?

Lösung: $\Delta p = 1,915$ bar

Aufgabe 8: Durch eine gerade Stahlrohrleitung ($k = 0,3$ mm), für die ein Gefälle von 2,5 % zur Verfügung steht, soll Wasser von 10 °C gefördert werden. Dabei soll bei gleichem Druck am Ein- und Austritt eine Strömungsgeschwindigkeit von 2 m/s nicht überschritten werden. Welchen Innendurchmesser muß die Leitung erhalten?

Lösung: $d = 185$ mm

Aufgabe 9: Aus einem Wasserhochbehälter mit offener Oberfläche führt eine 170 m lange, gerade und technisch glatte Rohrleitung von 125 mm lichtem Durchmesser ins Freie. Die Mündung liegt 16 m unter dem Behälterspiegel, der durch Nachspeisung ständig auf gleicher Höhe gehalten wird. Gesucht werden Ausströmgeschwindigkeit und Ausflußstrom für Wasser von 20 °C.

Lösung: $w = 4,08$ m/s $\dot{V} = 0,05$ m³/s

3.14 Strömung durch unrunde Querschnitte

Bei horizontaler Rohrleitung übt zwischen zwei Querschnitten A_1 und A_2 die strömende Flüssigkeit auf die Rohrwand eine Reibungskraft aus, die gleich ist der aus dem Strömungsverlust resultierenden Druckkraft zwischen den beiden Querschnitten.

$$\tau_\text{w} \cdot l \cdot U = (p_1 - p_2) \cdot A$$

mit τ_w Schubspannung zwischen Wand und strömender Flüssigkeit
   A Querschnittsfläche $A_1 = A_2 = A$
   U benetzter Leitungsumfang

Nicht mit zu dem benetzten Umfang gehört die freie, luftberührte Oberkante bei offenen Gerinnen und teilgefüllten Leitungen.

Nach der Definition des Proportionalitätsfaktors $\frac{\lambda}{4}$ (s. Abschnitt 3.12) war

$$\tau_w = \frac{F_w}{U \cdot l} = \frac{\lambda}{4} \cdot \varrho \cdot \frac{w^2}{2};$$

somit wird

$$p_1 - p_2 = h_v \cdot \varrho = \lambda \cdot \frac{l}{d} \cdot \frac{w^2}{2} \cdot \varrho = \tau_w \cdot l \cdot \frac{U}{A}$$

$$\lambda \cdot \frac{l}{d} \cdot \varrho \cdot \frac{w^2}{2} = \frac{\lambda}{4} \cdot \varrho \cdot \frac{w^2}{2} \cdot l \cdot \frac{U}{A}$$

$$d = \frac{4 \cdot A}{U}$$

Diese Beziehung gilt für alle Strömungsquerschnitte, also auch unrunde, d.h. solche, die keinen eindeutig bestimmbaren Durchmesser besitzen.

Bei solchen Querschnitten bezeichnet man das charakteristische Längenmaß $\frac{4 \cdot A}{U}$ als gleichwertigen Durchmesser d_{gl} oder hydraulischen Durchmesser d_h.

$$d_{gl} = \frac{4 \cdot A}{U}$$

Wichtig: Der gleichwertige Durchmesser darf *nur in strömungstechnischen*, nicht aber für geometrische Berechnungen verwendet werden!

Beispiel 3.8.: Für die unrunden Querschnitte nach Bild 48 sollen die gleichwertigen Durchmesser bestimmt werden.

Lösung: a) $A = \frac{\pi}{4}(d_1^2 - d_2^2)$

   $U = \pi(d_1 + d_2)$

   $d_{gl} = \frac{4 \cdot \pi(d_1^2 - d_2^2)}{4 \cdot \pi(d_1 + d_2)} = d_1 - d_2$

b) $A = \frac{\pi}{4}(d_1^2 - z \cdot d_2^2)$

   z Anzahl der Innenrohre

   $U = \pi(d_1 + z \cdot d_2)$

   $d_{gl} = \frac{4 \cdot \pi(d_1^2 - z \cdot d_2^2)}{4 \cdot \pi(d_1 + z \cdot d_2)} = \frac{d_1^2 - z \cdot d_2^2}{d_1 + z \cdot d_2}$

c) $A = \pi \cdot a \cdot b$

   $U \approx \pi(a + b)$

   $d_{gl} = \frac{4 \cdot \pi \cdot a \cdot b}{\pi(a + b)} = \frac{4 \cdot a \cdot b}{a + b}$

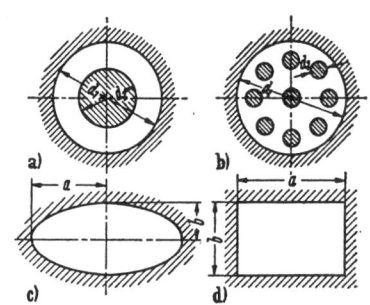

Bild 48   Unrunde Querschnitte

d) $A = a \cdot b$

$U = 2(a + b)$

$d_{gl} = \dfrac{4 \cdot a \cdot b}{2(a + b)} = \dfrac{2 \cdot a \cdot b}{a + b}$

Aufgabe 10: In einem rechteckigen Kanal mit den Seitenlängen $a = 200\,\text{mm}$ und $b = 650\,\text{mm}$ verlaufen achsparallel 2 Kreisrohre mit 75 mm Außendurchmesser und eine Leitung mit quadratischem Querschnitt, dessen äußere Seitenlänge ebenfalls 75 mm beträgt. Zu bestimmen ist der gleichwertige Durchmesser des durch die Einbauten verschwächten Kanalquerschnittes.

Lösung: $d_{gl} = 187\,\text{mm}$

Aufgabe 11: In einem Rohr mit 250 mm Innendurchmesser sitzt ein zylindrischer Heizkörper mit 100 mm Außendurchmesser, der an seinem Umfang 8 Rippen mit je 65 mm × 10 mm Querschnitt trägt. Die Rauhigkeit von Rohr und Innenkörper ist $k = 0,7\,\text{mm}$. Zwischen Rohrwand und Heizkörper strömt Wasser mit 2,2 m/s bei einer mittleren Temperatur von 60 °C. Wie groß ist der Druckverlust pro Meter Leitungslänge?

Lösung: $\Delta p = 1357\,\text{Pa}$ pro Meter Leitungslänge

3.15 Strömungsverluste bei Querschnitts- und Richtungsänderungen

Jeder Leitungsstrang von technischen Rohr- und Kanalleitungen setzt sich zusammen aus geraden Leitungsstrecken mit gleichbleibendem Querschnitt und Leitungseinbauten. Solche Einbauten können sein:

Formstücke für Richtungsänderungen,
Formstücke für Querschnittsänderungen,
Formstücke für Durchflußänderungen,
Absperr-, Regelungs- und Meßorgane.

Die Strömungsverluste der Leitungseinbauten sind im allgemeinen nur durch experimentelle Untersuchungen bestimmbar, da sich die in ihnen auftretenden Strömungsvorgänge einer einfachen, analytischen Untersuchung entziehen.

Die Verlustenergie, die bei der Durchströmung von Leitungseinbauten auftritt, wird als Funktion der kinetischen Energie bestimmt

$$h_v = f\left(\frac{w^2}{2}\right)$$

Mit einem durch Messungen zu bestimmenden Proportionalitätsfaktor ζ, welcher *Widerstandszahl* genannt wird, ergibt sich dann folgende Gleichsetzung

$$h_v = \zeta\,\frac{w^2}{2}$$

Für eine Leitungsanlage mit verschiedenen Querschnitten und verschiedenen Strömungsgeschwindigkeiten errechnet sich somit der gesamte Strömungsverlust

$$h_v = \Sigma\left[\left(\lambda \cdot \frac{l}{d_n} + \Sigma\,\zeta_n\right) \cdot \frac{w_n^2}{2}\right]$$

Hierbei bedeuten

$\lambda \cdot \dfrac{l}{d_n}$ Die Widerstandszahlen für die geraden Leitungsstücke mit dem Durchmesser $d_1 \cdots d_n$

$\Sigma \zeta_n$ Die Summe der Einzelwiderstandszahlen der Leitungseinbauten in den Leitungsstücken mit der Strömungsgeschwindigkeit $w_1 \cdots w_n$.

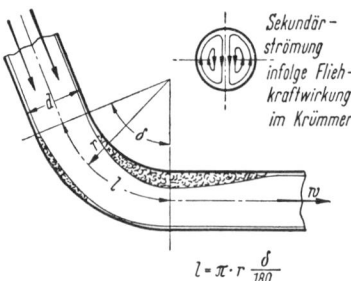

Bild 49   Rohrkrümmer

Formstücke für Richtungsänderungen

1) Krümmer

Der Strömungswiderstand in Krümmern entsteht durch Verlust von Strömungsenergie zur Aufrechterhaltung von Ablösungswirbeln und Sekundärströmungen. Ablösungswirbel bilden sich hauptsächlich an der Innenkrümmung aus. Die Sekundärströmung wird hervorgerufen von der unterschiedlichen Druckverteilung im Krümmer, die ihre Ursache in der Fliehkraftwirkung der Kreisbewegung hat. Diese Fliehkraftwirkung, die an der Außenkrümmung am größten und an der Innenkrümmung am kleinsten ist, verursacht eine doppelte Zirkulationsbewegung, die sich der eigentlichen, axial gerichteten Strömung überlagert und zu einer doppelschraubenförmigen Krümmerdurchströmung führt.

Bei Krümmern mit großen Strömungsquerschnitten, z.B. gekrümmten Kanälen, werden häufig zum Auffangen der Fliehkräfte gebogene Leitbleche in den Krümmer eingebaut.

Nach *Weisbach* gilt für alle Krümmer überschlägig

$$\zeta = \left[0{,}131 + 0{,}159 \left(\frac{d}{r}\right)^{3,5}\right] \frac{\delta}{180°}$$

r Krümmungsradius   *d* Rohrdurchmesser

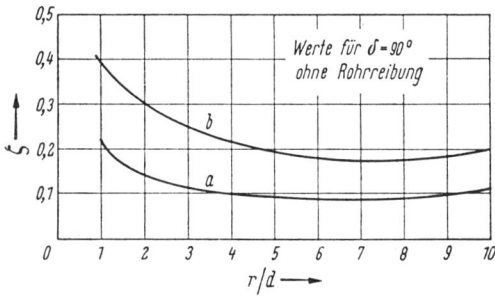

Bild 50
Krümmer, allgemein
a) hydraulisch glatt
b) hydraulisch rauh
r Krümmungsradius
d Rohrdurchmesser

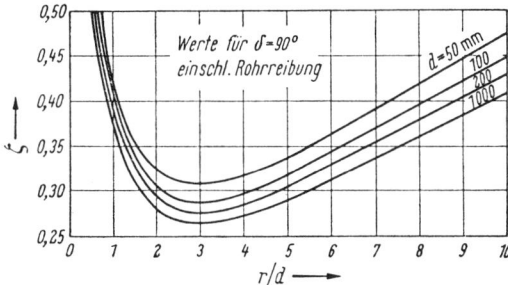

Bild 51
Richtwerte für Stahlrohr-
krümmer (bevorzugtes
Biegeverhältnis: $r/d = 4$)

Der Strömungswiderstand von Krümmern wird im allgemeinen auf die ungestörte Strömungsgeschwindigkeit *nach* dem Krümmer bezogen. Wenn die Widerstandszahl die
Rohrreibung nicht enthält, muß die gestreckte Krümmerlänge $l = \pi \cdot r \cdot \dfrac{\delta}{180°}$ der geraden Leitungslänge zugezählt werden.
Der Strömungswiderstand von Krümmern mit kleineren Biegewinkeln δ als 90° kann
linear proportional berechnet werden.

$$\zeta_\delta = \zeta_{90°} \frac{\delta}{90°}$$

Bei aus mehreren Einzelkrümmern zusammengesetzten Einbauten ist der Gesamtwiderstand größer als die Summe der Einzelwiderstände, weil die nachfolgende Störung sich
auf die noch ungeglättete Störung der ersten Krümmung aufbaut.

Doppelkrümmer (180°–Rohrbogen) $\zeta = 2{,}5 \cdot \zeta_{90°}$
Raumkrümmer (Bild 52 a) $\zeta = 1{,}5 \cdot \Sigma \zeta_{einzel}$
Etagenstücke (Bild 52 b) $\zeta = 2{,}0 \cdot \Sigma \zeta_{einzel}$

Bei Faltenrohrkrümmern sind die Glattrohrwerte zu verdoppeln.

2) Abknickungen

Der Strömungsverlust in Abknickungen hat die gleichen Ursachen wie in Krümmern,
nämlich Ablösungserscheinungen und Fliehkraftzirkulation, wozu noch Stoßverluste
durch innere Reibung infolge der scharfkantigen Umlenkung kommen.
Bild 53 zeigt einige der handelsüblichen Abknickungsformen.

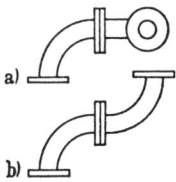

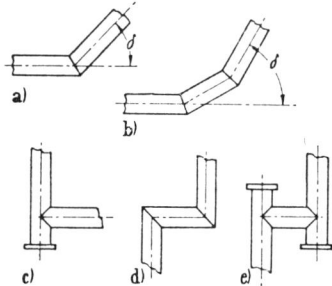

Bild 52
Krümmer mit mehr-
fachen Biegewinkeln
a Raumkrümmer,
b Etagenstück

Bild 53   Abknickungen

a) Kniestücke

δ	30°	45°	60°	90°
ζ, hydr. glatt	0,11	0,24	0,47	1,13
ζ, hydr. rauh	0,17	0,36	0,70	1,68

b) Segmentgeschweißte Abknickungen

δ	30°	45°	60°	90°
Anzahl der Rundnähte	2	2	3	3
ζ, hydr. glatt	0,1	0,15	0,2	0,25
ζ, hydr. rauh	0,12	0,18	0,25	0,31

c) bis e) Zusammengesetzte Abknickungen

c) $\zeta = 2 \cdots 2,5$

d) $\zeta = 3 \cdots 3,7$ untere Werte für geringe Rauhigkeit oder große Durchmesser,

e) $\zeta = 4 \cdots 5$ obere Werte für größere Rauhigkeit oder kleine Durchmesser.

3) Rohreinläufe

Der Eintrittsverlust beim Eintritt einer Flüssigkeit aus einem größeren Raum in ein Rohr rührt daher, daß bei der Umlenkung der Randströmung infolge Massenträgheit der Flüssigkeitsteilchen eine Ablösung an der Eintrittskante erfolgt, die zu einer Einschnürung der Hauptströmung im Rohreintritt und zu Wirbelbildung in den Toträumen führt. Aufrechterhaltung der Wirbelbewegung und innere Reibung an der Einschnürungsstelle verursachen den Verlust an Strömungsenergie.
In Bild 54 sind einige Ausführungsbeispiele von Rohreinläufen dargestellt.

a) Senkrechter Einlauf

scharfkantig $\zeta = 0,5$
gebrochen $\zeta = 0,25$

b) Senkrechter, abgerundeter Einlauf

$\zeta = 0,06 \cdots 0,005$ abhängig vom Abrundungsradius

c) Schiefwinkliger Einlauf

$\delta = 30°$	45°	60°	90°
$\zeta = 0,9$	0,8	0,7	0,5

d) Hineinragender Einlauf, z. B. bei Bodenablässen

scharfkantig $\zeta = 3,0$
gebrochen $\zeta = 0,6$

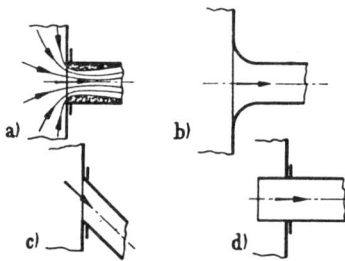

Bild 54   Rohreinläufe

4) Dehnungsausgleicher

Dehnungsausgleicher sollen thermische Längenänderungen der Rohrleitung auffangen. Bild 55 zeigt verschiedene Ausführungen von Dehnungsausgleichern:

a) Wellrohrausgleicher

$\zeta = 2,0$ pro Welle

Strömungsverlust kann vermieden werden durch Einbau eines einseitig befestigten Leitrohres im Innern des Ausgleichers.

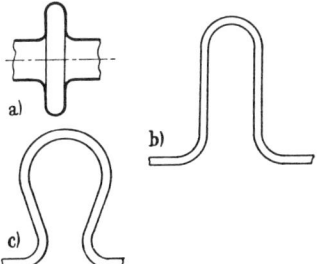

Bild 55   Dehnungsausgleicher

b) U-Bogen

Die Gesamtwiderstandszahl setzt sich zusammen aus der doppelten Summe der Widerstandszahlen der vier 90°-Krümmer plus den Widerstandszahlen der geraden Zwischenstücke

c) Lyrabogen

Glattrohrbogen $\zeta = 0{,}7$
Faltenrohrbogen $\zeta = 1{,}4$

Die Strömungswiderstände von Abknickungen, Rohreinläufen und Dehnungsausgleichern werden auf die ungestörte Strömungsgeschwindigkeit w in dem in Strömungsrichtung hinter dem Formstück liegenden, geraden Rohrstück bezogen.

$$h_v = \zeta \cdot \frac{w^2}{2}$$

Formstücke für Querschnittsänderungen

1) Unstetige Querschnittserweiterung

Bei einer plötzlichen Erweiterung eines Rohres vom Querschnitt A_1 auf den größeren Querschnitt A_2 löst sich die Flüssigkeit an der Erweiterungstelle B (Bild 56a) in Form eines Strahles aus dem kleineren Querschnitt A_1 ab und mischt sich unter starker Wirbelbildung mit der Flüssigkeit des Totraumes. Die Wirbel drehen dabei so, daß benachbarte Stromlinien von Wirbel und Strömung gleichen Richtungssinn haben. Diese Wirbeldrehung begünstigt das Wiederanlegen des aufgerissenen Strahles an die Rohrwand, so daß sich nach einer gewissen Übergangsströmung wieder eine gleichmäßige Rohrströmung mit der kleineren Geschwindigkeit w_2 einstellt.

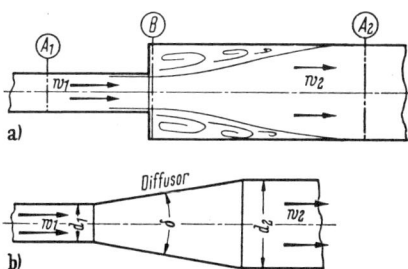

Bild 56
Querschnittserweiterungen
a) sprungartig, b) stetig

Der bei diesem Vorgang auftretende Verlust an Strömungsenergie läßt sich mittels des Impulssatzes berechnen.

$$h_v = \frac{p_2' - p_2}{\varrho}$$

p_2' Druck in A_2 bei verlustloser Strömung
p_2 Druck in A_2 bei wirklicher Strömung

Nach *Bernoulli* ist

$$p_2' = p_1 + \frac{w_1^2 - w_2^2}{2} \cdot \varrho$$

Der Impulssatz (s. Abschnitt 6.1) wird auf die wirkliche Strömung angewendet unter Annahme der Begrenzungsquerschnitte B und A_2. Der Impuls in B wirkt nur auf A_1, da der Strahl dort nur den Strömungsquerschnitt A_1 mit der Geschwindigkeit w_1 besitzt. Zwischen B und A_2 gibt es keine Richtungs- oder Querschnittsänderungen, und die Wandkräfte heben sich gegenseitig auf. Daher muß die Strömungskraft $F = F_x$ (Richtung Strömungsachse) gleich null sein.

$$\alpha_1 = \alpha_2 = 0°. \qquad \cos\alpha_1 = \cos\alpha_2 = 1.$$

$$p_1 \cdot B - p_2 \cdot A_2 + \dot{V} \cdot \varrho \cdot w_1 - \dot{V} \cdot \varrho \cdot w_2 = 0$$

$$p_1 \cdot A_2 - p_2 \cdot A_2 + A_1 \cdot \varrho \cdot w_1^2 - A_2 \cdot \varrho \cdot w_2^2 = 0$$

$$p_2 - p_1 = \frac{A_1 \cdot \varrho \cdot w_1^2}{A_2} - \varrho \cdot w_2^2 \qquad\qquad \frac{A_1}{A_2} w_1 = w_2$$

$$p_2 \qquad = p_1 + \varrho \cdot w_2 \cdot (w_1 - w_2)$$

$$h_v \qquad = \frac{p_2' - p_2}{\varrho}$$

$$\qquad = \frac{p_1 + \varrho/2\,(w_1^2 - w_2^2) - p_1 - \varrho \cdot w_2 \cdot (w_1 - w_2)}{\varrho}$$

$$\qquad = \frac{w_1^2}{2} - \frac{w_2^2}{2} - w_1 \cdot w_2 + w_2^2$$

$$\qquad = \frac{1}{2}\,(w_1 - w_2)^2$$

$$h_v \qquad = \left(\frac{A_1}{A_2} - 1\right)^2 \cdot \frac{w_1^2}{2} = \zeta_1 \frac{w_1^2}{2}$$

$$\qquad = \left(\frac{A_2}{A_1} - 1\right)^2 \cdot \frac{w_2^2}{2} = \zeta_2 \frac{w_2^2}{2}$$

$$\zeta_1 \qquad = \left(\frac{A_1}{A_2} - 1\right)^2 = \left(\frac{d_1^2}{d_2^2} - 1\right)^2$$

$$\zeta_2 \qquad = \left(\frac{A_2}{A_1} - 1\right)^2 = \left(\frac{d_2^2}{d_1^2} - 1\right)^2$$

Bei der Mündung eines Rohres in einen großen Raum, der mit dem gleichen Medium gefüllt ist, das aus dem Rohr ausströmt, verzehrt sich die gesamte kinetische Energie in Stoß und Wirbeln.

$$\zeta_a = 1 \quad \to \quad h_v = \frac{w_1^2}{2} \qquad (\text{siehe } \zeta_1 \text{ für } A_2 \to \infty)$$

2) Stetige Querschnittserweiterung

Größere Bedeutung für die technische Praxis haben Rohre mit stetiger Querschnittserweiterung. Man nennt Rohrstücke mit divergentem Querschnitt auch *Diffusoren*. In solchen Diffusoren (Bild 56b) tritt Druckanstieg in Strömungsrichtung ein, da die Geschwindigkeit mit wachsendem Querschnitt kleiner wird. Erfolgt der Druckanstieg zu schnell, d.h., ist der Öffnungswinkel δ zu groß, so löst sich die Grenzschicht ab (s. Abschnitt 3.8). Der günstigste Öffnungswinkel ist $\delta = 8°$. Jedoch treten auch ohne Strahlablösung Strömungsverluste auf, die von Wandreibung und innerer Reibung beim Strömungsstau herrühren.
Widerstandszahlen von Diffusoren in Abhängigkeit vom Durchmesserverhältnis d_2/d_1 und dem Öffnungswinkel δ siehe Bild 57.

$$h_v = \zeta \, \frac{w_2^2}{2}$$

Bei Strömungsarbeitsmaschinen, d.h. Kreiselpumpen und Kreiselverdichtern, dienen die Diffusoren zur Steigerung des statischen Druckes des strömenden Arbeitsmittels. Infolge der Strömungsverluste erreicht die wirkliche Drucksteigerung nur 70 bis 80% der theoretisch bei idealer Flüssigkeit möglichen. Da die Diffusoren in Strömungsmaschinen aus konstruktiven Gründen selten eine konische Form haben, sondern meistens einen unrunden Querschnitt und eine gekrümmte Achse besitzen, ist es auch kaum möglich, eine für alle technischen Fälle gültige Widerstandszahl zu ermitteln. Man faßt in solchen Fällen den Strömungswiderstand mit allen anderen Einflüssen zu einem Wirkungsgrad zusammen, der im allgemeinen im Bereich zwischen 0,7 und 0,8 liegt. Dieser Wirkungsgrad der Energieumsetzung in Diffusoren ist wesentlich schlechter als der bei entsprechenden Düsen. Daher ist der Maschinenwirkungsgrad von Verdichtern im allgemeinen schlechter als der vergleichbarer Turbinen.

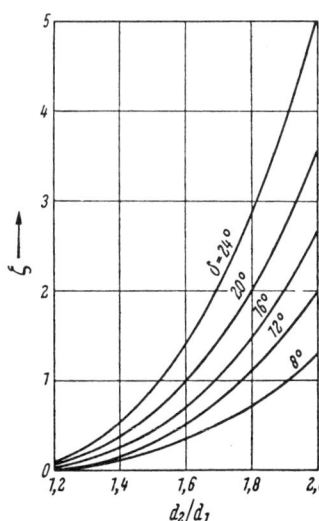

Bild 57
Widerstandszahlen
(einschließlich Wandreibung)

3) Unstetige Querschnittsminderung

In Bild 58 a) ist der Verlauf der Randströmung in einem Rohr mit plötzlicher Verengung des Querschnittes dargestellt. Die Randstromlinien zeigen, wie sich die Strömung zuerst

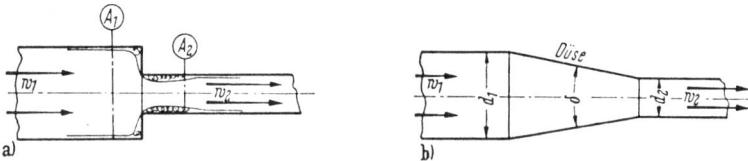

Bild 58   Querschnittsminderungen, a) sprungartig, b) stetig

staut, dann an der Verengungsstelle ablöst, danach einschnürt und sich schließlich allmählich auf den vollen Querschnitt A_2 ausbreitet. Auch in diesem Falle begünstigt das Drehen der Wirbel in den Toträumen der Einschnürung das Wiederanlegen der Strömung an die Rohrwand. Der Strömungsverlust, der bei plötzlicher Verengung des Querschnittes auftritt, ist kleiner als bei plötzlicher Erweiterung. Widerstandszahlen siehe Bild 59.

$$h_v = \zeta \, \frac{w_2^2}{2}$$

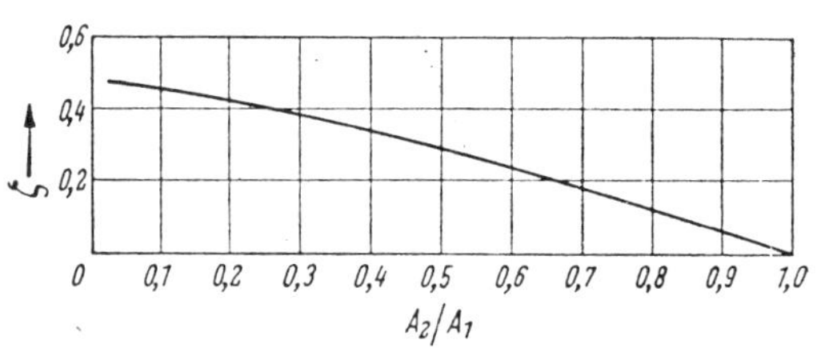

Bild 59
Widerstandszahlen bei
sprungartiger Quer-
schnittsminderung

4) Stetige Querschnittsminderung

Durch gute Abrundung der Einschnürungskanten kann der Strömungsverlust auf ein Minimum herabgesetzt werden. Aus Fertigungsgründen wird von dieser Maßnahme in der Praxis allerdings wenig Gebrauch gemacht. Wesentlich häufiger findet man in Rohrleitungen die stetige Verengung des Querschnittes (Bild 58 b), die im Gegensatz zum Diffusor die Bezeichnung *Düse* trägt. In der Düse entstehen nur geringe Energieverluste, da hier die Flüssigkeit mit fallendem Druck strömt. Eine Ablösung findet deshalb auch nur beim Übergang von Düse zum kleineren Querschnitt statt. Allerdings kommt es zu einer

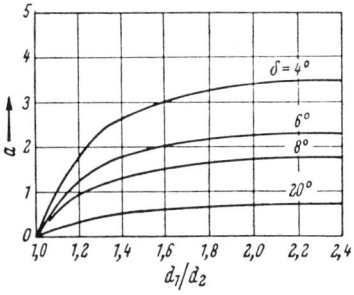

Bild 60   Reibungsfaktor bei Düsen

erhöhten Wandreibung, weil auf der Strecke der Einschnürung außer dem statischen Druck auch noch ein dynamischer Druck gegen die Rohrwand wirkt.

Man ermittelt den Strömungsverlust

$$h_{\mathrm{v}} = \zeta \cdot \frac{w_2^2}{2} \qquad \text{mit} \qquad \zeta = a\,\frac{\lambda_1 + \lambda_2}{2}$$

a Reibungsfaktor, abhängig von d_1/d_2 und dem Öffnungswinkel δ. Werte siehe Bild 60.
λ_1 Rohrreibungszahl für d_1
λ_2 Rohrreibungszahl für d_2

Der Faktor a berücksichtigt sowohl die verstärkte Reibung durch stetige Verengung als auch die Ablösungsverluste am Düsenende.

Formstücke für Durchflußänderungen

1) T-Stücke

In T-Stücken vollzieht sich eine gleichmäßige Stromtrennung in zwei Teilströme senkrecht zur Zuströmung. Bild 61 zeigt vier handelsübliche Ausführungen mit den dazugehörigen Widerstandszahlen. Der Strömungsverlust ist auf die kinetische Energie des zuströmenden Gesamtstromes zu beziehen.

$$h_{\mathrm{v}} = \zeta \cdot \frac{w_1^2}{2}$$

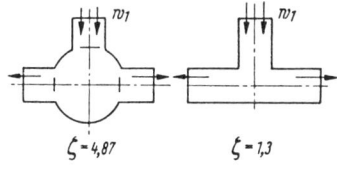

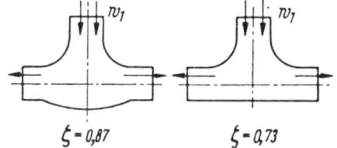

Bild 61   T-Verzweigungsstücke

2) Abzweigstücke

Bei Trennung und Vereinigung von Rohrströmungen tritt in jedem Teilstrom ein Energieverlust infolge Ablösungserscheinungen an der Abzweigstelle auf. Die Größe des Strömungsverlustes ist weitgehend abhängig von dem Mengenverhältnis der Teilströme. Unter bestimmten Voraussetzungen kann in einem der beiden Abzweigströme sogar ein Druckgewinn erfolgen, wenn der Flüssigkeitsdruck des anderen Stromes, durch Strömungsvorgänge abgesenkt, eine Injektorwirkung hervorruft. Die Strömungsverluste werden auf die kinetische Energie des Gesamtstromes bezogen.

Es bedeuten

$\dot{V}$ Gesamtdurchflußstrom

$\dot{V}_{\mathrm{d}}$ Durchflußvolumen der durchgehenden Leitung

$\dot{V}_a$ Durchflußvolumen der abzweigenden bzw. zuzweigenden Leitung

$$\dot{V} = \dot{V}_d + \dot{V}_a$$

Dann sind die Strömungsverluste

zur durchgehenden Leitung zuzuschlagen: $h_v = \zeta_d \dfrac{w^2}{2}$

zur abzweigenden Leitung zuzuschlagen: $h_v = \zeta_a \dfrac{w^2}{2}$

mit $w = \dfrac{\dot{V}}{A}$

Minuszeichen in der Tabelle von Bild 62 bedeutet Druckgewinn.

	Trennung				Vereinigung			
	$\dot{V}$	$\dot{V}_d$	$\dot{V}$	$\dot{V}_d$	$\dot{V}_d$	$\dot{V}$	$\dot{V}_d$	$\dot{V}$
$\dot{V}_a/\dot{V}$	ζ_a	ζ_d	ζ_a	ζ_d	ζ_a	ζ_d	ζ_a	ζ_d
0	0,96	0,04	0,9	0,04	-1,2	0,06	-0,9	0,05
0,2	0,88	-0,08	0,68	-0,06	-0,4	0,18	-0,37	0,18
0,4	0,89	-0,05	0,5	-0,04	0,1	0,3	0,0	0,19
0,6	0,96	0,07	0,38	0,07	0,47	0,4	0,22	0,06
0,8	1,10	0,21	0,35	0,2	0,72	0,5	0,37	-0,18
1,0	1,28	0,35	0,48	0,33	0,92	0,6	0,38	-0,54

Bild 62
Abzweig- und
Vereinigungsstücke

Absperr-, Regelungs- und Meßorgane

1) Ventile und Schieber

Die in eine Rohrleitung eingebauten Ventile und Schieber dienen Absperr- und Regelungszwecken. In ihnen werden sowohl Querschnitts- als auch Richtungsänderungen des

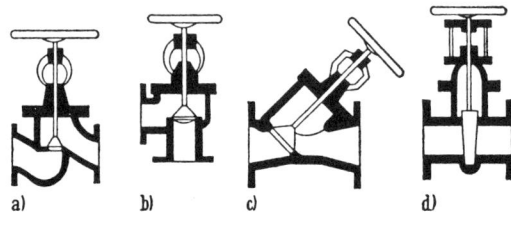

a)   b)   c)   d)

Bild 63   Absperr- und Regelungsorgane
a) Durchgangsventil, b) Eckventil, c) Freiflußventil,
d) Absperrschieber

Bild 64   Widerstandszahlen von Regel- und Absperrorganen
in voll geöffnetem Zustand

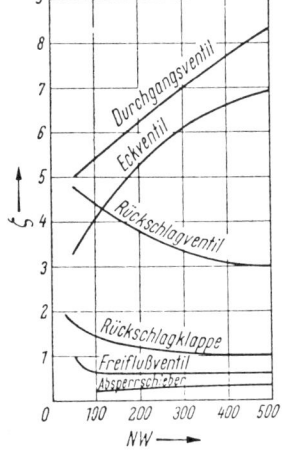

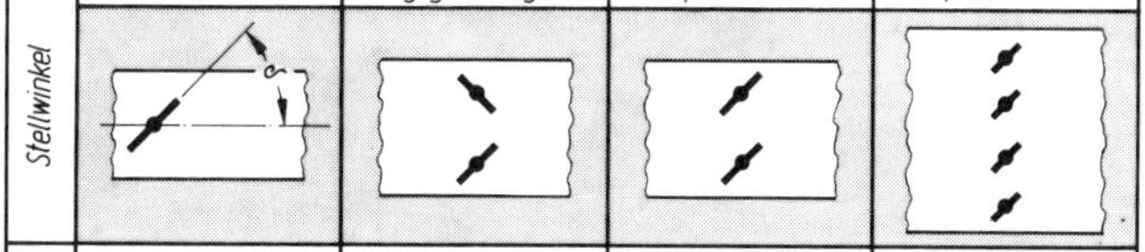

Stellwinkel	Einzelklappe	2 Klappen gegenläufig	2 Klappen parallel	4 Klappen parallel
δ	ζ	ζ	ζ	ζ
0°	0,35	0,50	0,52	0,83
10°	0,68	0,72	0,69	0,93
15°	0,91	0,96	0,84	1,05
20°	1,49	1,59	1,25	1,35
30°	3,73	3,90	2,52	2,57
45°	16,80	17,50	7,50	7,10
60°	95,0	79,0	25,5	24,0
75°	610,0	355,0	120,0	144,0

Bild 65　Widerstandszahlen von Drosselklappen in rechteckigen Gaskanälen

Flüssigkeitsstromes verursacht. Entsprechend groß sind die Strömungsverluste, die in diesen Armaturen auftreten.

Bild 63 zeigt in schematischer Darstellung die wichtigsten Ausführungen von Absperr- und Regelungsorganen.

Der Strömungsverlust ist auf die kinetische Energie des ungestörten Rohrstromes hinter der Armatur zu beziehen.

In Bild 65 sind Widerstandszahlen von Drosselklappen in rechteckigen Gaskanälen dargestellt.

2) Drosselgeräte

(Hierzu siehe auch Abschnitt 9.3) Zur Messung der Strömungsgeschwindigkeit und des Durchflußstromes in Rohrleitungen verwendet man Drosselgeräte, deren Wirkung auf dem Kontinuitätsgesetz und der Energiegleichung von *Bernoulli* beruht. Durch Ver-

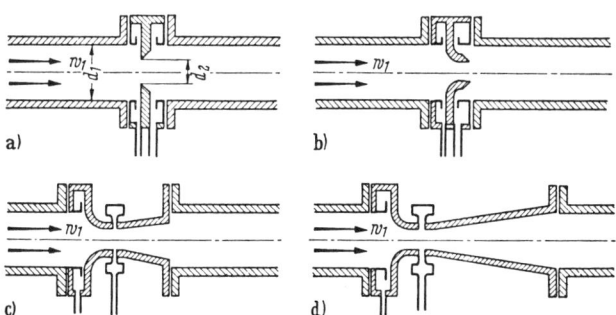

Bild 66　Drosselgeräte
a) Normblende, b) Normdüse, c) Norm-Venturidüse, kurz, d) Norm-Venturidüse, lang

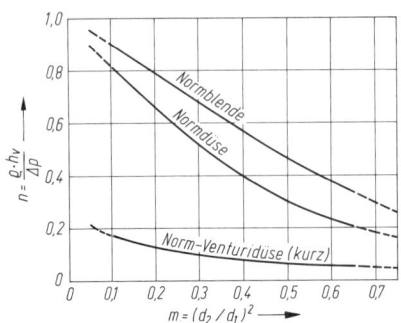

Bild 67   Druckverlust in Drosselgeräten
          Δp Wirkdruck (sh. 9.3)

Bild 68   Widerstandszahlen von Drosselgeräten

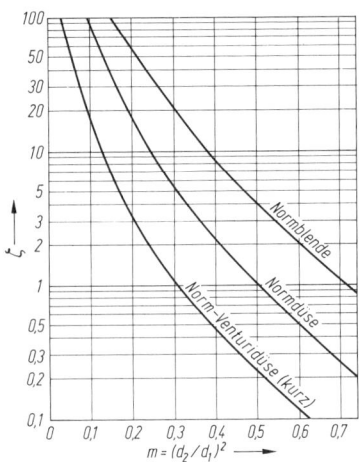

engung des Rohrquerschnittes – *Drosselung* – kann ein statischer Druckabfall, auch *Wirkdruck* genannt, gemessen werden, der ein Maß für Strömungsgeschwindigkeit und Durchflußstrom ist. An der Drosselstelle entsteht infolge Ablösung und innerer Reibung ein Energieverlust, der rechnerisch auf die kinetische Energie der ungestörten Rohrströmung hinter der Meßstelle bezogen wird.
Berechnung und Konstruktion der in Bild 66 schematisch dargestellten Drosselgeräte sind nach DIN 1952 genormt. Widerstandszahlen siehe Bild 68.

Beispiel 3.9.: Der Zufluß in ein Staubecken beträgt maximal 6 m³/s. Die Staumauer hat eine Höhe von 38 m und eine Fußbreite von 33 m. Welchen Durchmesser muß das horizontal 1 m über der Sohle liegende Grundablaßrohr erhalten, damit bei maximalem Zufluß der Wasserstand 2 m unter der Mauerkrone bleibt. Das Rohr wird aus Beton ($k = 2$ mm) gefertigt und erhält einen gebrochenen Eintritt sowie einen Absperrschieber ($\zeta = 0,4$).

Gegeben: $\Delta z = 35$ m $\zeta_E = 0,25$ $\dot{V} = 6$ m³/s
            $l = 33$ m $\Sigma\zeta = 0,65$
            $10^6\, \nu = 1,15$ m²/s (Wasser von 15 °C)

Lösung: $\dfrac{p_1}{\varrho} + g \cdot z_1 + \dfrac{w_1^2}{2} = \dfrac{p_2}{\varrho} + g \cdot z_2 + \dfrac{w_2^2}{2} + h_v$

Querschnitt *1*: Wasseroberfläche des Beckens
Querschnitt *2*: Austritt des Grundablaßrohres
Damit wird $w_1 \approx 0$, weil $A_1 \gg A_2$

$p_1 = p_2$

$z_1 - z_2 = \Delta z$

$h_v = \left(\lambda \dfrac{l}{d} + \Sigma\zeta\right) \cdot \dfrac{w_2^2}{2} = g \cdot \Delta z - \dfrac{w_2^2}{2}$

$w_2 = \sqrt{\dfrac{2 \cdot g \cdot \Delta z}{1 + \Sigma\zeta + \lambda\dfrac{l}{d}}} = \dfrac{\dot{V} \cdot 4}{\pi \cdot d^2}$

1. Annahme: $d = 700\,\text{mm}$

$$w_2 = \frac{6\,\text{m}^3 \cdot 4}{\text{s} \cdot \pi \cdot 0{,}49\,\text{m}^2} = 15{,}6\,\text{m/s} \qquad \frac{d}{k} = 350$$

$$Re = \frac{w \cdot d}{v} = \frac{15{,}6\,\text{m} \cdot 0{,}7\,\text{m}}{\text{s}} \frac{10^6\,\text{s}}{1{,}15\,\text{m}^2} = 9{,}47 \cdot 10^6, \text{ also hydraulisch rauh!}$$

$$\lambda = \frac{1}{\left(2\lg\dfrac{d}{k} + 1{,}138\right)^2} = \frac{1}{(2\lg 350 + 1{,}138)^2} = \frac{1}{38{,}76} = 0{,}0258$$

$$w_2 = \sqrt{\frac{2 \cdot 9{,}81\,\text{m} \cdot 35\,\text{m}}{\text{s}^2\left(1 + 0{,}65 + 0{,}0258\,\dfrac{33}{0{,}7}\right)}} = 15{,}46\,\text{m/s}$$

In der Praxis würde diese Übereinstimmung genügen und $d = 700\,\text{mm}$ gewählt werden. Übungshalber soll der Durchmesser genau errechnet werden.

2. Annahme: $d = \sqrt{\dfrac{\dot{V} \cdot 4}{\pi \cdot w_2}}$ (Kontinuität!)

$$= \sqrt{\frac{6\,\text{m}^3 \cdot 4}{\text{s}} \cdot \frac{\text{s}}{\pi \cdot 15{,}46\,\text{m}}} = 0{,}703\,\text{m}$$

Die Reynolds-Zahl ändert sich nur unwesentlich, daher bleibt hydraulisch rauhes Verhalten.

$$\lambda = \frac{1}{(2\lg 351{,}5 + 1{,}138)^2} = 0{,}02575$$

$$w_2 = \sqrt{\frac{2 \cdot 9{,}81\,\text{m} \cdot 35\,\text{m}}{\text{s}^2\left(1 + 0{,}65 + 0{,}02575\,\dfrac{33}{0{,}703}\right)}} = 15{,}46\,\text{m/s}$$

Zur Erfüllung der vorgegebenen Bedingung ist also ein lichter Durchmesser des Grundablaßrohres von

$$d = 703\,\text{mm}$$

erforderlich

Beispiel 3.10.: Aus der 320 m tiefen Sohle einer Schachtanlage sollen 30 m³/h Wasser an die Oberfläche gepumpt werden. Die stählerne Druckleitung ($k = 0{,}1$ mm) der Pumpe hat 100 mm lichten Durchmesser, 480 m gerade Leitungslänge und enthält 6 90°-Krümmer mit $r = 4d$, ein Rückschlagventil ($\zeta = 4{,}1$) und 2 Absperrschieber. Welchen Förderdruck muß die Pumpe aufbringen, wenn die Förderleitung an der Oberfläche ins Freie mündet? Das Wasser hat eine Temperatur von 10 °C.

Gegeben: $\dot{V} = 30\,\text{m}^3/\text{h} = 0{,}00833\,\text{m}^3/\text{s}$

$d = 0{,}1\,\text{m}$ $\qquad\qquad \zeta_{Kr} = 6 \cdot 0{,}295 = 1{,}77$

$l = 480\,\text{m}$ $\qquad\qquad \zeta_R = 4{,}1$

$v = 1{,}297 \cdot 10^{-6}\,\text{m}^2/\text{s}$ $\qquad \zeta_A = 2 \cdot 0{,}2 = 0{,}4$

$\Delta z = 320\,\text{m}$ $\qquad\qquad \Sigma\zeta = 6{,}27$

Lösung: $w = \dfrac{\dot{V}}{A} = \dfrac{0{,}00833\,\text{m}^3 \cdot 4}{\text{s} \cdot \pi \cdot 0{,}01\,\text{m}^2} = 1{,}06\,\text{m/s}$

$$Re = \frac{w \cdot d}{v} = \frac{1{,}06\,\text{m} \cdot 0{,}1\,\text{m}}{\text{s}} \frac{10^6 \cdot \text{s}}{1{,}297\,\text{m}^2} = 8{,}18 \cdot 10^4$$

$$\frac{d}{k} = \frac{100}{0{,}1} = 1000, \text{ also Übergangsgebiet: } \lambda \approx 0{,}0227 \quad (\text{Tafel 8})$$

Kontrolle:

$$\lambda = \cfrac{1}{-2\lg\left[\left(\cfrac{2,51}{8,18\cdot10^4\,\sqrt{0,0227}} + \cfrac{0,1}{3,71\cdot100}\right)\right]^2} = \frac{1}{44,25} = 0,0226$$

$$\lambda\frac{l}{d} = 0,0226\,\frac{480}{0,1} = 108,4$$

$$\frac{p_{1ü}}{\varrho} + g\cdot z_1 + \frac{w_1^2}{2} = \frac{p_{2ü}}{\varrho} + g\cdot z_2 + \frac{w_2^2}{2} + h_v$$

$$p_{2ü} = 0\,\text{bar} \qquad z_2 - z_1 = \Delta z$$

$$h_v = \left(\lambda\cdot\frac{l}{d} + \Sigma\,\zeta\right)\frac{w_2^2}{2}$$

$$w_2 = w_1$$

$$p_{1ü} = \varrho\cdot g\cdot\Delta z + \frac{\varrho}{2}\,w^2\left(\lambda\cdot\frac{l}{d} + \Sigma\,\zeta + 1 - 1\right)$$

$$= 1000\,\frac{\text{kg}}{\text{m}^3}\,9,81\,\frac{\text{m}}{\text{s}^2}\,320\,\text{m} + \frac{1000\,\text{kg}}{2\,\text{m}^3}\,1,06^2\,\frac{\text{m}^2}{\text{s}^2}\,(108,4 + 6,27)$$

$$= 31,392\cdot10^5\,\frac{\text{kg}}{\text{m}\,\text{s}^2} + 0,644\cdot10^5\,\frac{\text{kg}}{\text{m}\,\text{s}^2}$$

$$= 32,036\cdot10^5\,\text{Pa} = 32,036\,\text{bar}$$

Beispiel 3.11.: Durch eine Stahlrohrleitung ($k = 0,2\,\text{mm}$) von 250 mm lichtem Durchmesser wird ein hochgelegener, offener Wasserbehälter – Wassertemperatur 20 °C – mit einem Leitungsnetz verbunden. Der scharfkantige Eintritt in die Leitung befindet sich 65 m über ihrem Anschluß an das Netz. Die Leitung ist 340 m lang und enthält 2 60°-Krümmer mit $r = 5d$ und 2 Freiflußventile. In dem Leitungsnetz soll ein Wasserüberdruck von 5 bar eingehalten werden. Wie hoch über dem Einlauf der Leitung muß der Behälter gefüllt sein, damit 610 m³/h in das Netz ablaufen?

Gegeben:

$$\dot{V} = 610\,\text{m}^3/\text{h} = 0,1695\,\text{m}^3/\text{s}$$

$$d = 0,25\,\text{m} \qquad\qquad \zeta_E = \qquad\qquad 0,5$$

$$k = 0,2\,\text{mm} \qquad\qquad \zeta_{Kr} = 2\cdot0,3\,\frac{60°}{90°} = 0,4$$

$$H = 65\,\text{m} \qquad\qquad \underline{\zeta_V = 2\cdot0,6 \qquad = 1,2}$$

$$l = 340\,\text{m} \qquad\qquad \Sigma\,\zeta = \qquad\qquad 2,1$$

$$p_{2ü} = 5\,\text{bar} \qquad\qquad p_{1ü} = 0$$

$$v = 1,004\cdot10^{-6}\,\text{m}^2/\text{s}$$

$$\varrho = 998,2\,\text{kg/m}^3$$

Lösung:

$$\frac{p_{1ü}}{\varrho} + g\cdot z_1 + \frac{w_1^2}{2} = \frac{p_{2ü}}{\varrho} + g\cdot z_2 + \frac{w_2^2}{2} + h_v$$

Querschnitt *1*: Wasserspiegel im Behälter, $w_1 \approx 0\,\text{m/s}$; $p_{1ü} = 0\,\text{bar}$

Querschnitt *2*: Leitungsaustritt in das Netz, $w_2 = w$

$$z_1 - z_2 = \frac{p_{2ü}}{g\cdot\varrho} + \frac{w^2}{2\cdot g}\left(1 + \lambda\frac{l}{d} + \Sigma\,\zeta\right) = z + H$$

$$w = \frac{\dot{V}}{A} = \frac{0,1695\,\text{m}^3\cdot4}{\text{s}\quad\pi\cdot0,25^2\,\text{m}^2} = 3,46\,\text{m/s}$$

$$\frac{d}{k} = \frac{250}{0,2} = 1250$$

$$Re = \frac{w \cdot d}{v} = \frac{3{,}46\,\text{m} \cdot 0{,}25\,\text{m}}{\text{s}}\,\frac{10^6\,\text{s}}{1{,}004\,\text{m}^2} = 8{,}6 \cdot 10^5$$

also *Übergangsgebiet!* $\lambda = 0{,}0189$ (Tafel 8)

$$\lambda = \frac{1}{\left[-2 \cdot \lg\left(\dfrac{2{,}51}{8{,}6 \cdot 10^5 \sqrt{0{,}0189}} + \dfrac{0{,}2}{3{,}71 \cdot 250} \right) \right]^2} = \frac{1}{52{,}9} = 0{,}0189$$

$$\lambda \frac{l}{d} = 0{,}0189\,\frac{340}{0{,}25} = 25{,}7$$

$$z = \frac{p_{2\ddot{u}}}{g \cdot \varrho} + \frac{w^2}{2 \cdot g}\left(1 + \lambda\frac{l}{d} + \Sigma\zeta \right) - H$$

$$= \frac{5 \cdot 10^5\,\text{N}}{\text{m}^2}\,\frac{\text{s}^2}{9{,}81\,\text{m}}\,\frac{\text{m}^3}{998{,}2\,\text{kg}} + \frac{3{,}46^2\,\text{m}^2}{2}\,\frac{\text{s}^2}{\text{s}^2\,9{,}81\,\text{m}}\,(1 + 25{,}7 + 2{,}1) - 65\,\text{m}$$

$$= 51{,}06\,\frac{\text{N} \cdot \text{s}^2}{\text{kg}} + 17{,}57\,\text{m} - 65\,\text{m}$$

$$= 51{,}06\,\text{m} + 17{,}57\,\text{m} - 65\,\text{m} = 3{,}63\,\text{m}$$

Beispiel 3.12.: Durch eine Pipeline von 0,5 m lichtem Durchmesser soll Öl bei einer Viskosität von $30 \cdot 10^{-6}\,\text{m}^2/\text{s}$ und einer Dichte von $0{,}89\,\text{kg/dm}^3$ mit einer Geschwindigkeit von 1 m/s gefördert werden. Das Gefälle der Leitung ist vernachlässigbar gering. In welchem Abstand müssen Pumpen in die Leitung gesetzt werden, wenn die Leistung der einzelnen Pumpe 120 kW nicht überschreiten soll und für die Leitungseinbauten zwischen 2 Pumpen die Gesamtwiderstandszahl $\Sigma\zeta = 10$ gesetzt wird? Pumpenwirkungsgrad $\eta_P = 0{,}7$. Rauhigkeit der Leitung $k = 0{,}01$ mm.

Gegeben:
$d = 0{,}5\,\text{mm}$ $\quad v = 30 \cdot 10^{-6}\,\text{m}^2/\text{s}$
$k = 0{,}01\,\text{mm}$ $\quad \varrho = 0{,}89\,\text{kg/dm}^3$
$w = 1\,\text{m/s}$ $\quad \Sigma\zeta = 10$
$P_P = 120\,\text{kW}$ $\quad \eta_P = 0{,}7$

Lösung: $Re = \dfrac{w \cdot d}{v} = \dfrac{1\,\text{m} \cdot 0{,}5\,\text{m} \cdot 10^6\,\text{s}}{\text{s} \cdot 30\,\text{m}^2} = 1{,}667 \cdot 10^4$

$\dfrac{d}{k} = \dfrac{500}{0{,}01} = 50000$, also annähernd hydraulisch glattes Verhalten

$\lambda = 0{,}027$ (Tafel 8)

$$\lambda = \frac{1}{\left(2\lg\dfrac{Re \cdot \sqrt{\lambda}}{2{,}51} \right)^2} = \frac{1}{\left(2\lg\dfrac{1{,}667 \cdot 10^4 \sqrt{0{,}027}}{2{,}51} \right)^2} = \frac{1}{37} = 0{,}027$$

$$P_p = \frac{\dot{V} \cdot \varrho \cdot h_v}{\eta_P} = \frac{\dot{V} \cdot \varrho\left(\lambda\dfrac{l}{d} + \Sigma\zeta \right) \cdot w^2}{\eta_P \qquad 2}$$

$$\lambda\frac{l}{d} + \Sigma\zeta = \frac{P_P \cdot 2 \cdot \eta_P}{\dot{V} \cdot \varrho \cdot w^2}$$

$$l = \frac{d \cdot P_P \cdot 2 \cdot \eta_P}{\lambda \cdot \dot{V} \cdot \varrho \cdot w^2} - \frac{\Sigma\zeta \cdot d}{\lambda}$$

$$= \frac{0,5\,\mathrm{m} \cdot 120\,\mathrm{kW}}{0,027 \cdot \frac{\pi}{4} \cdot 0,5^2\mathrm{m}^2 \cdot 1\,\mathrm{m} \cdot 890\,\mathrm{kg} \cdot 1^2\mathrm{m}^2} \frac{\mathrm{s} \cdot 2\,\mathrm{m}^3 \cdot 0,7 \cdot \mathrm{s}^2}{} - \frac{10 \cdot 0,5\,\mathrm{m}}{0,027} =$$

$$= 17,803 \, \frac{10^3\,\mathrm{W}\,\mathrm{s}^3}{\mathrm{kg}} - 185\,\mathrm{m}$$

$$= 17\,803\,\mathrm{m} - 185\,\mathrm{m}$$

$$= 17\,618\,\mathrm{m} = 17,618\,\mathrm{km}$$

Aufgabe 12:   Von einem offenem Behälter mit großem Wasserspiegel – Wassertemperatur 20 °C – zweigt 1 m unter der Wasseroberfläche ein gußeisernes Rohr ($k = 0,2$ mm) von 6 m Länge und 100 mm Innendurchmesser mit scharfkantigem Eintritt ab. Es ist gegen die Waagerechte unter 20° geneigt und verjüngt sich nach 4 m plötzlich auf den halben Querschnitt. Welche Wassermenge fließt am freien Ende pro Sekunde aus?

Lösung: $\dot{V} = 0,0196\,\mathrm{m}^3/\mathrm{s}$

Aufgabe 13:   An das Hauptrohr einer Wasserleitung, in dem die Zuströmgeschwindigkeit vernachlässigbar klein ist, sind 2 Zweigrohre von je 15 mm lichtem Durchmesser scharfkantig angeschlossen. Rohr *1* ist 18 m lang und endet 12 m über dem Hauptrohr, Rohr *2* ist 20 m lang und endet 15 m über dem Hauptrohr. In beide Rohre sind je 2 90°-Krümmer mit dem Krümmungsradius $r = 3d$ und ein Hahn ($\zeta = 3$) eingebaut. Die Rohrreibungszahl beider Rohre ist $\lambda = 0,026$. Wenn der Hahn von Rohr *1* geöffnet wird, entströmen dem Austrittsquerschnitt 100 dm³/min.

a) Wie groß ist der Druck im Hauptrohr?

b) Wieviel dm³/min entströmen dem Rohr *2*, wenn dessen Hahn geöffnet wird?

Lösung: a) $p_{\ddot{u}} = 17,34$ bar

            b) $\dot{V} = 94,7\,\mathrm{dm}^3/\mathrm{min}$

3.16   Die adäquate Leitungslänge

Häufig vereinfacht sich die Berechnung des gesamten Leitungsverlustes, wenn man sich die vorhandenen Leitungseinbauten ersetzt denkt durch eine entsprechende Verlängerung der geraden Leitungslänge, die den gleichen Strömungsverlust hervorruft wie das Einbauteil.

Aus der Beziehung

$$\lambda \cdot \frac{l}{d} \cong \zeta$$

ergibt sich eine *adäquate Leitungslänge* von Leitungseinbauten

$$l' = \frac{\zeta}{\lambda} \cdot d$$

Der Strömungsverlust der gesamten Leitungsanlage, also Energieverlust sämtlicher geraden Leitungsstücke plus Energieverluste sämtlicher Leitungseinbauten, errechnet sich dann zu

$$h_{\mathrm{v}} = \lambda \cdot \frac{l + \Sigma\,l'}{d} \cdot \frac{w^2}{2}$$

Beispiel 3.13.: In einem Wasserwerk arbeiten 4 Pumpstationen A, B, C und D wie in Bild 69 dargestellt auf eine Sammelleitung, in der ein Überdruck von 8 bar herrscht. Die Stationen fördern Wasser von 10 °C

Technische Angaben:

	Höhenkote in m	Förderstrom in m³/h	Länge in m	Innendurchmesser in mm	Rauhigkeit in mm	Schieber	Rückschlagklappe	Normblende ζ = 2	Krümmer r = 4·d 30°	60°	90°
Sammelleitung	± 0										
Leitung a			60	500	0,1	1					
Vereinigung 1	+15										
Leitung b			840	200	0,1	1	1	1		3	1
Pumpstation A	−25	200									
Leitung c			120	500	0,1						1
Vereinigung 2	+20										
Leitung d			1300	250	0,1	1	1	1	5		1
Pumpstation D	+ 5	300									
Leitung e			300	500	0,1					2	
Vereinigung 3	+10										
Leitung f			2500	300	0,1	1	1	1		4	2
Pumpstation C	−55	400									
Leitung g			750	350	0,1	1	1	1		6	1
Pumpstation B	−60	600									

Gegen welche Drücke müssen die 4 Pumpstationen arbeiten?

Lösung: Zur Lösung werden folgende Rechnungsgleichungen verwendet:

$$w = \frac{\dot{V} \cdot 4}{\pi \cdot d^2} \qquad Re = \frac{w \cdot d}{v} \qquad \text{Wasser von 10 °C: } v = 1{,}297 \cdot 10^{-6}\,\text{m}^2/\text{s}$$

λ wird aus dem λ, Re-Diagramm (Tafel 8) entnommen
ζ-Werte aus den Bildern 51 und 64
ζ_a und ζ_d aus Bild 62

$$l' = \frac{\Sigma \zeta \cdot d}{\lambda}$$

$$h_v = \lambda \frac{l + l'}{d} \cdot \frac{w^2}{2}$$

$$\Sigma h_v = h_v + \zeta_a \frac{w^2}{2} \quad \text{für die zuzweigende Leitung}$$

$$\text{bzw.} = h_v + \zeta_d \frac{w^2}{2} \quad \text{für die durchgehende Leitung}$$

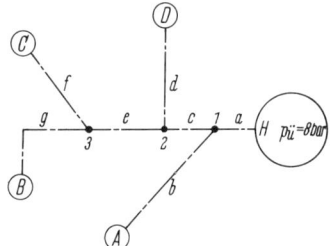

Bild 69   Pumpwerk

p_A ist der Druck am Ende des betrachteten Leitungsstückes

$\Delta z = z_A - z_E$

p_E ist der Druck am Eintritt in das betrachtete Leitungsstück

$p_E = p_A + g \cdot \varrho \cdot \Delta z + \varrho \cdot \Sigma h_v$ nach *Bernoulli.*

Die rechnerische Lösung erfolgt am zweckmäßigsten in tabellarischer Form.

	Einheit	a	1	b	c	2	d	e	3	f	g
l	m	60	1500	840	120	1300	1300	300	1000	2500	750
d	m	0,5		0,2	0,5		0,25	0,5		0,3	0,35
$\dot{V}$	m³/h	1500		200	1300		300	1000		400	600
$\dot{V}_a$	m³/h		200			300			400		
$\dot{V}_d$	m³/h		1300			1000			600		
$\dot{V}_a/\dot{V}$	1		0,133			0,231			0,4		
w	m/s	2,12	2,12	1,765	1,84	1,84	1,7	1,415	1,415	1,57	1,735
Re	1	$8{,}13 \cdot 10^5$		$2{,}72 \cdot 10^5$	$7{,}1 \cdot 10^5$		$3{,}28 \cdot 10^5$	$5{,}46 \cdot 10^5$		$3{,}64 \cdot 10^5$	$4{,}68 \cdot 10^5$
d/k	1	5000		2000	5000		2500	5000		3000	3500
λ	1	0,015		0,0184	0,0151		0,0178	0,0154		0,0168	0,0163
$\Sigma \zeta$ Einbauten	1	0,35		4,02	0,293		4,15	0,186		4,66	4,71
ζ_a	1	−0,55	−0,55			−0,34			0,0		
ζ_d	1	0,14	0,14			0,195			0,19		
l'	m	11,7		43,7	9,7		58,4	6,04		83,2	101,2
h_v	$\frac{m^2}{s^2}$	4,8363		126,55	6,622		139,6	9,427		178,5	59,64
$\zeta_a \dfrac{w^2}{2}$	$\frac{m^2}{s^2}$		−1,236	−1,236		−0,579	−0,579		0,0	0,0	
$\zeta_d \dfrac{w^2}{2}$	$\frac{m^2}{s^2}$	0,316	0,316	0,316	0,316	0,33		0,33	0,19		0,19
Σh_v	$\frac{m^2}{s^2}$	4,8363		125,314	6,938		139,021	9,757		178,5	59,83
$p_{A\ddot{u}}$	bar	8,0		6,58	6,58		6,156	6,156		7,23	7,23
Δz	m	−15		40	−5		15	10		65	70
$p_{E\ddot{u}}$	bar	6,58		11,75	6,156		9,017	7,23		15,4	14,7

Die erforderlichen Pumpendrücke sind: Station A: $p_{\ddot{u}} = 11{,}75$ bar
Station B: $p_{\ddot{u}} = 14{,}7$ bar
Station C: $p_{\ddot{u}} = 15{,}4$ bar
Station D: $p_{\ddot{u}} = \ \ 9{,}017$ bar

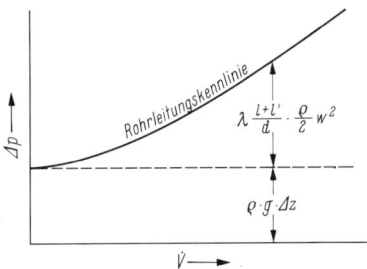

Bild 70   Rohrleitungskennlinie

Die Strömungsverhältnisse in einer Rohrleitung zwischen zwei Betrachtungsquerschnitten *1* und *2* bei variablem Durchflußstrom lassen sich in einer Rohrleitungskennlinie darstellen (Bild 70).

$$\Delta p = p_1 - p_2. \quad \Delta z \text{ ist positiv, wenn } z_1 > z_2.$$

3.17 Strömungsverlust beim Ausfluß ins Freie

Im Gegensatz zu den bisher erwähnten Strömungsverlusten in Rohrleitungen sind die Verluste beim Austritt einer Strömung durch eine Öffnung ins Freie keine Druckverluste, sondern Mengenverluste, weil die kinetische Energie abnimmt.

Ausflußverluste treten überall dort auf, wo der Austrittsquerschnitt kleiner ist als der vorhergehende Strömungsquerschnitt, also auch beim Ausfluß aus einem Behälter ins Freie, wenn die Austrittsöffnung kleiner ist als der Behälterquerschnitt.

Ausflußverluste werden durch zwei verschiedenartige Vorgänge bei der Ausströmung verursacht:

a) Die Verengung des Querschnittes gegen den Austritt hin bewirkt, daß die auf den Austritt zufließende Wandströmung einen bestimmten Strömungswinkel gegenüber dem Austrittsstrahl hat. Die Wandströmung muß also im Austritt in Strahlrichtung umgelenkt werden. Infolge der Massenträgheit der Flüssigkeitsteilchen erfolgt diese Umlenkung nicht in einem scharfen Winkel, sondern allmählich, d.h., der Strahl schnürt sich ein und nimmt kurz hinter dem Austritt einen kleineren als den Austrittsquerschnitt ein. Diesen Vorgang bezeichnet man als *Strahlkontraktion*. Die Kontraktion des Ausflußstrahles läßt sich besonders gut bei einer scharfkantigen Öffnung im Boden eines Behälters (Bild 71) beobachten.

$$A_{\text{Strahl}} < A_{\text{Mündung}}$$

$$A_{\text{Str}} = \alpha \cdot A_{\text{M}}$$

In dieser Gleichung ist α die *Kontraktionszahl*.

$$\alpha < 1$$

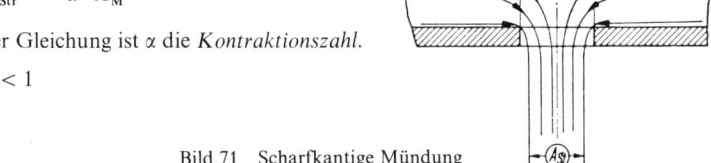

Bild 71   Scharfkantige Mündung

b) Die Einschnürung des Strahles im Austritt bewirkt eine zusätzliche Reibung in der Wandzone, wodurch die Wandströmung verzögert wird. Die Verzögerung der Wandströmung hat zur Folge, daß die mittlere Geschwindigkeit des austretenden Strahles kleiner ist, als sie es ohne diese zusätzliche Reibung wäre. Mit anderen Worten: Der Energieverlust durch Reibung wirkt sich beim Ausfluß aus einem verengten Querschnitt als Verlust an kinetischer Energie aus, weil der Druckabfall im Austritt durch den vorgegebenen Austrittsdruck festgelegt ist und durch Strömungsvorgänge nicht beeinflußt werden kann.

$$w_{Strahl} < w_{theoretisch}$$
$$w \quad = \varphi \cdot w_{th}$$

In dieser Gleichung ist φ die *Geschwindigkeitszahl*

$$\varphi < 1$$

Kontraktion und Randverzögerung des austretenden Strahles bewirken gemeinsam, daß die tatsächlich ausströmende Flüssigkeitsmenge kleiner ist, als sie es ohne die beiden Strömungsvorgänge wäre.

$$\dot{V} = w \cdot A_{Str}$$
$$= \alpha \cdot A_M \cdot \varphi \cdot w_{th}$$

Es ist üblich, die beiden Strömungsbeiwerte α und φ zu einem einzigen Beiwert, der *Ausflußzahl* μ, zusammenzufassen.

$$\mu = \alpha \cdot \varphi$$

Anhaltswerte für Wasser:

	α	φ	μ
Scharfkantige Mündung	$0{,}61 \cdots 0{,}64$	$0{,}97$	$0{,}59 \cdots 0{,}62$
Gut abgerundete Mündung	1	$0{,}97 \cdots 0{,}99$	$0{,}97 \cdots 0{,}99$

Der Ausflußverlust läßt sich verkleinern durch kurze, zylindrische oder konische Ansatzrohre an die Ausflußöffnung.
Zylindrische Ansatzrohre müssen so lang sein, daß sich die Strömung vor ihrem Austritt aus dem Ansatzrohr bereits wieder an die Rohrwand angelegt hat. Dadurch wird die Kontraktion rückgängig gemacht. Allerdings vergrößert sich die Wandreibung.

Anhaltswerte für zylindrische Ansatzrohre mit

$$\frac{l}{d} = 2 \cdots 3 \qquad \mu = \varphi = 0{,}82$$

Konische Ansatzrohre haben eine noch bessere Ausflußzahl, wenn der Konuswinkel δ nicht zu groß gewählt wird.

Anhaltswerte für konische Ansatzrohre mit

$\dfrac{l}{d} = 3$	δ	$10°$	$20°$	$45°$	$90°$
	μ	$0{,}95$	$0{,}94$	$0{,}88$	$0{,}74$

Bei kegeligen Austrittsdüsen ändern sich die Kontraktionszahlen mit dem Konuswinkel der Düse und die Geschwindigkeitszahlen mit der Länge des Verengungsweges. Wenn

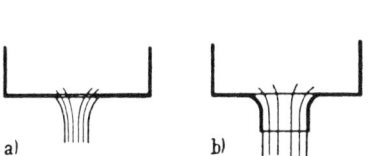

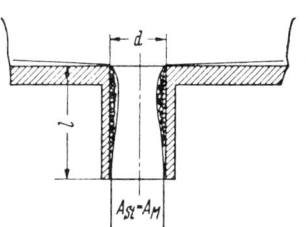

Bild 72 Ausfluß aus Mündungen
a) mit Kontraktion, b) ohne Kontraktion durch abgerundete
Aushalsung

Bild 73 Vermeidung der Kontraktion
durch zylindrisches Ansatzrohr

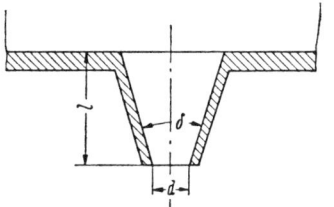

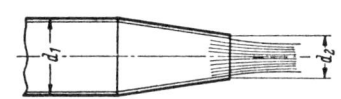

Bild 74 Konisches Ansatzrohr

Bild 75 Kontraktion bei kegeligen
Austrittsdüsen

die Strömungsgeschwindigkeit gegen den Ausfluß hin zunimmt, d.h., wenn d_2^2/d_1^2 größer
wird, bildet sich die Kontraktion nicht mehr so stark aus.

Als Anhaltswerte können gelten

d_2^2/d_1^2	0,1	0,2	0,4	0,6	0,8	1,0
α	0,83	0,84	0,87	0,9	0,94	1,0

Die Länge des Verengungsweges ist unabhängig von dem Querschnittsverhältnis der
Verengung. Darum kann für die Geschwindigkeitszahl von kegeligen Austrittsdüsen
auch nur ein allgemeiner Anhalt gegeben werden.

$\varphi = 0{,}97$ (für kurze Düsen) bis
$0{,}95$ (für lange Düsen)

Wenn die Strömungsverluste bei einem Ausfluß sich durch Rohrreibung und Widerstand
ausdrücken lassen, ist es möglich, die Geschwindigkeitszahl φ aus der Beziehung $\varphi = \dfrac{w}{w_{th}}$
zu berechnen.

Beispiel 3.14.: Die Spritzdüse eines Feuerwehrschlauches verjüngt sich auf einer Länge von 750 mm
konisch von 65 mm auf 20 mm lichten Durchmesser. Im Schlauch vor der Düse
herrscht ein Wasserüberdruck von 12 bar. Wieviel Wasser von 20 °C wird pro Sekunde
ausgeworfen?

Gegeben: $d_1 = 0{,}065$ m $v = 1{,}004 \cdot 10^{-6}$ m²/s

$d_2 = 0{,}02$ m $k = 0{,}01$ mm angenommen

$l = 0{,}75$ m

$p_{1ü} = 12$ bar

Lösung: Kontraktionszahl:

Kegelige Austrittsdüse mit $d_2^2/d_1^2 = \left(\dfrac{2}{6,5}\right)^2 = 0,0947$

$\alpha = 0,828$

Zur Ermittlung der Geschwindigkeitsziffer φ wird das Verhältnis w/w_{th} bestimmt.

Energiegleichung zwischen Eintritts- und Austrittsquerschnitt der Spritzdüse:

a) ohne Strömungsverluste

$$\frac{p_{1\ddot{u}} + p_B}{\varrho} + \frac{w_1^2}{2} = \frac{p_B}{\varrho} + \frac{w_{2\text{th}}^2}{2}$$

$$w_1 \;= w_{2\text{th}}\left(\frac{d_2}{d_1}\right)^2$$

$$w_{2\text{th}} = \sqrt{\frac{2 \cdot p_{1\ddot{u}}}{\varrho\left[1 - \left(\dfrac{d_2}{d_1}\right)^4\right]}}$$

b) mit Strömungsverlusten

$$\frac{p_{1\ddot{u}} + p_B}{\varrho} + \frac{w_1^2}{2} = \frac{p_B}{\varrho} + \frac{w_2^2}{2} + \frac{w_2^2}{2} \cdot \zeta_{\text{Düse}}$$

$$w_2 \;= \sqrt{\frac{2 \cdot p_{1\ddot{u}}}{\varrho\left[1 - \left(\dfrac{d_2}{d_1}\right)^4 + \zeta_{\text{D}}\right]}}$$

$$\frac{w_2}{w_{2\text{th}}} = \varphi = \sqrt{\frac{1 - \left(\dfrac{d_2}{d_1}\right)^4}{1 - \left(\dfrac{d_2}{d_1}\right)^4 + \zeta_{\text{D}}}}$$

$\left(\dfrac{d_2}{d_1}\right)^4 = \left(\dfrac{2}{6,5}\right)^4 = 0,009$ $\qquad \zeta_{\text{D}} = a\,\dfrac{\lambda_1 + \lambda_2}{2}$

$\tan\dfrac{\delta}{2} = \dfrac{d_1 - d_2}{2 \cdot l} = \dfrac{0,045}{1,5}$, $\quad$ ergibt $\delta = 3,5°$

$\dfrac{d_1}{d_2} = \dfrac{6,5}{2} = 3,25$, $\quad$ damit $a = 4$ (Bild 60)

Geschätzt: $\dfrac{\lambda_1 + \lambda_2}{2} = 0,0168$, $\quad$ damit $\zeta_{\text{D}} = 0,067$

$\varphi = \sqrt{\dfrac{0,991}{1,056}} = 0,969$

$\dot{V} = \mu \cdot A \cdot w_{\text{th}} = \alpha \cdot \varphi \cdot \dfrac{\pi}{4}\, d_2^2 \cdot w_{2\text{th}}$

$\quad = 0,828 \cdot 0,969 \cdot \dfrac{\pi}{4} \cdot 0,02^2\,\text{m}^2 \cdot \sqrt{\dfrac{2 \cdot 12 \cdot 10^5\,\text{N}}{\text{m}^2}\,\dfrac{\text{m}^3}{1000\,\text{kg}\,(1 - 0,0947^2)}}$

$\quad = 0,00025\,\text{m}^2\,\sqrt{2421,72\,\text{m}^2/\text{s}^2}$

$\quad = 0,0124\,\text{m}^3/\text{s}$

$w_2 = \varphi \cdot w_{2\text{th}} = 0,969\,\sqrt{2421,72\,\text{m}^2/\text{s}^2} = 47,7\,\text{m/s}$

Kontrolle der Schätzung von λ_1 und λ_2:

$$w_1 = w_2 \left(\frac{d_2}{d_1}\right)^2 = 47,7 \, \frac{m}{s} \, 0,0947 = 4,52 \, m/s \qquad \frac{d_1}{k} = \frac{65}{0,01} = 6500$$

$$Re_1 = \frac{w_1 \cdot d_1}{v} = \frac{4,52 \, m \cdot 0,065 \, m \cdot s}{s \quad 1,004 \, m^2} \cdot 10^6 = 2,92 \cdot 10^5 \qquad \lambda_1 = 0,0163$$

$$Re_2 = \frac{w_2 \cdot d_2}{v} = \frac{47,7 \, m \cdot 0,02 \, m \cdot s}{s \quad \cdot 1,004 \, m^2} \, 10^6 = 9,5 \cdot 10^5 \qquad \frac{d_2}{k} = \frac{20}{0,01} = 2000$$

$$\lambda_2 = 0,0173$$

$$\frac{\lambda_1 + \lambda_2}{2} = \frac{0,0163 + 0,0173}{2} = 0,0168 \text{ entspricht der Schätzung!}$$

also: $\dot{V} = 0,0124 \, m^3/s$

Beispiel 3.15.: Aus dem Boden eines stehenden, zylindrischen Behälters mit 2 m Innendurchmesser führt ein hineinragender Ablaß ins Freie. Das Ablaßrohr ($k = 0,2$ mm) hat einen lichten Durchmesser von 150 mm, ist 1 m lang, enthält einen Absperrschieber und endet in einer 100 mm langen Düse mit 110 mm Austrittsdurchmesser.

In welcher Zeit ist der mit Öl mit $v = 11,8 \cdot 10^{-6}$ m²/s bis zu einer Höhe von 3,2 m über dem Einlauf des Ablaßrohres gefüllte Behälter geleert, wenn der Ablaß voll geöffnet wird?

Gegeben:

$e = 3,2$ m	$d_1 = 0,15$ m
$l_1 = 1$ m	$d_2 = 0,11$ m
$l_2 = 0,1$ m	$v = 11,8 \cdot 10^{-6}$ m²/s
$D = 2$ m	$k = 0,2$ mm

Lösung: Ablaßrohr: Zur Ermittlung von φ werden zunächst stationäre Verhältnisse angenommen.

Energiegleichung zwischen Behälterspiegel (Index 0) und Austrittsquerschnitt:

a) ohne Strömungsverluste:

$$\frac{p_0}{\varrho} + g \cdot z_0 + \frac{w_0^2}{2} = \frac{p_2}{\varrho} + g \cdot z_2 + \frac{w_{2th}^2}{2}$$

mit $p_0 = p_2$, $z_0 = e + l_1 + l_2$, $z_2 = 0$, $w_0 \approx 0$ wird $w_{th} = \sqrt{2 \cdot g \, (e + l_1 + l_2)}$

b) mit Strömungsverlusten:

$$\frac{p_0}{\varrho} + g \cdot z_0 + \frac{w_0^2}{2} = \frac{p_2}{\varrho} + g \cdot z_2 + \frac{w_2^2}{2} + \Sigma \zeta \cdot \frac{w_1^2}{2} + \zeta_A \cdot \frac{w_2}{2}$$

$$w_1 = w_2 \left(\frac{d_2}{d_1}\right)^2 \qquad \Sigma \zeta = \lambda_1 \frac{l_1}{d_1} + \zeta_{Eintritt} + \zeta_{Schieber}$$

$$w_2 = \sqrt{\frac{2 \cdot g \, (e + l_1 + l_2)}{1 + \left(\frac{d_2}{d_1}\right)^4 \cdot \Sigma \zeta + \zeta_A}} \qquad \begin{aligned} \zeta_{Eintr.} &= 3,0 \\ \zeta_{Sch.} &= 0,25 \end{aligned}$$

$$\frac{w_2}{w_{2th}} = \varphi = \sqrt{\frac{1}{1 + \left(\frac{d_2}{d_1}\right)^4 \cdot \Sigma \zeta + \zeta_A}}$$

$$\left(\frac{d_2}{d_1}\right)^4 = \left(\frac{11}{15}\right)^4 = 0,29$$

Geschätzt: $\lambda_1 = 0,0258$ und $\lambda_2 = 0,0258$

$\lambda_1 \dfrac{l_1}{d_1} = 0,0258 \dfrac{1}{0,15} = 0,172$

$\left(\dfrac{d_2}{d_1}\right)^4 \cdot \Sigma\zeta = 0,29\,(0,172 + 3,0 + 0,25) = 0,993$

$\zeta_A = a \dfrac{\lambda_1 + \lambda_2}{2}$ $\tan\dfrac{\delta}{2} = \dfrac{d_1 - d_2}{2 \cdot l_2} = \dfrac{40}{200}$,   ergibt $\delta = 22,6°$

$\quad = 0,6 \cdot 0,0258$ $\dfrac{d_1}{d_2} = \dfrac{15}{11} = 1,363$,   ergibt $a = 0,6$

$\quad = 0,0155$

$\varphi = \sqrt{\dfrac{1}{1 + 0,993 + 0,0155}} = 0,706$

Kontrolle der Schätzwerte:

$w_2 = \sqrt{\dfrac{2 \cdot 9,81\,\text{m} \cdot 4,3\,\text{m}}{\text{s}^2 \cdot 2,0085}} = 6,48\,\text{m/s}$ $w_1 = 6,48\,\dfrac{\text{m}}{\text{s}}\left(\dfrac{11}{15}\right)^2 = 3,48\,\text{m/s}$

$\dfrac{d_1}{k} = \dfrac{150}{0,2} = 750$ $Re_1 = \dfrac{w_1 \cdot d_1}{v} = \dfrac{3,48\,\text{m} \cdot 0,15\,\text{m} \cdot \text{s}}{\text{s} \cdot 11,8\quad\text{m}^2} \cdot 10^6 = 4,4 \cdot 10^4$

$\lambda_1 = 0,0258$ (Tafel 8)

$\dfrac{d_2}{k} = \dfrac{110}{0,2} = 550$ $Re_2 = \dfrac{w_2 \cdot d_2}{v} = \dfrac{6,48\,\text{m} \cdot 0,11\,\text{m} \cdot \text{s}}{\text{s}\quad 11,8\quad\text{m}^2} \cdot 10^6 = 6,04 \cdot 10^4$

$\lambda_2 = 0,0258$ (Tafel 8)

Beide Schätzwerte sind also bestätigt!

$\varphi = 0,706$!

für $\dfrac{d_2^2}{d_1^2} = \left(\dfrac{11}{15}\right)^2 = 0,5375$ beträgt $\alpha = 0,89$

Beim Leerlaufen des Behälters ändert sich die Höhe des Flüssigkeitsspiegels. Der Ausströmvorgang ist also instationär.

Bei stationärer Ausströmung ist

$V = \dot{V} \cdot t = \mu \cdot A \cdot \sqrt{2 \cdot g \cdot z} \cdot t$

Bei instationärer Ausströmung ist diese Beziehung nur für das Zeitelement dt anwendbar. Ist der Flüssigkeitsspiegel bereits auf eine beliebige Höhe z abgesunken, so ist

$dV = \mu \cdot A \cdot \sqrt{2 \cdot g \cdot z} \cdot dt$

Um dieses Volumenelement wird zugleich der Behälterinhalt gemindert.

$dV = -\dfrac{\pi}{4}D^2 \cdot dz$

Daraus folgt die Ausflußzeit

$\displaystyle\int_0^t dt = -\dfrac{\pi \cdot D^2}{4 \cdot \mu \cdot A \cdot \sqrt{2 \cdot g}} \int_{z_2}^{z_1} \dfrac{dz}{\sqrt{z}}$

$t = \dfrac{\pi \cdot D^2 \cdot 2}{4 \cdot \mu \cdot A \cdot \sqrt{2 \cdot g}} (\sqrt{z_1} - \sqrt{z_2})$

In unserem Beispiel sind: $A = \frac{\pi}{4} d_2^2$; $z_1 = e + l_1 + l_2$; $z_2 = l_1 + l_2$;

somit

Ausflußzeit $\quad t = \dfrac{D^2 \cdot 2}{\mu \cdot d_2^2 \cdot \sqrt{2 \cdot g}} (\sqrt{e + l_1 + l_2} - \sqrt{l_1 + l_2})$

$\qquad = \dfrac{4\,\text{m}^2 \cdot 2}{0{,}89 \cdot 0{,}706 \cdot 0{,}0121\,\text{m}^2 \sqrt{2 \cdot 9{,}81\,\text{m/s}^2}} (\sqrt{4{,}3\,\text{m}} - \sqrt{1{,}1\,\text{m}}) = 244\,\text{s}$

Ausflußzeit: 244 Sekunden

Aufgabe 14: Der Düse eines Peltonrades, die sich auf einer Länge von 300 mm stetig von 700 cm² auf 100 cm² verjüngt, fällt über ein Druckrohr von 300 mm lichtem Durchmesser Wasser von 10°C aus einer Höhe von 350 m zu. Das stählerne Druckrohr ($k = 0,1$ mm) beginnt mit einem scharfkantigen Eintritt 6 m unter dem Spiegel eines Wasserschlosses. Es ist 422 m lang und enthält 2 60°-Krümmer, 1 30°-Krümmer und 1 90°-Krümmer (alle mit $r = 3,5\,d$) sowie 2 Absperrschieber und 1 kurze Normventuridüse mit $\zeta = 1,4$.

a) Mit welcher Geschwindigkeit tritt das Wasser aus der Düse?

b) Wieviel Wasser liefert die Düse stündlich?

c) Welcher Druck herrscht im Eintrittsquerschnitt der Druckleitung, wenn auf dem Spiegel des Wasserschlosses der gleiche Luftdruck lastet wie am Düsenaustritt?

Lösung: a) 67,4 m/s

b) 2025 m³/h

c) $p_B + 0,132$ bar

3.18 Seitlicher Ausfluß aus großen Öffnungen

Beim Ausfluß aus kleinen Öffnungen ins Freie ist es nebensächlich, ob der Strahl aus einer senkrecht nach unten weisenden oder einer seitlichen Öffnung austritt. Strahlkontraktion und Verzögerung in der Randzone verursachen in beiden Fällen gleichgroße Verluste.

Anders ist es jedoch, wenn die Seitenöffnung eine große Ausdehnung in der Höhe hat. Nun darf die Abhängigkeit der Ausflußgeschwindigkeit von der Schwerewirkung des unterschiedlichen Gefälles nicht mehr vernachlässigt werden. In der Technik interessieren hierbei hauptsächlich die Vorgänge bei Überfallwehren oder Stauschützen.

a) Rechteckiger Überfall

Nach *Bernoulli* wird bei reibungsfreiem Ausfluß aus einem offenem Behälter das gesamte Gefälle in kinetische Energie umgesetzt. In der Tiefe x von der Strömungsoberkante herrscht demnach die Ausflußgeschwindigkeit

$$w_x = \sqrt{2 \cdot g \cdot x}$$

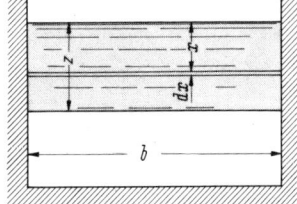
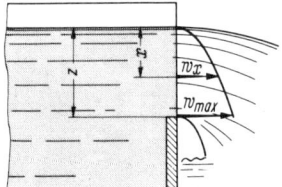

Bild 76 Rechteckiger Überfall

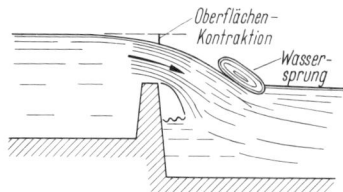

Bild 77 Einfluß der Kontraktion
bei Überfällen

und in der Tiefe z, also an der Unterkante der Öffnung, die Geschwindigkeit

$$w_{\max} = \sqrt{2 \cdot g \cdot z}$$

$w_x^2 = 2 \cdot g \cdot x$ ist die Gleichung einer parabolischen Kurve, d.h., der senkrechte Geschwindigkeitsverlauf in großen, seitlichen Ausflußöffnungen ist parabelförmig.
Durch einen Streifenquerschnitt mit der Breite b und der Höhe dx tritt ein Durchflußstrom aus

$$\dot{V}_x = A_x \cdot w_x = b \cdot dx \cdot \sqrt{2 \cdot g \cdot x}$$

Durch die ganze Öffnung des rechteckigen Überfalles strömt dann bei reibungsfreiem Austritt

$$\dot{V}_{th} = \int_0^z b \cdot dx \cdot \sqrt{2 \cdot g \cdot x} = \int_0^z b \cdot \sqrt{2 \cdot g} \cdot x^{0,5} \, dx$$

$$= b \cdot \sqrt{2 \cdot g} \left(\frac{z^{1,5}}{1,5} \right) = \frac{1}{1,5} \cdot b \cdot z \cdot \sqrt{2 \cdot g \cdot z}$$

$$\dot{V}_{th} = \frac{2}{3} \cdot b \cdot z \cdot \sqrt{2 \cdot g \cdot z}$$

Der tatsächliche Ausflußstrom ist um die Ausflußverluste geringer, die sich aus Oberflächenkontraktion und Reibung ergeben.

$$\dot{V} = \mu \cdot \frac{2}{3} \cdot b \cdot z \cdot \sqrt{2gz}$$

b) Trapezförmiger Überfall

Genau rechteckige Überfälle sind in der Praxis nicht sehr häufig. Meist sind die Seitenwände abgeschrägt, wodurch sich ein trapezförmiger Querschnitt ergibt (Bild 78).

$$y = b - (x \cdot \tan\alpha + x \cdot \tan\beta)$$

$$\dot{V}_x = y \cdot dx \cdot \sqrt{2 \cdot g \cdot x} = (b - x \cdot \tan\alpha - x \cdot \tan\beta) \cdot dx \cdot \sqrt{2 \cdot g \cdot x}$$

$$\dot{V}_{th} = \int_0^z (x^{0,5} \cdot \sqrt{2 \cdot g \cdot b^2} - x^{1,5} \cdot \sqrt{2 \cdot g} \cdot \tan\alpha - x^{1,5} \cdot \sqrt{2 \cdot g} \cdot \tan\beta) \cdot dx$$

$$= \frac{z^{1,5}}{1,5} \cdot \sqrt{2 \cdot g \cdot b^2} - \frac{z^{2,5}}{2,5} \sqrt{2 \cdot g} \cdot \tan\alpha - \frac{z^{2,5}}{2,5} \sqrt{2 \cdot g} \cdot \tan\beta$$

$$\dot{V}_{th} = \frac{2}{15} \left[5 \cdot b - 3 \cdot z (\tan\alpha + \tan\beta) \right] \cdot z \cdot \sqrt{2 \cdot g \cdot z}$$

Mit $\tan\alpha + \tan\beta = \dfrac{b - a}{z}$ wird

$$\dot{V} = \mu \cdot \frac{2}{15} (2 \cdot b + 3 \cdot a) \cdot z \cdot \sqrt{2 \cdot g \cdot z}$$

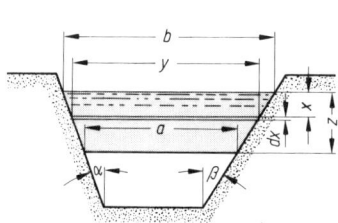

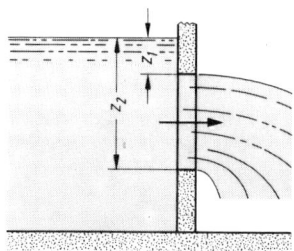

Bild 78 Trapezförmiger Überfall   Bild 79 Rechteckige, seitliche Öffnung

c) Rechteckige, seitliche Öffnung

Für die rechteckige, seitliche Öffnung läßt sich nach der gleichen Methode wie oben ableiten:

$$\dot{V} = \mu \cdot \frac{2}{3} \cdot b \cdot (z_2^{1,5} - z_1^{1,5}) \cdot \sqrt{2 \cdot g}$$

Die Ausflußzahlen μ für Überfälle und große seitliche Öffnungen sind abhängig von einer ganzen Anzahl von Einflußgrößen wie Wehrform, Wasserdurchsatz, Lage der Wasserspiegel zueinander und zur Wehrkrone, Zuströmgeschwindigkeit usw. Sie können für den Spezialfall genau nur durch Modellversuche ermittelt werden, da Versuche am Original der Größenverhältnisse wegen meist zu umständlich und ungenau sind. Für überschlägige Berechnungen kann mit ausreichender Genauigkeit gesetzt werden:

Kantiges Wehr und scharfkantiger Ausfluß	$\mu = 0{,}62 \cdots 0{,}64$
Gut abgerundete Wehrkrone und abgerundeter Ausfluß	$\mu = 0{,}7 \ \cdots 0{,}8$
Grundablaß ($z_w = 0$)	$\mu = 0{,}75 \cdots 0{,}95$

d) Ausfluß mit Rückstau

Vollständiger Rückstau ist vorhanden, wenn der Flüssigkeitsspiegel nach dem Durchströmen der Ausflußöffnung A über der Oberkante dieser Öffnung steht. Dann ist nach Kontinuität und *Bernoulli*

$$\dot{V} = \mu \cdot A \cdot \sqrt{2g \cdot \Delta z + w_0^2}$$

Δz – Höhendifferenz der Flüssigkeitsspiegel vor und hinter der Ausflußöffnung

w_0 – Zuströmgeschwindigkeit

In der technischen Praxis findet man häufiger den Fall des teilweisen Rückstaus. Von teilweisem Rückstau wird gesprochen, wenn der Unterwasserspiegel UW höher liegt als die Wehrkrone W oder die Unterkante W der seitlichen Öffnung. Überfall mit Rückstau

$$\dot{V} = c \cdot \mu \cdot \frac{2}{3} \cdot b \cdot z_0 \sqrt{2 \cdot g \cdot z_0}$$

Große seitliche Öffnung mit Rückstau (**Bild 81**)

$$\dot{V} = c \cdot \mu \cdot \frac{2}{3} \cdot b \cdot (z_0^{1,5} - z_1^{1,5}) \cdot \sqrt{2 \cdot g}$$

Abminderungsbeiwerte c für Rückstau, abhängig von den Spiegellagern zueinander und zur Wehrkrone bzw. Öffnungsunterkante, siehe Tafel 14.

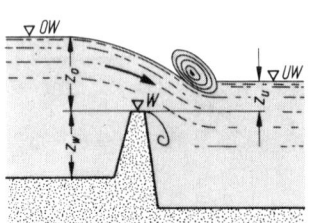

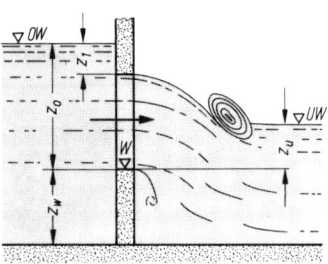

Bild 80   Überfall mit Rückstau   Bild 81   Seitliche Öffnung mit
                                                   Rückstau

Beispiel 3.16.: Der Abfluß eines Sees ist durch ein Nadelwehr abgesperrt, das aus einzelnen, 140 mm
breiten Bohlen besteht. Die kantige Wehrkrone liegt 1 m über dem Seegrund.

a) Wieviel Nadeln müssen entfernt werden, wenn der Zufluß in den See 6 m^3/s beträgt und ein konstanter Wasserspiegel von 3,5 m über Grund gehalten werden soll?

b) Wieviel Nadeln sind es, wenn unter den gleichen Bedingungen die Nadeln nicht
entfernt, sondern nur so weit hochgezogen werden können, daß auf der Seeseite
der Spiegel noch 0,7 m über ihrer Unterkante steht?

In beiden Fällen erfolgt der Ausfluß ohne Rückstau.

Gegeben: Bohlenbreite $e = 0,14$ m

$z = 3,5$ m $- 1,0$ m $= 2,5$ m $= z_2$

$\dot{V} = 6$ m^3/s $z_1 = 0,7$ m

$\mu = 0,63$

Lösung a: Rechteckiger Überfall ohne Rückstau

$$b = \frac{3 \cdot \dot{V}}{\mu \cdot 2 \cdot z \cdot \sqrt{2 \cdot g \cdot z}}$$

$$= \frac{3 \cdot 6\,\mathrm{m}^3}{\mathrm{s} \cdot 0,63 \cdot 2 \cdot 2,5\,\mathrm{m}\,\sqrt{2 \cdot 9,81\,\mathrm{m/s}^2 \cdot 2,5\,\mathrm{m}}} = 0,816\,\mathrm{m}$$

$$x = \frac{b}{e} = \frac{0,816\,\mathrm{m}}{0,14\,\mathrm{m}} = 5,83$$

Es müssen 6 Nadeln entfernt werden.

Lösung b: Rechteckige, seitliche Öffnung ohne Rückstau

$$b = \frac{3 \cdot \dot{V}}{2 \cdot \mu (z_2^{1,5} - z_1^{1,5}) \sqrt{2 \cdot g}}$$

$$= \frac{3 \cdot 6\,\mathrm{m}^3}{\mathrm{s} \cdot 2 \cdot 0,63\,(2,5^{1,5}\,\mathrm{m}^{1,5} - 0,7^{1,5}\,\mathrm{m}^{1,5})\sqrt{2 \cdot 9,81\,\mathrm{m/s}^2}} =$$

$$= 0,958\,\mathrm{m}$$

$$x = \frac{b}{e} = \frac{0,958\,\mathrm{m}}{0,14\,\mathrm{m}} = 6,84$$

Es sind 7 Nadeln.

Beispiel 3.17.: Der scharfkantige Grundablaß eines Wasserbeckens ist 0,7 m breit und 0,4 m hoch. Er ist verschlossen durch einen Schieber, der mit 0,05 m/s nach einer Seite aufgezogen werden kann. Das Wasserbecken ist bis 6 m über Sohle gefüllt und wird in ein zweites Becken entleert, das gleiche Sohlenhöhe besitzt und bei Öffnung des Ablasses 1 m über Sohle gefüllt ist. Welche Wassermenge strömt vom Öffnungsbeginn bis zur vollen Öffnung des Ablasses aus, wenn die Änderung der Spiegelhöhen während dieser Zeit vernachlässigbar gering ist?

Gegeben: $\quad b = 0,7\,\text{m} \qquad\qquad \Delta z = 5\,\text{m} \qquad\qquad \mu = 0,63$

$\quad a = 0,4\,\text{m} \qquad\qquad w_0 = 0\,\text{m/s}$

Lösung: $\quad$ Aus dem mit der Breite x geöffneten Ablaß fließt in der Zeit $\mathrm{d}t$ das Volumen $\mathrm{d}V_x$ aus. Rechteckige Öffnung mit vollständigem Rückstau:

$$\dot V_x = \frac{\mathrm{d}V_x}{\mathrm{d}t} = \mu \cdot x \cdot a \sqrt{2 \cdot g \cdot \Delta z}$$

Öffnungsgeschwindigkeit des Schiebers $\quad c = \dfrac{\mathrm{d}x}{\mathrm{d}t}$

Mit $\quad \mathrm{d}t = \dfrac{\mathrm{d}x}{c} \quad$ wird

$$\mathrm{d}V_x = \mu \cdot a \sqrt{2 \cdot g \cdot \Delta z} \cdot \frac{1}{c}\, x\,\mathrm{d}x$$

$$V = \int_0^V \mathrm{d}V_x = \mu \cdot a \sqrt{2 \cdot g \cdot \Delta z} \cdot \frac{1}{c} \int_0^b x\,\mathrm{d}x$$

$$= \mu\, \frac{b^2 \cdot a}{2 \cdot c} \sqrt{2 \cdot g \cdot \Delta z}$$

$$= 0,63\, \frac{0,7^2\,\text{m}^2 \cdot 0,4\,\text{m s}}{2 \cdot 0,05\,\text{m}} \sqrt{2 \cdot 9,81\,\text{m/s}^2 \cdot 5\,\text{m}}$$

$$V = 12,4\,\text{m}^3$$

Beispiel 3.18.: Zur Regulierung eines Flusses ist in den Flußlauf ein Stauwehr eingebaut. Die gut abgerundete Wehrkrone liegt 1,5 m über der Sohle des Oberlaufes und hat von Ufer zu Ufer eine Breite von 5,2 m. Beide Ufer haben einen Böschungswinkel von 60°. Bei Hochwasser steht der Oberwasserspiegel 1,8 m und der Unterwasserspiegel 1,2 m über der Wehrkrone. Wieviel Wasser strömt in diesem Falle über das Wehr?

Gegeben: $\quad z_o = 1,8\,\text{m} \qquad\qquad \mu = 0,75$

$\quad z_u = 1,2\,\text{m}$

$\quad z_w = 1,5\,\text{m}$

Lösung: $\quad$ Teilweiser Rückstau:

$$z_u/z_o = 0,667 \qquad z_o/z_w = 1,2$$

Aus Tafel 14: $\quad c = 0,974$

Trapezförmiger Querschnitt nach Bild 78

$a = 5,2\,\text{m}$

$b = a + 2 \cdot z_o \cdot \tan 30° = 5,2\,\text{m} + 2,08\,\text{m}$

$\quad = 7,28\,\text{m}$

$$\dot V = c \cdot \mu\, \frac{2}{15}(2\,b + 3\,a) \cdot z_o \cdot \sqrt{2 \cdot g \cdot z_o}$$

$$= 0,974 \cdot 0,75\, \frac{2}{15}\,(2 \cdot 7,28 + 3 \cdot 5,2\,\text{m}) \cdot 1,8\,\text{m} \cdot \sqrt{2 \cdot 9,81\,\text{m/s}^2 \cdot 1,8\,\text{m}}$$

$$\dot V = 31,4\,\text{m}^3/\text{s}$$

Aufgabe 15:   Eine Schleusenkammer mit 5 m × 30 m Grundriß hat entleert einen Wasserstand von 1,5 m über dem Boden. Der Spiegel des Oberwassers liegt 2,8 m höher. In welcher Zeit ist die Schleuse gefüllt, wenn der Bodeneinlaß im oberwasserseitigen Schleusentor 0,6 m breit und 0,4 m hoch ist und mit einer Ausflußzahl $\mu = 0,63$ gerechnet wird?

Lösung: $t = 750\,\text{s}$

Aufgabe 16:   Der Überlauf eines Stausees ist 16 m breit. Wie groß ist der stündliche Abfluß, wenn der Pegel 0,28 m über der Krone des Überlaufes steht. Kein Rückstau! $\mu = 0,7$.

Lösung: $\dot{V} = 17\,640\,\text{m}^3/\text{h}$

Aufgabe 17:   Ein angestauter See hat einen maximalen Zufluß von 15 m³/s. In eine Abschlußmauer soll eine rechteckige Abflußöffnung von 1,3 m Höhe eingebaut werden, so daß die Unterkante der Öffnung 0,5 m über dem Boden und 0,6 m unter dem Unterwasserspiegel liegt. Der Spiegel des Sees soll höchstens 1 m über der Oberkante der Öffnung stehen. Wie breit muß die Öffnung sein?

Lösung: $b = 3,29\,\text{m}$ ($\mu = 0,62$ angenommen)

3.19   Die Strömung in offenen Gerinnen

Trotz vieler gemeinsamer Kennzeichen mit der Strömung in geschlossenen Rohrleitungen besitzt die Strömung in offenen Gerinnen einige grundsätzliche Eigenmerkmale:

Ein Teil des Gerinnestromes grenzt an die atmosphärische Luft.
Der Druck auf die freie Oberfläche ist an allen Stellen gleich dem Luftdruck, also konstant. Bei natürlichen Gerinnen können die begrenzenden Wände ganz oder zum Teil aus beweglichen Körpern (Sand, Kies, Geröll) bestehen, wodurch die Wandrauhigkeit entscheidend beeinflußt wird. Dieser Einfluß soll bei den folgenden Betrachtungen ausgeschlossen werden, d. h., die Gerinnewandungen werden als starr angesehen.

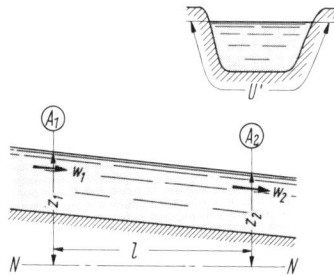

Bild 82   Offenes Gerinne mit gleichförmiger Strömung

In Abschnitt 3.14 wurde bereits erwähnt, daß bei unrunden Querschnitten zum Umfang nur der benetzte Wandumriß U', nicht aber die freie Oberkante zu rechnen ist. Die Reynolds-Zahl der Strömung in offenen Gerinnen ist also auf den gleichwertigen Durchmesser

$$d_{gl} = \frac{4A}{U'}$$

zu beziehen.

Für geradlinige, offene Gerinne mit gleichförmiger Strömung wird zwischen zwei gleichgroßen Querschnitten A_1 und A_2, die um die Strecke l auseinanderliegen, die erweiterte Energiegleichung angesetzt:

$$g \cdot z_1 + \frac{p_1}{\varrho} + \frac{w_1^2}{2} = g \cdot z_2 + \frac{p_2}{\varrho} + \frac{w_2^2}{2} + h_v$$

$p_1 = p_2$; da die Oberflächendrücke gleich sind, müssen an allen Querschnittspunkten, die gleich weit unter der Oberfläche liegen, ebenfalls gleiche Drücke herrschen.

$z_1 - z_2 = \Delta z$; bei gleicher Strömungstiefe sind Spiegel- und Sohlengefälle gleich.

$w_1 = w_2 = w$; gleiche Querschnitte nach Voraussetzung.

$h_v = \lambda \cdot \dfrac{l}{d_{gl}} \cdot \dfrac{w^2}{2}$; siehe Abschnitt 3.12.

Damit vereinfacht sich die Energiegleichung auf die Form

$$\Delta z = \lambda \cdot \frac{l \cdot U'}{4 \cdot A} \cdot \frac{w^2}{2 \cdot g}$$

$$w = \sqrt{\frac{8 \cdot g}{\lambda}} \cdot \sqrt{\frac{A}{U'} \cdot \frac{\Delta z}{l}}$$

Mit $r_h = \dfrac{A}{U'} = \dfrac{d_h}{4}$ hydraulischer Radius

$J = \dfrac{\Delta z}{l}$ natürliches Gefälle

$\xi = \sqrt{\dfrac{8 \cdot g}{\lambda}}$ Fließzahl

wird $\boxed{w = \xi \cdot \sqrt{r_h \cdot J}}$ *De Chézysche Gleichung*

Die Fließzahl ξ ist von der Form und der Wandbeschaffenheit des offenen Gerinnes sowie von dem Verhalten der Strömung abhängig.
Zwischen der Fließzahl ξ und der Rohrreibungszahl λ besteht der Zusammenhang

$$\xi = \sqrt{\frac{8 \cdot g}{\lambda}} \qquad \lambda = \frac{8 \cdot g}{\xi^2}$$

In Ermanglung exakter Wandreibungsuntersuchungen bei offenen Gerinnen rechnete man in der Praxis mit den empirischen Formeln von *Kutter* oder *Bazin*:

Formel von *Kutter*

$$\xi = \frac{100}{1 + \dfrac{\alpha}{\sqrt{r_h}}} = \frac{100 \cdot \sqrt{r_h}}{\alpha + \sqrt{r_h}} \quad \text{in} \quad \frac{m^{0,5}}{s}$$

Formel von *Bazin*

$$\xi = \frac{87 \sqrt{r_h}}{\gamma + \sqrt{r_h}} \quad \text{in} \quad \frac{m^{0,5}}{s}$$

Darin sind die Beiwerte α und γ Faktoren, welche die Wandbeschaffenheit berücksichtigen.

Anhaltswerte in $m^{0,5}$:	α	γ
gehobeltes Holz	0,1	0,043
ungehobeltes Holz, glatt verputzter Beton	0,3	0,13
Quader und Ziegel	0,35	0,17
unverputzter Beton, Bruchsteinmauerwerk	0,7	0,48
Pflasterwände, regelmäßiges Erdbett	1,0	0,85
Erdkanäle mit unbefestigter Sohle	1,5	1,3
Flußläufe mit Geröll	2,5	1,95

Heute weiß man, daß die Rohrreibungszahl λ nach Tafel 8, die zunächst für das Kreisrohr entwickelt wurde, auch bei offenen Gerinnen mit turbulenter Strömung angewendet werden darf, wenn statt des Kreisdurchmessers d der gleichwertige Durchmesser d_{gl} des Strömungsquerschnittes bzw. sein hydraulischer Radius $r_h = d_{gl}/4$ eingesetzt wird.

Beispiel 3.19.: Ein regulierter Wasserlauf mit trapezförmigem Querschnitt und einem Böschungswinkel von 45° hat eine Sohlenbreite von 1,5 m und eine Wassertiefe von 1,2 m. Böschung und Sohle sind aus glatt verputztem Beton hergestellt. Bei welchem Gefälle beträgt die Strömungsgeschwindigkeit 0,7 m/s?

Gegeben: Trapez mit $a = 1,5\,m$; $z = 1,2\,m$

$\qquad\qquad\qquad\quad \alpha = \beta = 45°$

Lösung: $b = a + 2 \cdot z \cdot \tan\alpha = 1,5\,m + 2 \cdot 1,2\,m \cdot \tan 45° = 3,9\,m$

$$A = \frac{a+b}{2} \cdot z = \frac{1,5\,m + 3,9\,m}{2} \cdot 1,2\,m = 3,24\,m^2$$

benetzter Umfang $U' = a + 2\,\dfrac{z}{\cos\alpha} = 1,5\,m + 2\,\dfrac{1,2\,m}{\cos 45°} = 4,895\,m$

hydraulischer Radius $r_h = \dfrac{A}{U'} = \dfrac{3,24\,m^2}{4,895\,m} = 0,663\,m$

a) nach *Kutter*

Fließzahl $\xi = \dfrac{100\sqrt{r_h}}{\alpha + \sqrt{r_h}}\,m^{0,5}/s = \dfrac{100\sqrt{0,663\,m}}{0,3\,m^{0,5} + \sqrt{0,663\,m}}\,m^{0,5}/s$

$\qquad\qquad \xi = 73,1\,m^{0,5}/s$

b) nach *Bazin*

$$\xi = \frac{87\sqrt{r_h}}{\gamma + \sqrt{r_h}}\,m^{0,5}/s = \frac{87\sqrt{0,663\,m}}{0,13\,m^{0,5} + \sqrt{0,663\,m}}\,m^{0,5}/s$$

$\qquad\qquad \xi = 75\,m^{0,5}/s$

c) mit der Rohrreibungszahl λ

$d_{gl} = 4\,r_h = 2,652\,m$

Die kinematische Viskosität des Wassers wird mit $\nu = 1 \cdot 10^{-6}\,m^2/s$ und die Rauhigkeit des glatt verputzten Betons mit $k = 1\,mm$ angenommen.

$$Re = \frac{w \cdot d_{gl}}{v} = \frac{0,7\,\text{m} \cdot 2,652\,\text{m}}{\text{s} \cdot} \frac{\text{s}}{1\,\text{m}^2} \, 10^6 = 1,86 \cdot 10^6$$

mit $d_{gl}/k = 2652$ wird in Tafel 8 abgelesen: $\lambda = 0,016$

damit $\qquad \xi = \sqrt{\frac{8 \cdot g}{\lambda}} = \sqrt{\frac{8 \cdot 9,81\,\text{m}}{0,016 \quad \text{s}^2}} = 70,04\,\text{m}^{0,5}/\text{s}$

Das Gefälle wird mit dem Ergebnis nach *Kutter* errechnet:

Gefälle $\qquad J = \frac{w^2}{\xi^2 \cdot r_h} = \frac{0,7^2\,\text{m}^2}{\text{s}^2} \frac{\text{s}^2}{73,1^2\,\text{m} \cdot 0,663\,\text{m}} = 0,138 \cdot 10^{-3}$

$$J = 0,138\,\%_{00}$$

Beispiel 3.20.: Eine Rinne aus gehobeltem Holz mit halbkreisförmigem Querschnitt und 15 cm Radius ist 1600 m lang und fällt auf dieser Strecke um 2,6 m. Wie groß sind Fließgeschwindigkeit und Durchflußstrom bei voller Füllung?

Gegeben: $\quad d = 0,3\,\text{m}; \quad l = 1600\,\text{m}; \quad \Delta z = 2,6\,\text{m}$

Lösung: $\quad J = \frac{\Delta z}{l} = \frac{2,6\,\text{m}}{1600\,\text{m}} = 1,625 \cdot 10^{-3}$

$\qquad A = 0,5\,\frac{\pi}{4}\,d^2 = \frac{\pi}{8} \cdot 0,3^2\,\text{m}^2 = 0,0353\,\text{m}^2$

$\qquad U' = \pi \cdot r = \pi \cdot 0,15\,\text{m} = 0,471\,\text{m}$

$\qquad r_h = \frac{A}{U'} = \frac{0,0353\,\text{m}^2}{0,471\,\text{m}} = 0,075\,\text{m} \rightarrow r_h = \frac{r}{2}\,!$

$\qquad \xi = \frac{100\,\text{m}^{0,5}/\text{s}}{1 + \dfrac{\alpha}{\sqrt{r_h}}} = \frac{100\,\text{m}^{0,5}/\text{s}}{1 + \dfrac{0,1\,\text{m}^{0,5}}{\sqrt{0,075\,\text{m}}}} = 78,5\,\text{m}^{0,5}/\text{s} \qquad$ nach *Kutter*

$\qquad w = \xi\,\sqrt{r_h \cdot J} = 78,5\,\text{m}^{0,5}/\text{s}\,\sqrt{0,075\,\text{m} \cdot 1,625 \cdot 10^{-3}}$

$\qquad w = 0,87\,\text{m/s}$

Beispiel 3.21.: Für einen Kanal aus Bruchsteinmauerwerk, der 25 m³/s Wasser mit 0,8 m/s Fließgeschwindigkeit fördern soll, ist der günstigste Trapezquerschnitt zu ermitteln, der für eine Böschungsneigung 1:2 möglich ist.

Gegeben: $\quad \dot{V} = 25\,\text{m}^3/\text{s}; \quad w = 0,8\,\text{m/s}$

$\qquad \dfrac{z}{z \cdot \tan\alpha} = \dfrac{1}{2}, \quad$ damit $\quad \tan\alpha = 2 \quad$ und $\quad \alpha = 63,5°$

Lösung: Ein Strömungsquerschnitt ist dann als optimal anzusprechen, wenn der benetzte Umfang und damit die Oberflächenreibung ein Minimum wird.

$$U' = a + 2\,\frac{z}{\cos\alpha}$$

Aus $\quad A = a \cdot z + z \cdot z \cdot \tan\alpha \quad$ ergibt sich $\quad a = \dfrac{A}{z} - z \cdot \tan\alpha$

$$U' = \frac{A}{z} - z \cdot \tan\alpha + 2\,\frac{z}{\cos\alpha}$$

1. Ableitung: $\dfrac{dU'}{dz} = -\dfrac{A}{z^2} - \tan\alpha + \dfrac{2}{\cos\alpha} = -\dfrac{A}{z^2} + \dfrac{2-\sin\alpha}{\cos\alpha}$

Nullsetzen: $z = \sqrt{\dfrac{A\cdot\cos\alpha}{2-\sin\alpha}}$

2. Ableitung: $\dfrac{d^2U'}{dz^2} = \dfrac{2A}{z^3} > 0$,   d.h. $z = \sqrt{\dfrac{A\cdot\cos\alpha}{2-\sin\alpha}}$ ist ein Minimum;

damit $a_{opt} = \dfrac{A}{z} - z\cdot\tan\alpha = z\,\dfrac{2(1-\sin\alpha)}{\cos\alpha} = 2z\,\dfrac{1-\sin\alpha}{\cos\alpha}$

$A = \dfrac{\dot{V}}{w} = \dfrac{25\,m^3}{s}\cdot\dfrac{s}{0,8\,m} = 31,25\,m^2$

$z = \sqrt{\dfrac{A\cdot\cos\alpha}{2-\sin\alpha}} = \sqrt{\dfrac{31,25\,m^2\cdot\cos 63,5°}{2-\sin 63,5°}} = 3,55\,m$

$a = 2z\,\dfrac{1-\sin\alpha}{\cos\alpha} = 2\cdot 3,55\,m\,\dfrac{1-\sin 63,5°}{\cos 63,5°} = 1,69\,m$ Sohlenbreite

Aufgabe 18:   Der Profilumriß eines gemauerten Abwasserkanals besteht aus einer dreiecksförmigen Sohle mit 1,8 m Breite und einer Tiefe von 0,5 m in der Kanalmitte, senkrechten Wänden von 1,2 m Höhe und einem halbkreisförmigen Gewölbe. Zu wieviel Prozent ist der Kanalquerschnitt bei einem Durchfluß von 2,7 m³/s gefüllt und wie groß ist das erforderliche Gefälle, wenn eine Fließgeschwindigkeit von 1,1 m/s nicht überschritten werden soll? Wie groß ist bei dem errechneten Gefälle die Fließgeschwindigkeit und der Durchflußstrom, wenn der Kanal voll gefüllt ist?

Lösung: a) Füllung 63,2%; $J_{erf} = 0,452\,\%_{00}$

                b) $w = 0,94\,m/s$; $\dot{V} = 3,65\,m^3/s$

Aufgabe 19:   Ein Kanal mit rechteckigem Querschnitt hat eine Breite von 2,5 m und ist an den Wänden und auf der Sohle mit Quadersteinen ausgelegt. Er hat ein Gefälle von 0,6 %₀₀ und soll einen Wasserstrom von 5,2 m³/s führen. Wie groß sind Wassertiefe und Strömungsgeschwindigkeit?

Lösung: $z = 1,475\,m$; $w = 1,41\,m/s$

Aufgabe 20:   Für welche Reynolds-Zahl besteht Übereinstimmung von ξ und λ bei einem geglätteten Stahlbetonrohr von 2 m Durchmesser?

Lösung: Für geglätteten Stahlbeton kann gesetzt werden

                $\alpha = 0,5\,m^{0,5}$ und $k = 0,25\,mm$;

                dann wird $\xi = 77\,m^{0,5}/s$ und damit $\lambda = 0,0132$;

                für $\lambda = 0,0132$ und $\dfrac{d}{k} = 8000$ aus λ, Re-Diagramm (Tafel 8)

                $Re = 2,5\cdot 10^6$

Strömen und Schießen

Zur Beobachtung steht eine offene Rinne mit bestimmtem Gefälle, durch die sich ein Flüssigkeitsstrom mit hoher Geschwindigkeit ergießt.

An einer Stelle *l* hat die Strömung die Geschwindigkeit w_1, während die Höhe des Spiegels über der Sohle z_1 ist. Es soll untersucht werden, wie sich die Strömung an der Stelle 2 verhält, die um die Strecke l stromabwärts liegt. Die Reibung wird zunächst vernachlässigt.

$$p_1 = p_2$$

$$z_1 + l \cdot \tan\alpha + \frac{w_1^2}{2g} = z_2 + \frac{w_2^2}{2g}$$

$$z_2 - z_1 - \frac{w_1^2 - w_2^2}{2g} = l \cdot \tan\alpha$$

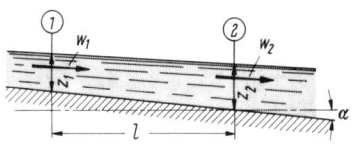

Bild 83   Offenes Gerinne mit verzögerter Strömung

Mit $\quad \dfrac{w_1^2 - w_2^2}{2g} = \dfrac{w_1 + w_2}{2} \cdot \dfrac{w_1 - w_2}{g}$

und $\quad w = \dfrac{w_1 + w_2}{2}$

sowie der Kontinuität bei rechteckigem Querschnitt $b \cdot z$, d.h.

$$\dot{V} = w_1 \cdot b \cdot z_1 = w_2 \cdot b \cdot z_2 = w \cdot b \cdot z$$

oder

$$w_1 - w_2 = \frac{\dot{V}}{b} \cdot \left(\frac{1}{z_1} - \frac{1}{z_2} \right)$$

$$= \frac{\dot{V}}{b} \cdot \frac{z_2 - z_1}{z_1 z_2}$$

$$\approx \frac{\dot{V}}{b} \cdot \frac{z_2 - z_1}{z^2} = \frac{w}{z} \cdot (z_2 - z_1)$$

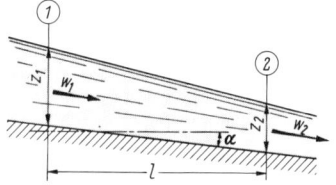

Bild 84   Offenes Gerinne mit beschleunigter Strömung

erhält die Bernoulli-Gleichung die abgewandelte Form

$$z_2 - z_1 - \frac{w_1 + w_2}{2} \cdot \frac{w_1 - w_2}{g} = l \cdot \tan\alpha$$

$$z_2 - z_1 - w \cdot \frac{w}{g \cdot z} \cdot (z_2 - z_1) \approx l \cdot \tan\alpha$$

Das Gefälle der Wasseroberfläche ist also

$$\frac{z_2 - z_1}{l} \approx \frac{\tan\alpha}{1 - \dfrac{w^2}{g \cdot z}}$$

und für $\quad 1 - \dfrac{w^2}{g \cdot z} = 0 \quad$ wird $\quad \dfrac{z_2 - z_1}{l} = \infty$

Die Strömungsgeschwindigkeit, bei der die Oberfläche der reibungsfreien Strömung ein unendlich großes Gefälle annimmt, wird *Schwallgeschwindigkeit* genannt.
Wirkliche Flüssigkeiten verhalten sich bei Erreichen der Schwallgeschwindigkeit anders, weil das Eintreten eines unendlich großen Gefälles nicht möglich ist.
Man bezeichnet die Flüssigkeitsbewegung in einem offenen Gerinne als *Strömen*, wenn die Geschwindigkeit kleiner ist als die Schwallgeschwindigkeit, wogegen man von *Schießen* spricht, wenn die Geschwindigkeit größer ist als die Schwallgeschwindigkeit.

Bild 85   Wassersprung

Wirkliche Flüssigkeit, die ins Schießen gerät, bildet einen Wassersprung, d. h. an dieser
Stelle steigt der Flüssigkeitsspiegel sprunghaft an. Hinter dem Wassersprung fällt infolge
Vergrößerung des Strömungsquerschnittes die Geschwindigkeit unter die Schwallgeschwindigkeit. Das Strömen hält nun so lange an, bis eine Störung die Flüssigkeit wieder
zum Schießen bringt, und ein neuer Wassersprung sich bildet.

$$w = \sqrt{g \cdot z} \qquad \text{Schwallgeschwindigkeit}$$

$$w < \sqrt{g \cdot z} \qquad \text{Strömen} \qquad\qquad z > 2 \cdot \frac{w^2}{2g}$$

$$w > \sqrt{g \cdot z} \qquad \text{Schießen} \qquad\qquad z < 2 \cdot \frac{w^2}{2g}$$

3.20. Der Pfeilerstau in offenen Gerinnen

Bei Querschnittsänderungen des Gerinnes kann die Art der Fließbewegung vom Strömen
ins Schießen übergehen. Jedoch entzieht sich die Strömungsänderung in offenen Gerinnen
noch der theoretischen Behandlung, soweit es sich um die Auswirkung von Profilverän-
derungen handelt, weil es sich hier um Widerstandsprobleme handelt, bei denen nicht
nur die Flüssigkeitsreibung eine Rolle spielt, sondern auch die Vorgänge an der freien
Oberfläche. Für Überschlagsrechnungen ist es üblich, Näherungsformeln zu verwenden.
So z. B. für die Ermittlung der Stauhöhe s, um die sich der Flüssigkeitsspiegel anstaut,
wenn sich der Strömung in offenen Gerinnen ein herausragendes Hindernis, z. B. ein
Brückenpfeiler entgegenstellt.

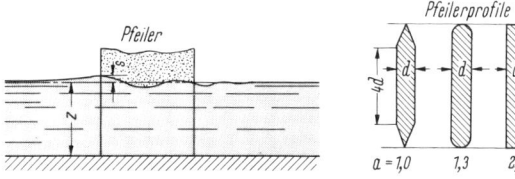

Bild 86   Pfeilerstau

Nach *Rehbock* ist

$$s = a \cdot \frac{\Sigma d \cdot z}{A} \cdot \frac{w^2}{2g} \quad \text{in m}$$

Hierin sind

z Wassertiefe im ungestauten Gerinne in m

w Strömungsgeschwindigkeit im ungestauten Gerinne in m/s

A Strömungsquerschnitt des ungestauten Gerinnes in m², oberhalb der Einbauten

a Pfeilerbeiwert, s. Bild 86

3.21 Instationäre Strömung

Bei instationärer Strömung ändert sich die örtliche Strömungsgeschwindigkeit mit der Zeit. Zu den Summanden der Energiegleichung der reibungsfreien, stationären Strömung tritt noch ein Beschleunigungsglied:

$$g \cdot z + \frac{p}{\varrho} + \frac{w^2}{2} + \int \frac{\partial w}{\partial t} \, \mathrm{d}l = \text{konst}$$

Für zwei Querschnitte einer betrachteten Strömung wirklicher Flüssigkeiten gilt dann

$$g \cdot z_1 + \frac{p_1}{\varrho} + \frac{w_1^2}{2} = g \cdot z_2 + \frac{p_2}{\varrho} + \frac{w_2^2}{2} + h_\mathrm{v} + \int_{l_1}^{l_2} \frac{\partial w}{\partial t} \, \mathrm{d}l$$

Häufig kommt man schneller zu einem rechnerischen Ergebnis, wenn man den instationären Strömungsfall nicht auf die allgemein gültige, o.a. Gesetzmäßigkeit zurückführt, sondern ihn zunächst als quasistationär betrachtet und dafür eine Lösung sucht.

Beispiel 3.22.: In einem offenen U-Rohr befindet sich Wasser in einer Ruhelage. Durch einen Druckstoß wird das Wasser, wie in Bild 87 dargestellt, um die Höhe e aus der Gleichgewichtsstellung ausgelenkt und führt danach ungestörte Schwingungen aus.
Wie ist der Schwingungsablauf unter Berücksichtigung der Reibung?
Folgende Werte sind gegeben: $a = 750\,\mathrm{mm}$
$\qquad\qquad\qquad\qquad\qquad\quad b = 100\,\mathrm{mm}$
$\qquad\qquad\qquad\qquad\qquad\quad r = 25\,\mathrm{mm}$
$\qquad\qquad\qquad\qquad\qquad\quad e = 150\,\mathrm{mm}$
$\qquad\qquad\qquad\qquad\qquad\quad d = 20\,\mathrm{mm}$

Lösung:

$$g \cdot z_1 + \frac{p_1}{\varrho} + \frac{w_1^2}{2} = g \cdot z_2 + \frac{p_2}{\varrho} + \frac{w_2^2}{2} + \int_{l_1}^{l_2} \frac{\partial w}{\partial t} \cdot \mathrm{d}l + h_\mathrm{v}$$

$z_1 = a + r + y$
$z_2 = a + r - y$
$p_1 = p_2$
$w_1 = w_2$

damit: $\quad 2 \cdot g \cdot y = \int_{l_1}^{l_2} \frac{\partial w}{\partial t} \, \mathrm{d}l + h_\mathrm{v}$

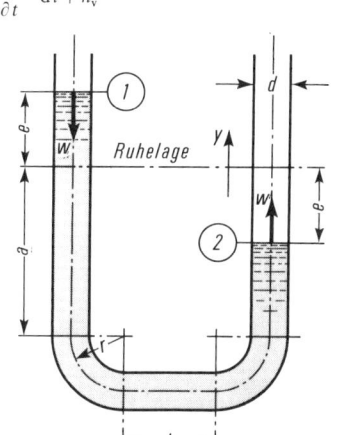

Bild 87　U-Rohr

Da $d = \text{konst}$ ist, hat w zu einer bestimmten Zeit in jedem Querschnitt des U-Rohres den gleichen Wert und ändert sich nur mit der Zeit, d.h.

$$\frac{\partial w}{\partial t} = \frac{\mathrm{d}w}{\mathrm{d}t}$$

somit: $\quad 2 \cdot g \cdot y = \frac{\mathrm{d}w}{\mathrm{d}t} \int_{l_1}^{l_2} \mathrm{d}l + h_\mathrm{v} = \frac{\mathrm{d}w}{\mathrm{d}t}(l_2 - l_1) + h_\mathrm{v} = \frac{\mathrm{d}w}{\mathrm{d}t} \cdot l + h_\mathrm{v}$

mit $\qquad l = 2 \cdot a + b + \pi \cdot r = 1,67854\,\text{m}$

$$2 \cdot g \cdot y = \frac{\mathrm{d}w}{\mathrm{d}t} \, l + \left(\lambda \frac{l}{d} + \zeta\right) \frac{w^2}{2} \qquad\qquad \zeta = 0,36 \quad (\text{zwei } 90°\text{-Krümmer})$$

$$\frac{\mathrm{d}w}{\mathrm{d}t} = \frac{2 \cdot g \cdot y}{l} - \frac{\lambda \dfrac{l}{d} + \zeta}{2 \cdot l} \cdot w^2$$

Laminares Strömungsverhalten vorausgesetzt, ist

$$\lambda = \frac{C}{Re} = \frac{C \cdot v}{w \cdot d}$$

$$\frac{\lambda \dfrac{l}{d}}{2 \cdot l} w^2 = \frac{C \cdot v \cdot l \cdot w^2}{w \cdot d \cdot d \cdot 2 \cdot l} = \frac{C \cdot v \cdot w}{d^2}$$

Mit $\quad \dfrac{2 \cdot g}{l} \; = a_3 = \dfrac{2 \cdot 9,81\,\text{m}}{\text{s}^2 \, 1,67854\,\text{m}} = 11,6887\,\text{s}^{-2}$

$\qquad \dfrac{C \cdot v}{d^2} \; = a_2 = \dfrac{64 \cdot 10^{-6}\,\text{m}^2}{\text{s}\, 4 \cdot 10^{-4}\,\text{m}^2} = 0,16\,\text{s}^{-1}$

$\qquad \dfrac{\zeta}{2 \cdot l} \; = a_1 = \dfrac{0,36}{2 \cdot 1,67854\,\text{m}} = 0,10724\,\text{m}^{-1}$

und $\qquad w = -\dfrac{\mathrm{d}y}{\mathrm{d}t} \quad$ ergibt sich

$$\frac{\mathrm{d}^2 y}{\mathrm{d}t^2} - a_1 \left(\frac{\mathrm{d}y}{\mathrm{d}t}\right)^2 + a_2 \frac{\mathrm{d}y}{\mathrm{d}t} + a_3 \cdot y = 0$$

Zu berücksichtigen ist noch, daß der Geschwindigkeitsvektor abwechselnd positiv und negativ ist. Die Differentialgleichung muß noch einen Zusatz erhalten, der dieses Verhalten erfaßt:

$$\frac{\mathrm{d}^2 y}{\mathrm{d}t^2} - a_1 \left(\frac{\mathrm{d}y}{\mathrm{d}t}\right)^2 \mathrm{sign}\, \frac{\mathrm{d}y}{\mathrm{d}t} + a_2 \frac{\mathrm{d}y}{\mathrm{d}t} + a_3\, y = 0$$

Bei dieser Differentialgleichung 2. Ordnung und 2. Grades handelt es sich um die Gleichung einer gedämpften Schwingung, in welcher die Faktoren a_1 und a_2 die Dämpfungskomponenten und der Faktor a_3 die Rückstellkomponente bilden. Bild 88 zeigt die von einem Analogrechner ermittelte graphische Lösung.

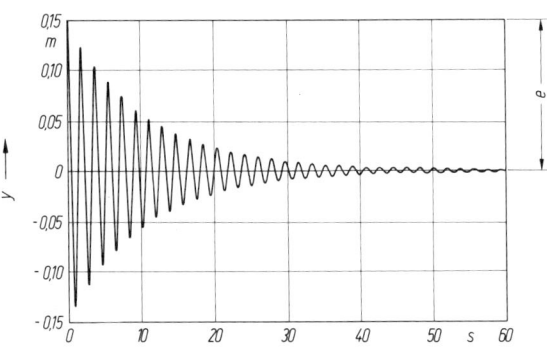

Bild 88   Lösung von Beispiel 3.22

4 Strömung mit Änderung des Volumens

Tropfbare Flüssigkeiten ändern selbst unter hohen Drücken ihr Volumen nur unwesentlich und können daher praktisch als unzusammendrückbar angesehen werden. Bei gasförmigen Fluiden ändern sich dagegen Volumen und Dichte mit Druck und Temperatur. Bleiben die Druckänderungen in geringen Grenzen, so können auch strömende Gase als nahezu inkompressibel behandelt werden, wie das in Abschnitt 8.5 noch ausführlicher behandelt wird.

Anders jedoch muß verfahren werden, wenn man es mit größeren Druckänderungen zu tun hat, oder wenn das strömende Gas Temperaturänderungen unterworfen ist. In diesen Fällen darf der gesetzmäßige Zusammenhang zwischen den drei Zustandsgrößen Druck, Temperatur und Volumen bei gasförmigen Fluiden nicht mehr vernachlässigt werden. Die Wärmelehre gibt folgende Beziehung zwischen diesen drei Größen an, die allerdings genau genommen nur für ideale Gase gilt:

$$p \cdot v = R \cdot T$$

Die Behandlung der volumenändernden Strömung wird dadurch vereinfacht, daß die Änderung der Energie der Lage im Verhältnis zu den Änderungen der anderen an der Umformung beteiligten Energieformen im allgemeinen unbedeutend ist und daher auch in technischen Anwendungsfällen vernachlässigt werden kann. Eine Ausnahme bilden nur die Strömungserscheinungen in der Atmosphäre, jedoch soll die Behandlung dieser Fragestellungen der Meteorologie überlassen bleiben.

4.1 Druck- und Geschwindigkeitsverlauf bei der Rohrströmung von gasförmigen Fluiden

Bei der Strömung von tropfbaren Flüssigkeiten in Rohrleitungen bleibt für A = konst nach Kontinuität w = konst. Daher ist der Druckverlust direkt proportional der Leitungslänge. $\Delta p = \varrho \cdot h_v \sim l$ (Bild 89).

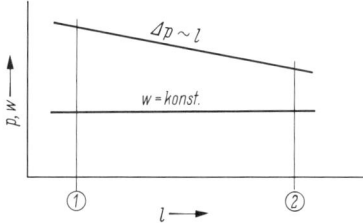

Bild 89 Druck- und Geschwindigkeitsverlauf bei der Rohrströmung tropfbarer Flüssigkeiten (d = konst)

Bei der Bewegung von wirklichen, gasförmigen Fluiden in Rohrleitungen liegt eine expandierende Strömung vor, da infolge der meist hohen Strömungsgeschwindigkeiten größere Druckverluste auftreten.

Bei konstantem Rohrquerschnitt ergibt die Anwendung der Kontinuitätsgleichung

$$w_2 = w_1 \frac{v_2}{v_1}$$

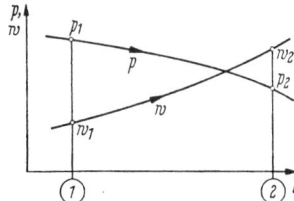

Bild 90   Druck- und Geschwindigkeitsverlauf
bei der Rohrströmung von gasförmigen
Fluiden

Bei expandierender Bewegung ist $v_2 > v_1$, also auch $w_2 > w_1$. Da $h_v \sim w^2$ und $\Delta p \sim h_v$, nimmt bei der Rohrströmung von gasförmigen Fluiden der Druck parabolisch ab, während die Geschwindigkeit entsprechend anwächst.

Für die Strömung inkompressibler Flüssigkeiten gilt nach dem Gesetz von *Darcy* (s. Abschn. 3.12)

$$h_v = \frac{p_1 - p_2}{\varrho} + g \cdot \Delta z = \lambda \cdot \frac{l}{d} \cdot \frac{w^2}{2}$$

$$p_1 - p_2 + g \cdot \varrho \, \Delta z = \lambda \frac{l}{d} \cdot \frac{w^2}{2 \cdot v}$$

Bei expandierender Strömung kann dieses Gesetz nur für das Streckenelement dl angesetzt werden.

$$dp + g \cdot \varrho \cdot dz = -\lambda \frac{dl}{d} \cdot \frac{w^2}{2 \cdot v}$$

Die Druckänderung ist negativ, weil der Druck mit wachsender Rohrlänge kleiner wird. Wie bereits gesagt, ruft die Änderung der Ortshöhe bei gas- und dampfförmigen Medien nur vernachlässigbar kleine Energieänderungen hervor, d.h., die Druckänderung infolge einer Ortshöhenänderung ist verschwindend gering, so daß $g \cdot \varrho \cdot dz$ bei den folgenden Betrachtungen vernachlässigt werden kann.

Eine Zustandsänderung von Gasen verläuft nach dem allgemeinen Gasgesetz

$$p \cdot v = R \cdot T$$

$$R = \frac{p \cdot v}{T} = \frac{p_1 \cdot v_1}{T_1}$$

$$v = v_1 \frac{p_1}{p} \frac{T}{T_1}$$

Die Anwendung der Kontinuitätsgleichung ergibt

$$v = v_1 \frac{w}{w_1}$$

$$v_1 \frac{w}{w_1} = v_1 \cdot \frac{p_1}{p} \cdot \frac{T}{T_1}$$

$$w = w_1 \cdot \frac{p_1}{p} \cdot \frac{T}{T_1}$$

Mit $\qquad v = v_1 \cdot \dfrac{p_1}{p} \cdot \dfrac{T}{T_1}$ und $\qquad w = w_1 \cdot \dfrac{p_1}{p} \cdot \dfrac{T}{T_1}$ wird

$$d\,p = -\lambda \, \frac{w_1^2 \cdot p_1^2 \cdot T^2 \cdot p \cdot T_1}{d \cdot p^2 \cdot T_1^2 \cdot 2 \cdot v_1 \cdot p_1 \cdot T} \, d\,l$$

$$d\,p = -\lambda \, \frac{w_1^2 \cdot p_1 \cdot T}{2 \cdot d \cdot v_1 \cdot p \cdot T_1} \, d\,l$$

Diese Differentialgleichung wird zwischen zwei beliebigen Querschnitten $A_1\,(l_1 = 0)$ und $A_2\,(l_2 = l)$ der Rohrleitung integriert, wobei die unbestimmte Temperaturgröße T durch den Mittelwert T_m ersetzt wird. Dabei wird der Temperaturabfall als angenähert linear angenommen und die Rohrreibungszahl λ als Konstante. Letzteres ist bei gasförmigen Fluiden aber nicht der Fall, denn es ist $\lambda = f(Re)$ und $Re = f\left(\dfrac{w}{v}\right)$. w nimmt aber zu (Bild 90), während T abnimmt, weil p absinkt (Bild 90). Nach Bild 28 nimmt bei Gasen und Dämpfen mit abnehmender Temperatur auch die Viskosität η ab. Die Dichte ϱ nimmt ab, weil das spez. Volumen v mit sinkendem Druck zunimmt. Daher kann die kinematische Viskosität $v = \dfrac{\eta}{\varrho}$ als angenähert konstant angesehen werden. Das bedeutet aber, daß $Re \neq$ konst und $\lambda \neq$ konst. Die Vereinfachung, λ als konstant anzusehen, bedeutet bei realen Fluiden demnach eine Ungenauigkeit des Ergebnisses, die aber toleriert werden kann.

$$T_m = \frac{T_1 + T_2}{2} = T_1 - 0{,}5 \cdot \Delta t$$

$$\frac{1}{p_1} \int_{p_2}^{p_1} p \cdot d\,p = -\lambda \, \frac{w_1^2}{2 \cdot d \cdot v_1} \, \frac{T_m}{T_1} \int_{l}^{0} d\,l$$

$$\frac{p_1^2 - p_2^2}{2 \cdot p_1} = \lambda \, \frac{l}{d} \, \frac{w_1^2}{2 \cdot v_1} \, \frac{T_m}{T_1}$$

Diese Gleichung läßt sich durch Umstellung nach dem Druckverlust Δp auflösen.

$$\frac{p_1^2 - p_2^2}{p_1} = \lambda \cdot \frac{l}{d} \cdot \frac{w_1^2}{v_1} \cdot \frac{T_m}{T_1}$$

$$\frac{(p_1 - p_2)\,(p_1 + p_2)}{p_1} = \lambda \, \frac{l}{d} \cdot \frac{w_1^2}{v_1} \, \frac{T_m}{T_1}$$

mit $\qquad \Delta p = p_1 - p_2$ und $\qquad p_2 = p_1 - \Delta p$

$$\frac{\Delta p\,(p_1 + p_1 - \Delta p)}{p_1} = \lambda \cdot \frac{l}{d} \cdot \frac{w_1^2}{v_1} \cdot \frac{T_m}{T_1}$$

$$\Delta p \left(1 + 1 - \frac{\Delta p}{p_1}\right) = \lambda \, \frac{l}{d} \cdot \frac{w_1^2}{v_1} \cdot \frac{T_m}{T_1}$$

$$2\,\Delta p - \frac{(\Delta p)^2}{p_1} - \lambda \, \frac{l}{d} \cdot \frac{w_1^2}{v_1} \cdot \frac{T_m}{T_1} = 0$$

$$(\Delta p)^2 - 2 \cdot p_1 \cdot \Delta p + p_1 \cdot \lambda \frac{l}{d} \cdot \frac{w_1^2}{v_1} \cdot \frac{T_m}{T_1} = 0$$

$$\Delta p = p_1 \pm \sqrt{p_1^2 - \lambda \frac{l}{d} \cdot \frac{w_1^2}{v_1} \cdot \frac{T_m}{T_1} \cdot p_1}$$

Da Δp in jedem Falle ein Druckabfall ist, ist physikalisch nur sinnvoll

$$\Delta p = p_1 - \sqrt{p_1^2 - \lambda \frac{l}{d} \cdot \frac{w_1^2}{v_1} \cdot \frac{T_m}{T_1} \cdot p_1}$$

$$= p_1 - \sqrt{p_1^2 \left(1 - \lambda \frac{l}{d} \cdot \frac{w_1^2}{p_1 \cdot v_1} \cdot \frac{T_m}{T_1}\right)}$$

$$\Delta p = p_1 \left(1 - \sqrt{1 - \lambda \frac{l}{d} \cdot \frac{w_1^2}{p_1 \cdot v_1} \cdot \frac{T_m}{T_1}}\right)$$

$$= p_1 \left(1 - \sqrt{1 - \lambda \frac{l}{d} \cdot \frac{w_1^2}{R \cdot T_1} \cdot \frac{T_m}{T_1}}\right)$$

Näherung:

$$\sqrt{1-x} \approx 1 - \frac{x}{2} \quad \text{für} \quad x \ll 1$$

$$\Delta p = p_1 \left(1 - 1 + \frac{1}{2} \lambda \frac{l}{d} \cdot \frac{w_1^2}{p_1 \cdot v_1} \cdot \frac{T_m}{T_1}\right)$$

$$\boxed{\Delta p = \lambda \frac{l}{d} \frac{w_1^2}{2 \cdot v_1} \frac{T_m}{T_1} = p_1 \cdot \frac{\lambda}{2} \frac{l}{d} \frac{w_1^2}{R \cdot T_1} \frac{T_m}{T_1}} \qquad \textit{Druckabfall bei Gas- und Dampf-} \\ \textit{strömungen in Rohrleitungen}$$

Der Widerstand von Rohreinbauten wird durch Widerstandszahlen oder adäquate Rohrlängen berücksichtigt.

$$\Delta p = \left(\lambda \frac{l}{d} + \Sigma \zeta\right) \frac{w_1^2}{2 \cdot v_1} \cdot \frac{T_m}{T_1} \qquad \text{oder}$$

$$\Delta p = \lambda \frac{l + \Sigma l'}{d} \cdot \frac{w_1^2}{2 \cdot v_1} \cdot \frac{T_m}{T_1}$$

Der Temperaturabfall braucht im allgemeinen nur bei längeren Heißdampf- oder Heißgasleitungen berücksichtigt zu werden.

Beispiel 4.1.: Aus dem Überhitzer eines Dampferzeugers sollen 25000 kg/h überhitzter Wasserdampf von 60 bar und 450 °C durch eine 250 m lange Stahlrohrleitung ($k = 0,06$ mm) von 120 mm lichtem Durchmesser zu einem Dampfverbraucher gefördert werden. In die Leitung sind eingebaut: 2 Durchgangsventile, 5 90°-Krümmer mit $r = 600$ mm, 3 Glattrohr-Lyrabögen, 1 Normblende mit $\zeta = 1,8$. Der Temperaturabfall soll vernachlässigt werden.

Wie groß ist der Druckabfall in der Leitung?

Gegeben: $p_1 = 60 \, \text{bar} = 60 \cdot 10^5 \, \text{N/m}^2$

            $t_1 = 450\,°\text{C}$

            $\dot{m} = 25\,000 \, \text{kg/h} = 6,95 \, \text{kg/s}$

            $d = 0,12 \, \text{m}$

            $l = 250 \, \text{m}$

            $k = 0,06 \, \text{mm}$

Lösung: $v_1 = 0,0521 \, \text{m}^3/\text{kg}$ (Tafel 1)

            $v = 1,4 \cdot 10^{-6} \, \text{m}^2/\text{s}$ (Tafel 5)

$$w_1 = \frac{\dot{m} \cdot v_1}{A_1} = \frac{6,95 \, \text{kg} \cdot 4}{\text{s} \cdot \pi \cdot 0,12^2 \, \text{m}^2} \cdot \frac{0,0521 \, \text{m}^3}{\text{kg}} = 32,0 \, \text{m/s}$$

$$Re = \frac{w \cdot d}{v} = \frac{32,0 \, \text{m} \cdot 0,12 \, \text{m} \cdot 10^6 \, \text{s}}{\text{s} \cdot 1,4} \cdot \frac{1}{\text{m}^2} = 2,8 \cdot 10^6$$

$$\frac{d}{k} = \frac{120}{0,06} = 2000, \quad \text{damit} \quad \lambda = 0,0167 \text{ (Tafel 8)}$$

5 Krümmer $r = 5\,d$: $\zeta = 5 \cdot 0,32 = 1,6$ (Bild 51)

2 Durchgangsventile NW 120: $\zeta = 2 \cdot 5,6 = 11,2$ (Bild 64)

3 Glattrohr-Lyrabögen: $\zeta = 3 \cdot 0,7 = 2,1$ (Abschn. 3.15)

1 Normblende: $\underline{\zeta = 1,8}$ (gegeben)

                                         $\Sigma\zeta = 16,7$

Adäquate Leitungslänge: $\Sigma l' = \dfrac{\Sigma\zeta \cdot d}{\lambda} = \dfrac{16,7 \cdot 0,12 \, \text{m}}{0,0167} = 120 \, \text{m}$

$$\frac{p_1^2 - p_2^2}{2\,p_1} = \lambda \, \frac{l + \Sigma l'}{d} \cdot \frac{w_1^2}{2\,v_1} = 0,0167 \, \frac{370 \, \text{m}}{0,12 \, \text{m}} \cdot \frac{32,0^2 \, \text{m}^2}{\text{s}^2 \cdot 2 \cdot 0,0521} \cdot \frac{\text{kg}}{\text{m}^3}$$

$$= 506\,022 \, \frac{\text{kg}}{\text{m s}^2} = 506\,022 \, \text{Pa}$$

$$p_2^2 = p_1^2 - 2\,p_1 \cdot 5,06 \, \text{bar} = 60^2 \, \text{bar}^2 - 2 \cdot 60 \, \text{bar} \cdot 5,06 \, \text{bar} = 2,993 \cdot 10^3 \, \text{bar}^2$$

$$p_2 = 54,706 \, \text{bar}$$

$$\Delta p = 5,294 \, \text{bar}$$

Oder Näherung:

$$\Delta p = \lambda \, \frac{l + \Sigma l'}{d} \cdot \frac{w_1^2}{2 \cdot v_1}$$

$$= 0,0167 \, \frac{370 \, \text{m}}{0,12 \, \text{m}} \cdot \frac{32,0^2 \, \text{m}^2}{2} \cdot \frac{\text{kg}}{\text{s}^2 \cdot 0,0521 \, \text{m}^3}$$

$$= 506\,022 \, \frac{\text{kg}}{\text{m s}^2} = 5,06 \, \text{bar}$$

Beispiel 4.2.: Ein Heizkraftwerk versorgt einen Industriebetrieb mit 45000 kg/h überhitztem Wasserdampf, der das Kraftwerk mit 3,5 bar und 200 °C verläßt. Die Dampfleitung ist 2,3 km lang, hat einen lichten Durchmesser von 500 mm, eine Rauhigkeit $k = 0,1$ mm und enthält 15 Glattrohr-Lyrabögen, 8 90°-Krümmer mit $r = 2$ m, 2 Absperrschieber und 1 Normblende mit $\zeta = 1,2$. Durch gute Isolierung ist der Wärmeverlust auf

1150 kJ/m · h herabgesetzt. Welchen Einfluß hat der Temperaturabfall auf den Druckverlust?

Gegeben: $p_1 = 3{,}5\,\text{bar}$ $v_1 = 0{,}61\,\text{m}^3/\text{kg}$ (h, s-Diagramm, Tafel 15)

$t_1 = 200\,°\text{C}$

$\dot{m} = 45000\,\text{kg/h} = 12{,}5\,\text{kg/s}$

$l = 2300\,\text{m}$ $d = 0{,}5\,\text{m}$ $k = 0{,}1\,\text{mm}$

$q = 1150\,\dfrac{\text{kJ}}{\text{m} \cdot \text{h}}$

Lösung: $v = 9{,}723 \cdot 10^{-6}\,\text{m}^2/\text{s}$ (Tafel 5)

$$w_1 = \frac{\dot{m} \cdot v_1}{A} = \frac{12{,}5\,\text{kg} \cdot 4 \cdot 0{,}61\,\text{m}^3}{\text{s} \cdot \pi \cdot 0{,}5^2\,\text{m}^2\,\text{kg}} = 38{,}8\,\text{m/s}$$

$$Re = \frac{w \cdot d}{v} = \frac{38{,}8\,\text{m} \cdot 0{,}5\,\text{m}\,\text{s} \cdot 10^6}{\text{s} \cdot 9{,}723\,\text{m}^2} = 2 \cdot 10^6$$

$$\frac{d}{k} = \frac{500}{0{,}1} = 5000 \qquad \text{Aus } \lambda, Re\text{-Diagramm:} \quad \lambda = 0{,}0143$$

15 Lyrabögen $\zeta = 15 \cdot 0{,}7 \quad = 10{,}5$
 8 90°-Krümmer $r = 4d$ $\zeta_s = 8 \cdot 0{,}275 = 2{,}2$
 2 Absperrschieber $\zeta = 2 \cdot 0{,}4 \quad = 0{,}8$
 1 Normblende $\zeta = \qquad\qquad\quad 1{,}2$
                                $\overline{\Sigma\,\zeta = 14{,}7}$

$$\Sigma\,l' = \frac{d \cdot \Sigma\,\zeta}{\lambda} = \frac{0{,}5\,\text{m} \cdot 14{,}7}{0{,}0143} = 515\,\text{m}$$

$$\dot{Q} = q \cdot l = \dot{m} \cdot c_p \cdot \Delta t \qquad c_p = 2{,}08\,\frac{\text{kJ}}{\text{kg} \cdot \text{K}}$$

$$\Delta t = \frac{q \cdot l}{\dot{m} \cdot c_p} = \frac{1150\,\text{kJ} \cdot 2300\,\text{m} \cdot \text{h}\ \text{kg}\,\text{K}}{\text{m} \cdot \text{h}\ 45000\,\text{kg} \cdot 2{,}08\,\text{kJ}} = 28{,}3\,\text{K}$$

$$\frac{p_1^2 - p_1^2}{2\,p_1} = \lambda\,\frac{l + \Sigma\,l'}{d} \cdot \frac{w_1^2}{2 \cdot v_1} \cdot \frac{T_1 - 0{,}5\,\Delta t}{T_1}$$

$$= 0{,}0143\,\frac{2815\,\text{m}}{0{,}5\,\text{m}} \cdot \frac{38{,}8^2\,\text{m}^2}{\text{s}^2 \cdot 2 \cdot 0{,}61\,\text{m}^3} \cdot \frac{473\,\text{K} - 0{,}5 \cdot 28{,}3\,\text{K}}{473\,\text{K}} \cdot \frac{\text{N} \cdot \text{s}^2}{\text{kg} \cdot \text{m}}$$

$$= 96200\,\text{N/m}^2 = 0{,}962\,\text{bar}$$

$p_2^2 = p_1^2 - 2 \cdot p_1 \cdot 0{,}962\,\text{bar} = (3{,}5^2 - 2 \cdot 3{,}5 \cdot 0{,}962)\,\text{bar}^2 = 5{,}52\,\text{bar}^2$

$p_2 = 2{,}35\,\text{bar}$

Ohne Berücksichtigung des Temperaturabfalls:

$$\frac{p_1^2 - p_2^2}{2\,p_1} = \lambda\,\frac{l + \Sigma\,l'}{d} \cdot \frac{w_1^2}{2\,v_1} = 0{,}0143\,\frac{2815\,\text{m}}{0{,}5\,\text{m}} \cdot \frac{38{,}8^2\,\text{m}^2}{2\,\text{s}^2 \cdot 0{,}61\,\text{m}^3} \cdot \frac{\text{kg} \cdot \text{N} \cdot \text{s}^2}{\text{kg} \cdot \text{m}}$$

$$= 99200\,\text{N/m}^2 = 0{,}992\,\text{bar}$$

$p_2^2 = p_1^2 - 2\,p_1 \cdot 0{,}992\,\text{bar} = (3{,}5^2 - 2 \cdot 3{,}5 \cdot 0{,}992)\,\text{bar}^2 = 5{,}31\,\text{bar}^2$

$p_2 = 2{,}305\,\text{bar}$

Der Einfluß des Temperaturabfalls wirkt sich verkleinernd auf den Druckverlust aus!

Aufgabe 21: Das senkrechte Bewetterungsrohr einer Schachtanlage soll einer 700 m tiefen Sohle $\dot{V}_n = 1000\,\text{m}^3/\text{h}$ Frischluft von 20 °C zuführen. Das Rohr hat einen lichten Durchmesser von 300 mm und eine Rauhigkeit $k = 0,2$ mm. Bei einem Außenluftdruck von 980,6 mbar wird am Eintritt des Rohres ein Überdruck von 0,78 bar gemessen. Wie groß ist der Druck am Ende des Rohres, wenn für die Dichte der Umgebungsluft der Mittelwert $\varrho_L = 1,45\,\text{kg/m}^3$ angenommen wird?

Lösung: $p_2 = 1,8583$ bar

*4.2 Die Energiegleichung der gasförmigen Fluide

Nach Abschnitt 2.2 lautete die Energiegleichung der strömenden Flüssigkeiten

$$\frac{p_1}{\varrho_1} + g \cdot z_1 + \frac{w_1^2}{2} + u_1 = \frac{p_2}{\varrho_1} + g \cdot z_2 + \frac{w_2^2}{2} + u_2$$

Da dieses physikalische Gesetz ganz allgemein für alle strömenden Medien aufgestellt wurde, erstreckt sich sein Gültigkeitsbereich selbstverständlich auch auf die idealen, gasförmigen Fluide. Allerdings erscheint es zweckmäßig, in der Energiegleichung einige Umstellungen vorzunehmen, um ihre Aussage dem physikalischen Verhalten der gasförmigen Fluide anzupassen.

$$g \cdot z_1 \approx g \cdot z_2$$

$$\frac{p}{\varrho} = p \cdot v = R \cdot T = (c_p - c_v) \cdot T$$

$$u = c_v \cdot T$$

Diese Beziehungen in die allgemeine Energiegleichung eingesetzt ergibt

$$(c_p - c_v) \cdot T_1 + \frac{w_1^2}{2} + c_v \cdot T_1 = (c_p - c_v) \cdot T_2 + \frac{w_2^2}{2} + c_v \cdot T_2$$

$$c_p \cdot T_1 + \frac{w_1^2}{2} = c_p \cdot T_2 + \frac{w_2^2}{2}$$

und mit $c_p \cdot T = h$ (spezifische Enthalpie)

$$h_1 + \frac{w_1^2}{2} = h_2 + \frac{w_2^2}{2}$$

Bei der Strömung von gasförmigen Fluiden, die wie alle Strömungen nur bei Vorhandensein eines Druckgefälles möglich ist, wird eine Enthalpiedifferenz in kinetische Energie umgewandelt.

$$h_1 - h_2 = \frac{w_2^2 - w_1^2}{2}$$

In Analogie zu den Höhengefällen, die bei der Strömung von tropfbaren Flüssigkeiten in kinetische Energie umgesetzt werden, bezeichnet man bei der Strömung von gasförmigen Fluiden die in die gleiche Energieform umgesetzten Enthalpiedifferenzen als Wärmegefälle Δh.

$$\Delta h = h_1 - h_2 = \frac{w_2^2 - w_1^2}{2}$$

Thermodynamisch ist mit der Änderung der Enthalpie eine Änderung des Gaszustandes verbunden. Bei der Strömung von idealen Gasen verläuft diese Zustandsänderung isentrop, d. h. reibungsfrei und ohne Wärmeaustausch mit der Umgebung.

Mit
$$dq = 0$$
$$dq = T \cdot ds \qquad \text{folgt für die Isentrope}$$
$$ds = 0 \qquad \text{oder}$$
$$s_1 = s_2$$

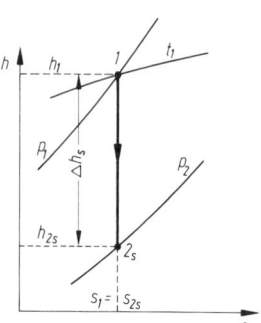

Bild 91   Isentrope Zustandsänderung bei
vorgegebenem Druckabfall

Werden Zustandsgrößen in Koordinatensystemen dargestellt, so bildet sich in allen Diagrammen, in denen die Entropie s als Abszisse aufgetragen ist, die isentrope Zustandsänderung als Senkrechte über die Abszisse ab. Für die Darstellung von Energieänderungen bei Strömungsvorgängen der gasförmigen Fluide eignet sich besonders das h, s-Diagramm des betreffenden Gases oder Dampfes. Als Kennzeichen der reibungsfreien, verlustlosen Zustandsänderung wird den Größen- und Zustandszeichen, die diesen Vorgang charakterisieren, der Index „s" angehängt.

$$\boxed{h_1 - h_{2s} = \frac{w_{2s}^2 - w_1^2}{2}} \qquad\qquad \text{\textit{Energiegleichung der idealen Gase}}$$

Bei der Strömung wirklicher, gasförmiger Fluide wird infolge innerer und äußerer Reibung ein Teil der Strömungsenergie als Reibungsarbeit verbraucht und in Wärme umgesetzt. Von der gesamten, kinetischen Energie des strömenden Gases war aber zuvor ein bestimmter Anteil erst aus dem vorhandenen Wärmegefälle entstanden. Es findet also bei Reibungsvorgängen eine unerwünschte, aber unvermeidbare Rückwandlung statt. Der durch Reibungsarbeit auf dem Strömungsweg verlorengegangene Anteil der kinetischen Energie ist als Wärmezuwachs gegenüber der idealen Zustandsänderung am Endpunkt des betrachteten Strömungsweges wiederzufinden, weil infolge der Schnelligkeit der Strömungsbewegung i. a. ein Wärmeaustausch mit der Umgebung vernachlässigt werden kann. Daher ist der Reibungsverlust bei der Strömung von wirklichen, gasförmigen Fluiden auch kein Energieverlust, sondern nur eine Rückwandlung in die Ausgangsenergieform. Er bedeutet aber eine Energieentwertung, weil jeder Reibungsvorgang nicht umkehrbar und daher mit einem Entropiezuwachs verbunden ist.
Wenn man bezeichnet

w_R Reibungsarbeit

q_R Wärmezuwachs durch Reibung,

dann ist nach oben Gesagtem

$$w_R = q_R$$

Die Energiegleichung für die Strömung wirklicher, gasförmiger Fluide lautet damit

$$h_1 + \frac{w_1^2}{2} = h_{2s} + \frac{w_{2s}^2}{2} - w_R$$

Es ist aber auch

$$h_{2s} + \frac{w_{2s}^2}{2} = h_2 + \frac{w_2^2}{2} + q_R$$

Somit

$$h_1 + \frac{w_1^2}{2} = h_2 + \frac{w_2^2}{2} + q_R - w_R$$

oder

$$\boxed{h_1 + \frac{w_1^2}{2} = h_2 + \frac{w_2^2}{2}}$$

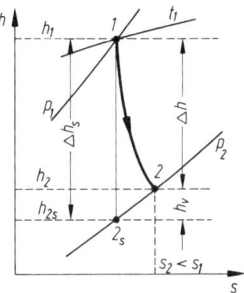

Bild 92 Wirkliche Zustandsänderung bei vorgegebenem
Druckabfall

*Energiegleichung für wirkliche,
gasförmige Fluide*

In den meisten technischen Anwendungsfällen wird die Strömungsgeschwindigkeit im Zustandspunkt *2* gesucht. Bei reibungsfreier Strömung ist

$$w_{2s} = \sqrt{w_1^2 + 2 \cdot \Delta h_s}$$

bei wirklicher Strömung ist

$$w_2 = \sqrt{w_1^2 + 2 \cdot \Delta h}$$

Da $\Delta h < \Delta h_s$ ist, muß auch $w_2 < w_{2s}$ sein.
Man schreibt

$$w_2 = \varphi \cdot w_{2s} = \varphi \sqrt{w_1^2 + 2 \cdot \Delta h_s}$$

φ ist die Geschwindigkeitszahl.

Den Gefälleverlust h_v, um den sich das isentrope Wärmegefälle Δh_s auf das tatsächlich nutzbare Wärmegefälle Δh verringert, findet man aus der Folgerung

$$h_v = \frac{w_{2s}^2 - w_2^2}{2}$$

$$h_v = \frac{w_{2s}^2 - \varphi^2 \cdot w_{2s}^2}{2}$$

$$h_v = \frac{w_{2s}^2}{2}(1 - \varphi^2)$$

Daraus folgt, daß die Widerstandszahl ζ bei der Strömung gasförmiger, wirklicher Fluide sein muß

$$\zeta = 1 - \varphi^2$$

beziehungsweise die Geschwindigkeitszahl

$$\varphi = \sqrt{1 - \zeta}$$

Der Wirkungsgrad der realen Gasströmung ist

$$\eta = \frac{\Delta h}{\Delta h_s} = \frac{\Delta h_s - h_v}{\Delta h_s} = 1 - \frac{h_v}{\Delta h_s} = 1 - \frac{w_{2s}^2/2}{\Delta h_s}(1 - \varphi^2)$$

4.3   Die Ausströmung aus Mündungen

In der Technik erfolgt der Umsatz von Wärmegefälle in kinetische Energie hauptsächlich in den Leiteinrichtungen von Dampf- und Gasturbinen sowie in den Düsen von Strahltriebwerken und -apparaten. Nach strömungstechnischen Begriffen handelt es sich dabei um einen Ausfluß von gasförmigen Fluiden aus Mündungen oder Düsen.

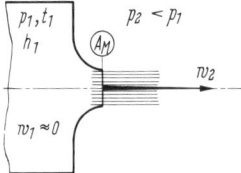

Bild 93   Ausströmung aus einer Mündung

Eine Mündung ist eine Öffnung, die einen Raum mit einem anderen Raum verbindet und deren engster Querschnitt zugleich der Austrittsquerschnitt ist. Im Raum vor der Mündung befindet sich ein gasförmiges Fluid in dem Zustand p_1, t_1, h_1. Im Raum hinter der Mündung herrscht ein vorgegebener Druck $p_2 < p_1$. Das Druckgefälle $p_1 - p_2$ bewirkt eine Strömung von dem einen Raum in den anderen. Dabei stellt sich im Austrittsquerschnitt der Mündung eine Ausströmgeschwindigkeit ein.

$$w_2 = \varphi_M \cdot w_{2s} = \varphi_M \cdot \sqrt{w_1^2 + 2 \cdot \Delta h_s} = \sqrt{w_1^2 + 2 \cdot \Delta h}$$

Die Zuströmgeschwindigkeit w_1 zur Mündung ist meist gegenüber der Mündungsgeschwindigkeit w_2 so gering, daß sie vernachlässigt werden kann.

$$\text{Mit} \quad w_1 \approx 0 \quad \text{wird} \quad w_2 = \varphi_M \sqrt{2 \cdot \Delta h_s} = \sqrt{2 \cdot \Delta h}$$

$$h_v = \Delta h_s (1 - \varphi^2)$$

$$\eta = \varphi^2$$

Für die Geschwindigkeitszahl bei Mündungen liegt der Erfahrungswert $\varphi_M = 0{,}975$ vor. Häufig ist, besonders bei Gasen, die Ermittlung des isentropen Wärmegefälles umständlich, wenn das h, s-Diagramm des betreffenden Gases fehlt. Hier hilft man sich, indem man anstelle des Wärmegefälles die technische Gasarbeit einsetzt, was nach dem 1. Hauptsatz der Wärmelehre zulässig ist.

$$\Delta h_s = w_{t,s}$$

$$w_2 = \varphi_M \cdot \sqrt{2 \cdot w_{t,s}}$$

$$= \varphi_M \cdot \sqrt{2 \frac{\varkappa}{\varkappa - 1} \cdot p_1 \cdot v_1 \left[1 - \left(\frac{p_2}{p_1} \right)^{\frac{\varkappa - 1}{\varkappa}} \right]}$$

Für die folgenden Beispiele wurden die Zustandsgrößen des Wasserdampfs dem Mollier-h, s-Diagramm zu den VDI-Wasserdampftafeln entnommen.

Beispiel 4.3.: Wasserdampf von 10 bar und 300 °C soll in einer Mündung auf 7 bar entspannt werden. Mit welcher Geschwindigkeit tritt der Dampf aus der Mündung?

Gegeben: $\quad p_1 = 10\,\text{bar} \qquad t_1 = 300\,°\text{C} \qquad w_1 = 0\,\text{m/s}$

$\qquad\qquad p_2 = 7\,\text{bar}$

Lösung: $\qquad h_1 = 3052\,\text{kJ/kg} \qquad h_{2s} = 2963\,\text{kJ/kg} \qquad \Delta h_s = 89\,\text{kJ/kg}$

$$w_2 = \varphi_M \cdot \sqrt{w_1^2 + 2 \cdot \Delta h_s}$$

$$w_2 = 0,975 \ \sqrt{2 \cdot 89\,\frac{\text{kJ}}{\text{kg}} \cdot 1000\,\frac{\text{Nm}}{\text{kJ}}} = 0,975\,\sqrt{178\,000\,\text{m}^2/\text{s}^2} = 411\,\text{m/s}$$

Beispiel 4.4.: Heißluft von 10 bar und 300 °C soll in einer Mündung auf 7 bar entspannt werden. Wie groß ist die Mündungsgeschwindigkeit?

Gegeben: $\quad p_1 = 10\,\text{bar} = 10^6\,\text{N/m}^2 \qquad\qquad t_1 = 300\,°\text{C}$

$\qquad\qquad p_2 = 7\,\text{bar} = 7 \cdot 10^5\,\text{N/m}^2 \qquad\quad T_1 = 573\,\text{K}$

Lösung: $\qquad R_L = 0,287\,\dfrac{\text{kJ}}{\text{kg} \cdot \text{K}} = 287\,\dfrac{\text{Nm}}{\text{kg} \cdot \text{K}}$

$\qquad\quad \varkappa_L = 1,4$

$$v_1 = \frac{R_L \cdot T_1}{p_1} = \frac{287\,\text{Nm} \cdot 573\,\text{K} \cdot \text{m}^2}{\text{kg} \cdot \text{K} \cdot 10^6\,\text{N}} = 0,1645\,\text{m}^3/\text{kg}$$

$$w_2 = \varphi_M \ \sqrt{2\,\frac{\varkappa}{\varkappa - 1}\,p_1 \cdot v_1 \left[1 - \left(\frac{p_2}{p_1}\right)^{\frac{\varkappa - 1}{\varkappa}} \right]}$$

$$w_2 = 0,975 \ \sqrt{2\,\frac{1,4}{1,4 - 1} \cdot 10^6\,\frac{\text{N}}{\text{m}^2}\,0,1645\,\frac{\text{m}^3}{\text{kg}} \left[1 - \left(\frac{7}{10}\right)^{\frac{1,4 - 1}{1,4}} \right]}$$

$$= 0,975\,\sqrt{111\,565\,\text{m}^2/\text{s}^2}$$

$$w_2 = 325,6\,\text{m/s}$$

Frage: Warum ist die erreichte Mündungsgeschwindigkeit bei Wasserdampf größer als bei Luft trotz gleicher Ausgangstemperatur und gleichen Druckverhaltens?

Antwort: Die Energieaufnahmefähigkeit – ausgedrückt durch die spezifische Wärmekapazität – des Dampfes ist größer als die der Luft.

Aufgabe 22: Einer Mündung strömt Wasserdampf von 6 bar und 250 °C mit einer Geschwindigkeit von 20 m/s zu. Der Druck hinter der Mündung beträgt 4 bar. Wie groß ist die Antrittsgeschwindigkeit a) ohne b) mit Berücksichtigung der Zuströmgeschwindigkeit?

Lösung: a) 416 m/s b) 416,4 m/s

Aufgabe 23: In einer festen Drossel wird Methylchlorid (CH_3Cl) von 5 bar und 70 °C auf 3 bar entspannt. Welche Geschwindigkeit herrscht im Drosselquerschnitt, wenn die Zuströmgeschwindigkeit vernachlässigt und $\varphi = 0,96$ gesetzt wird?

Lösung: 219 m/s

4.4 Das kritische Druckverhältnis

Den theoretisch durch die Mündung hindurchtretenden Mengenstrom findet man mit Hilfe der Durchflußgleichung.

$$\dot{m}_{th} = \frac{A_M \cdot w_{2s}}{v_{2s}} = \frac{A_M}{v_{2s}} \sqrt{2 \cdot w_{t,s}}$$

Mit der Zustandsgleichung der Isentropen $p \cdot v^\varkappa = \text{konst}$ wird

$$v_{2s} = v_1 \cdot \left(\frac{p_1}{p_2}\right)^{\frac{1}{\varkappa}}$$

$$\dot{m}_{th} = A_M \cdot \frac{1}{v_1} \cdot \left(\frac{p_2}{p_1}\right)^{\frac{1}{\varkappa}} \sqrt{2\, \frac{\varkappa}{\varkappa - 1}\, p_1 \cdot v_1 \left[1 - \left(\frac{p_2}{p_1}\right)^{\frac{\varkappa - 1}{\varkappa}}\right]}$$

$$= A_M \sqrt{\frac{p_1}{v_1}} \sqrt{2\, \frac{\varkappa}{\varkappa - 1}\left[\left(\frac{p_2}{p_1}\right)^{\frac{2}{\varkappa}} - \left(\frac{p_2}{p_1}\right)^{\frac{\varkappa + 1}{\varkappa}}\right]}$$

Der theoretisch durch eine Mündung hindurchtretende Mengenstrom ist also abhängig von

Mündungsquerschnitt A_M
Anfangszustand p_1 und v_1
Art des strömenden Mediums $(\varkappa!)$

und dem Druckverhältnis $\frac{p_2}{p_1}$.

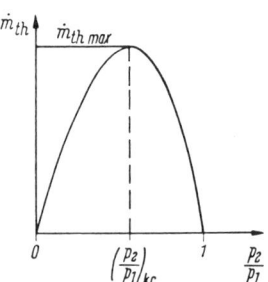

Bild 94   Das kritische Druckverhältnis

Nun zeigt sich aber, daß die tatsächliche Abhängigkeit des Mündungsstromes vom Druckverhältnis ein Verhalten annimmt, das paradox erscheint. Eine Diskussion obiger Gleichung ergibt nämlich für die Kurve $\dot{m}_{th} = f\left(\frac{p_2}{p_1}\right)$ folgenden Verlauf:

Kurvenform: Parabolisch

$\dot{m}_{th}$ wird null für $\frac{p_2}{p_1} = 0$ und $\frac{p_2}{p_1} = 1$

Den Verlauf dieser Kurve zeigt Bild 94. Eine kritische Betrachtung der Parabel läßt durch einfache Überlegung erkennen, daß der tatsächliche Mengenstrom unmöglich dem Kurvenstück zwischen Nullpunkt und Maximum entsprechen kann, denn für $\frac{p_2}{p_1} = 0$, d.h. $p_2 = 0$ oder Ausströmung in absolutes Vakuum kann $\dot{m}_{th}$ niemals gleich null werden. Die Kurve entspricht aber den durch die Gleichung gegebenen Gesetzmäßigkeiten. Also bleibt nur der Schluß, daß die der Gleichung zugrunde liegenden Voraussetzungen für

das fragliche Kurvenstück nicht mehr zutreffen. Tatsächlich läßt sich experimentell feststellen, daß die aus einer Mündung ausströmende Masse eines gasförmigen Fluides der theoretischen Kurve nur auf dem Kurvenstück von $\frac{p_2}{p_1} = 1$ bis zum Kurvenmaximum folgt. Sobald jedoch das Maximum erreicht ist, ändert sich der Mengenstrom bei weiterer Verkleinerung des Druckverhältnisses nicht mehr.
Diese physikalische Tatsache läßt im Zusammenhang mit der aufgestellten Gleichung nur eine Folgerung zu:

> Wenn sich beim Ausströmen eines gasförmigen Fluides aus einer Mündung der Mengenstrom nicht mehr verändert, muß auch das Druckverhältnis konstant bleiben.

Mit anderen Worten: Es ist nicht möglich, Gase oder Dämpfe in einem Mündungsquerschnitt auf ein kleineres als dem Kurvenmaximum entsprechendes Druckverhältnis zu entspannen, gleichgültig, wie tief der Gegendruck hinter der Mündung auch abgesenkt wird. Im Austrittsquerschnitt der Mündung wird immer nur der Druck herrschen, der dem sogenannten „kritischen" Druckverhältnis entspricht.

$$\left(\frac{p_2}{p_1}\right)_{kr} = \frac{p_{kr}}{p_1} = \frac{p_L}{p_1} \qquad p_L \quad Lavaldruck$$

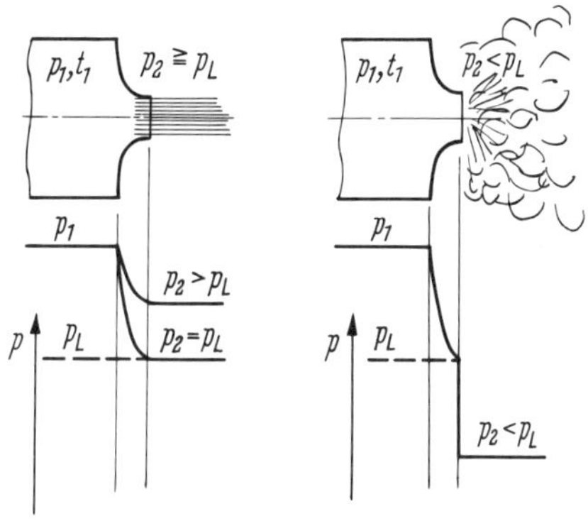

Bild 95 Ausströmung aus Mündungen bei unter- und überkritischem Druckverhältnis (Exakten Ausströmungsvorgang bei überkritischem Druckverhältnis siehe Bild 127)

Solange $p_2 \geq p_L$, erfolgt völlige Entspannung im Mündungsquerschnitt. Der austretende Strahl ist eindeutig gerichtet, seine kinetische Energie technisch verwertbar.
Wenn $p_2 < p_L$, kann im Mündungsquerschnitt nur auf p_L entspannt werden. Die weitere Entspannung von p_L auf p_2 erfolgt explosionsartig direkt hinter dem Mündungsaustritt. Die dabei frei werdende kinetische Energie verbraucht sich in der Bildung von Wirbeln und ist technisch nicht ausnutzbar.

Das Maximum der Kurve $\dot{m}_{th} = f\left(\frac{p_2}{p_1}\right)$ liegt bei

$$\frac{p_2}{p_1} = \frac{p_L}{p_1} = \left(\frac{2}{\varkappa + 1}\right)^{\frac{\varkappa}{\varkappa - 1}} = \beta$$

$$p_L = \beta \cdot p_1$$

Zahlenwerte für $\varkappa$ und β:

	$\varkappa$	β
Luft	1,4	0,528
Heißdampf	1,3	0,546
Sattdampf	1,135	0,577

4.5   Die kritische oder Laval-Geschwindigkeit

Die Ausströmgeschwindigkeit aus einer Mündung bei kritischem Druckverhältnis wird Lavalgeschwindigkeit oder kritische Geschwindigkeit w_L genannt.
Es war nach Abschnitt 4.3

$$w_2 = \varphi_M \cdot \sqrt{2\,\frac{\varkappa}{\varkappa-1}\,p_1 \cdot v_1 \left[1 - \left(\frac{p_2}{p_1}\right)^{\frac{\varkappa-1}{\varkappa}}\right]}$$

Daraus wird mit $\dfrac{p_2}{p_1} = \dfrac{p_L}{p_1} = \left(\dfrac{2}{\varkappa+1}\right)^{\frac{\varkappa}{\varkappa-1}}$

$$w_L = \varphi_M \cdot \sqrt{2\,\frac{\varkappa}{\varkappa-1}\,p_1 \cdot v_1 \left(1 - \frac{2}{\varkappa+1}\right)}$$

Es vereinfacht die Rechnung, wenn die Konstanten in dieser Größengleichung zu einem einzigen Zahlenwert zusammengefaßt werden.

$$w_L = \varphi_M \cdot K \sqrt{p_1 \cdot v_1}$$

Zahlenwerte für K:

Luft	1,08
Heißdampf	1,063
Sattdampf	1,031

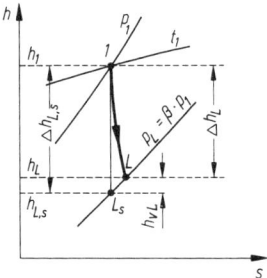

Bild 96   Zustandsänderung bei kritischem Druckgefälle

Selbstverständlich kann zur Berechnung der kritischen Geschwindigkeit auch die Energiegleichung herangezogen werden.

$$w_L = \sqrt{2 \cdot (h_1 - h_L)} = \sqrt{2 \cdot \Delta h_L}$$

$$\quad = \varphi_M \cdot \sqrt{2 \cdot (h_1 - h_{L,s})} = \varphi_M \cdot \sqrt{2 \cdot \Delta h_{L,s}}$$

Beispiel 4.5.: Heißdampf von 12 bar und 350 °C soll in einer Mündung auf den kritischen Druck entspannt werden. Wie groß ist die Mündungsgeschwindigkeit?

Gegeben: $p_1 = 12\,\text{bar} = 12 \cdot 10^5\,\text{N/m}^2$ $t_1 = 350\,°C$

Lösung: $h_1 = 3155\ \text{kJ/kg}$ $v_1 = 0{,}2345\ \text{m}^3/\text{kg}$

$p_\text{L} = \beta \cdot p_1 = 0{,}546 \cdot 12\ \text{bar} = 6{,}55\ \text{bar}$

$h_{\text{L,s}} = 2995\ \text{kJ/kg}$ $\Delta h_{\text{L,s}} = 160\ \text{kJ/kg} = 160 \cdot 10^3\ \text{Nm/kg}$

$w_\text{L} = \varphi_\text{M} \cdot K \cdot \sqrt{p_1 \cdot v_1}$

$w_\text{L} = 0{,}975 \cdot 1{,}063\ \sqrt{12 \cdot 10^5\ \text{N/m}^2 \cdot 0{,}2345\ \text{m}^3/\text{kg}} = 1{,}036\ \sqrt{28{,}14 \cdot 10^4\ \text{m}^2/\text{s}^2}$

$w_\text{L} = 550\ \text{m/s}$

Kontrolle obiger Rechnungen mit Hilfe der Energiegleichung:

$w_\text{L} = \varphi_\text{M}\ \sqrt{2 \cdot \Delta h_{\text{L,s}}}$

$w_\text{L} = 0{,}975\ \sqrt{2 \cdot 160 \cdot 10^3\ \text{Nm/kg}} = 0{,}975\ \sqrt{32 \cdot 10^4\ \text{m}^2/\text{s}^2}$

$w_\text{L} = 550\ \text{m/s}$

Aufgabe 24:   Druckluft von 3 bar und 30 °C strömt aus einem Windkessel durch eine Öffnung ins
Freie. Welche Geschwindigkeit herrscht im Mündungsquerschnitt der Öffnung?

Lösung: 311 m/s

4.6   Die Schallgeschwindigkeit

Der Schall ist eine physikalische Erscheinung, die der Mensch mit dem Gehörsinn wahr-
nehmen kann. Schall breitet sich in Form von Längswellen durch elastische Körper aus,
wobei es gleichgültig ist, in welchem Aggregatzustand sich der Körper befindet. Der Fre-
quenzbereich der Schallwellen ist groß und geht weit über den hörbaren Bereich hinaus
(Ultraschall, Infraschall).
Die Fortpflanzungsgeschwindigkeit des Schalles ist die Ausbreitungsgeschwindigkeit
einer elastischen Längswelle, in tropfbaren Flüssigkeiten und in gasförmigen Fluiden die

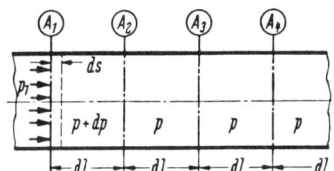

Bild 97   Fortpflanzung des Schalles

Ausbreitungsgeschwindigkeit einer Druckänderung von geringer Intensität. Sie läßt sich
aus der Dichte und der Elastizität eines Mediums berechnen und ist um so größer, je größer
der Elastizitätsmodul oder je kleiner die Masse der angestoßenen Teilchen ist.
In einer mit gasförmigem Fluid gefüllten Röhre haben die Querschnitte A_1, A_2 usw.
die Abstände dl voneinander. Durch einen Druck p_1 werden die Massenteilchen des
Querschnittes A_1 um die Strecke ds verschoben. Die zwischen A_1 und A_2 entstehende
isentrope Verdichtung erzeugt einen Überdruck dp, der nach der Zeit dt den Querschnitt
A_2 erreicht und diesen ebenfalls um ds verschiebt. Auf die gleiche Weise pflanzt sich der
Überdruck dp in den nachfolgenden Teilstrecken fort. Die Fortpflanzungsgeschwindigkeit bei diesem Vorgang ist

$$a = \frac{dl}{dt}$$

Die Gasmasse zwischen A_1 und A_2 ist um $\dfrac{\mathrm{d}s}{\mathrm{d}t^2}$ beschleunigt worden. Es ist also nach dem Newtonschen Trägheitsgesetz

Kraft = Masse · Beschleunigung

$$A \cdot \mathrm{d}p = \varrho \cdot A \cdot \mathrm{d}l \cdot \frac{\mathrm{d}s}{\mathrm{d}t^2}$$

$$\mathrm{d}p = \varrho \cdot \frac{\mathrm{d}l \cdot \mathrm{d}s}{\mathrm{d}t \cdot \mathrm{d}t} = \varrho \cdot \frac{\mathrm{d}l \cdot \mathrm{d}s \cdot \mathrm{d}l}{\mathrm{d}t \cdot \mathrm{d}t \cdot \mathrm{d}l}$$

$$\mathrm{d}p = \varrho \cdot a^2 \cdot \frac{\mathrm{d}s}{\mathrm{d}l}$$

$$a = \sqrt{\frac{1}{\varrho} \cdot \frac{\mathrm{d}p}{\mathrm{d}s} \cdot \mathrm{d}l}$$

$$\frac{\mathrm{d}s}{\mathrm{d}l} = -\frac{\mathrm{d}v}{v} \qquad \text{negativ, weil das Volumen mit wachsender Volumensänderung kleiner wird.}$$

$$= +\frac{\mathrm{d}\varrho}{\varrho}$$

$$a = \sqrt{\frac{1}{\varrho} \cdot \frac{\mathrm{d}p}{\mathrm{d}\varrho} \cdot \varrho}$$

$$a = \sqrt{\frac{\mathrm{d}p}{\mathrm{d}\varrho}}$$

Diese Fortpflanzungsgeschwindigkeit einer kleinen Druckänderung $\mathrm{d}p$ ist die Geschwindigkeit, mit der sich der Schall verbreitet. Die Druckänderung ist so gering, daß die dabei auftretende Verdichtung als isentrope Zustandsänderung angesehen werden kann. Bei isentroper Verdichtung ist

$$p \cdot v^\varkappa = \frac{p}{\varrho^\varkappa} = \text{konst}$$

$$p = \frac{p_1}{\varrho_1^\varkappa} \cdot \varrho^\varkappa$$

$$\frac{\mathrm{d}p}{\mathrm{d}\varrho} = \varkappa \cdot p_1 \frac{\varrho^{\varkappa-1}}{\varrho_1^\varkappa} = \varkappa \cdot \frac{p}{\varrho} = \varkappa \cdot p \cdot v$$

Damit läßt sich die Gleichung der Schallgeschwindigkeit in gasförmigen Fluiden auch schreiben

$$a = \sqrt{\varkappa \cdot p \cdot v} = \sqrt{\varkappa \cdot R \cdot T}$$

Die Schallgeschwindigkeit ist, wie sich leicht aus obiger Gleichung erkennen läßt, abhängig vom Zustand des gasförmigen Mediums, in dem sich der Schall ausbreitet. Das Verhältnis der Bewegungsgeschwindigkeit w von oder in dem gasförmigen Fluid zur Schallgeschwindigkeit a des Fluidzustandes bezeichnet man als *Mach-Zahl*.

$$\frac{w}{a} = Ma$$

Nach Abschnitt 4.5 ist die Laval-Geschwindigkeit bei verlustloser Ausströmung aus Mündungen

$$w_{s,L} = \sqrt{2 \frac{\varkappa}{\varkappa - 1} p_1 \cdot v_1 \cdot \left(1 - \frac{2}{\varkappa + 1}\right)}$$

Umformung:

$$\frac{\varkappa}{\varkappa - 1}\left(1 - \frac{2}{\varkappa + 1}\right) = \frac{\varkappa}{\varkappa - 1} - \frac{2 \cdot \varkappa}{(\varkappa - 1) \cdot (\varkappa + 1)} =$$

$$= \frac{\varkappa(\varkappa + 1) - 2\varkappa}{(\varkappa - 1) \cdot (\varkappa + 1)} = \frac{\varkappa^2 + \varkappa - 2\varkappa}{(\varkappa - 1) \cdot (\varkappa + 1)} = \frac{\varkappa^2 - \varkappa}{(\varkappa - 1) \cdot (\varkappa + 1)} =$$

$$= \frac{\varkappa(\varkappa - 1)}{(\varkappa - 1) \cdot (\varkappa + 1)} = \frac{\varkappa}{\varkappa + 1}$$

und

$$v_1 = v_L \left(\frac{p_L}{p_1}\right)^{\frac{1}{\varkappa}} = v_L \cdot \beta^{\frac{1}{\varkappa}} = v_L \left(\frac{2}{\varkappa + 1}\right)^{\frac{1}{\varkappa - 1}}$$

sowie

$$p_1 = \frac{p_L}{\beta} = p_L \left(\frac{\varkappa + 1}{2}\right)^{\frac{\varkappa}{\varkappa - 1}}$$

so daß

$$w_{s,L} = \sqrt{2 \frac{\varkappa}{\varkappa + 1} p_L \left(\frac{\varkappa + 1}{2}\right)^{\frac{\varkappa}{\varkappa - 1}} \cdot v_L \left(\frac{2}{\varkappa + 1}\right)^{\frac{1}{\varkappa - 1}}}$$

Umformung:

$$\frac{2}{\varkappa + 1}\left(\frac{2}{\varkappa + 1}\right)^{\frac{1}{\varkappa - 1}} = \left(\frac{2}{\varkappa + 1}\right)^{\frac{\varkappa - 1 + 1}{\varkappa - 1}} = \left(\frac{2}{\varkappa + 1}\right)^{\frac{\varkappa}{\varkappa - 1}}$$

und

$$\left(\frac{2}{\varkappa + 1}\right)^{\frac{\varkappa}{\varkappa - 1}} \cdot \left(\frac{\varkappa + 1}{2}\right)^{\frac{\varkappa}{\varkappa - 1}} = 1$$

Diese Zusammenfassung in obiger Gleichung berücksichtigt ergibt

$$w_{s,L} = \sqrt{\varkappa \cdot p_L \cdot v_L} \qquad \text{und} \qquad w_L = \varphi_M \sqrt{\varkappa \cdot p_L \cdot v_L}$$

d.h., die Ausströmgeschwindigkeit eines gasförmigen Fluides aus einer Mündung kann höchstens den Wert der Schallgeschwindigkeit bei Mündungszustand annehmen.

Beispiel 4.6.: An einer mit Preßluft von 20°C gefüllten Druckflasche reißt der Manometeranschluß ab. Welche Temperatur stellt sich an der Rißstelle ein?

Lösung: Im Austrittsquerschnitt des Risses herrscht kritisches Druckgefälle, solange der Innen-
druck größer ist als $\frac{p_\mathrm{B}}{\beta}$.

$$w_\mathrm{L} = \varphi_\mathrm{M} \cdot K \cdot \sqrt{p_1 \cdot v_1} = \varphi_\mathrm{M} \sqrt{\varkappa \cdot R \cdot T}$$

$$K^2 \cdot p_1 \cdot v_1 = \varkappa \cdot R \cdot T$$

Mit $\quad v_1 = \dfrac{R \cdot T_1}{p_1}$

wird $\quad T = \dfrac{K^2 \cdot T_1}{\varkappa} = \dfrac{1{,}08^2 \cdot 293 \text{ K}}{1{,}4} = 244 \text{ K}$

$t = -29\,^\circ\text{C}$

Aufgabe 25: Wie groß ist die Schallgeschwindigkeit der Luft

         a) bei $+20\,^\circ\text{C}$ b) bei $-50\,^\circ\text{C}$ c) bei $+100\,^\circ\text{C}$?

Lösung: a) 343 m/s   b) 299 m/s   c) 387 m/s

4.7   Die Grenzgeschwindigkeit

In jedem dampf- oder gasförmigen Fluid ist die Wärmekapazität und damit die Energieaufnahmefähigkeit begrenzt und richtet sich nach der Temperatur des Fluids. Entsprechend kann ein expandierendes Fluid nur in begrenztem Umfang kinetische Energie
freisetzen. Den Grenzwert der freigesetzten Energie erhält man bei isentroper Expansion
in hundertprozentiges Vakuum ($p_2 = 0$).
Es war

$$w_{2\mathrm{s}} = \sqrt{2 \,\frac{\varkappa}{\varkappa - 1}\, p_1 \cdot v_1 \left[1 - \left(\frac{p_2}{p_1} \right)^{\frac{\varkappa - 1}{\varkappa}} \right]}$$

$$= \sqrt{2 \,\frac{\varkappa}{\varkappa - 1}\, R \cdot T_1 \left[1 - \left(\frac{p_2}{p_1} \right)^{\frac{\varkappa - 1}{\varkappa}} \right]}$$

Für $p_2 = 0$ findet man

$$w_{2\mathrm{s,max}} = \sqrt{2 \,\frac{\varkappa}{\varkappa - 1}\, R \cdot T_1} = \sqrt{2 \cdot c_\mathrm{p} \cdot T_1}$$

Die maximal mögliche Grenzgeschwindigkeit ist also nur von der Art des gasförmigen
Fluids und seiner Temperatur abhängig.
Bezieht man Grenzgeschwindigkeit und Schallgeschwindigkeit auf dieselbe Temperatur,
ergibt sich folgender Zusammenhang:

Grenzgeschwindigkeit $\quad w_\mathrm{s,max} = \sqrt{2 \,\dfrac{\varkappa}{\varkappa - 1}\, R \cdot T}$

Schallgeschwindigkeit $\quad a \quad = \sqrt{\varkappa \cdot R \cdot T}$

Daher $\qquad\qquad\qquad w_\mathrm{s,max} = a \sqrt{\dfrac{2}{\varkappa - 1}}$

Die Grenzgeschwindigkeit ist, wie bereits erläutert, in Mündungen nicht zu erreichen
(hierzu siehe Abschn. 4.9).

4.8 Die maximal ausströmende Masse

Die maximal aus einer Mündung ausströmende Masse wird bei dem kritischen Druckverhältnis erreicht. Allgemein war in Abschnitt 4.4 für die theoretisch ausströmende
Masse bereits abgeleitet worden

$$\dot{m}_{\text{th}} = A_{\text{M}} \cdot \sqrt{\frac{p_1}{v_1}} \cdot \sqrt{2 \cdot \frac{\varkappa}{\varkappa - 1} \cdot \left[\left(\frac{p_2}{p_1}\right)^{\frac{2}{\varkappa}} - \left(\frac{p_2}{p_1}\right)^{\frac{\varkappa + 1}{\varkappa}}\right]} = A_{\text{M}} \sqrt{2 \frac{p_1}{v_1}} \cdot \psi$$

$$\psi \ \text{Ausflußfunktion}$$

Mit $\qquad \dfrac{p_2}{p_1} = \dfrac{p_{\text{L}}}{p_1} = \beta = \left(\dfrac{2}{\varkappa + 1}\right)^{\frac{\varkappa}{\varkappa - 1}}$

wird $\quad \dot{m}_{\text{th max}} = A_{\text{M}} \cdot \sqrt{\dfrac{p_1}{v_1}} \cdot \sqrt{2 \cdot \dfrac{\varkappa}{\varkappa - 1} \cdot \left[\left(\dfrac{2}{\varkappa + 1}\right)^{\frac{\varkappa}{\varkappa - 1} \cdot \frac{2}{\varkappa}} - \left(\dfrac{2}{\varkappa + 1}\right)^{\frac{\varkappa(\varkappa + 1)}{(\varkappa - 1)\varkappa}}\right]}$

$$= A_{\text{M}} \cdot \psi_{\text{max}} \sqrt{2 \frac{p_1}{v_1}} \quad \text{mit} \quad \psi_{\text{max}} = \left(\frac{2}{\varkappa + 1}\right)^{\frac{1}{\varkappa - 1}} \sqrt{\frac{\varkappa}{\varkappa + 1}}$$

$$= \frac{A_{\text{M}} \cdot w_{\text{s,L}}}{v_{\text{s,L}}} \quad \text{bzw.} \quad A_{\text{M}} = \frac{v_{\text{s,L}}}{w_{\text{s,L}}} \cdot \dot{m}_{\text{th max}}$$

Mit Berücksichtigung der Mündungskontraktion und der Reibung wird

$$\dot{m}_{\text{max}} = \frac{\alpha \cdot A_{\text{M}} \cdot \varphi_{\text{M}} \cdot w_{\text{s,L}}}{v_{\text{L}}}$$

$$= \alpha \cdot \varphi_{\text{M}} \cdot \frac{v_{\text{s,L}}}{v_{\text{L}}} \cdot \dot{m}_{\text{th max}}$$

$$\dot{m}_{\text{max}} = \alpha \cdot \varphi_{\text{M}} \cdot \frac{v_{\text{s,L}}}{v_{\text{L}}} A_{\text{M}} \cdot \psi_{\text{max}} \sqrt{2 \frac{p_1}{v_1}}$$

Bei gut abgerundeten Mündungen wird $\alpha = 1$.

Zahlenwerte für ψ_{max}

     Luft   0,484
     Heißdampf 0,472
     Sattdampf   0,449

Beispiel 4.7.: Das Druckrohr eines Hochgeschwindigkeit-Windkanals mit 800 mm lichtem Durchmesser endet gut abgerundet in einer Mündung von 45 mm Durchmesser. Der äußere
Luftdruck beträgt 1054 mbar.

    a) Welcher Druck muß in dem Druckrohr herrschen, damit in der Mündung Höchst-
    geschwindigkeit bei gerichtetem Luftstrahl erreicht wird?

    b) Die Luft hat im Druckrohr eine Temperatur von 42 °C. Wie groß ist die Mündungs-
    geschwindigkeit und welche Temperatur hat die Luft beim Verlassen der Mündung?

    c) Für welchen Förderstrom muß der Ventilator ausgelegt werden?

Gegeben: $p_2 = 1054 \ \text{mbar} = 105\,400 \ \dfrac{\text{N}}{\text{m}^2}$

          $t_1 = 42\,°\text{C}; \qquad T_1 = 315 \ \text{K}$

          $d_1 = 0,8 \ \text{m}; \qquad d_2 = 0,045 \ \text{m}$

Lösung: $R_L = 0,287 \dfrac{kJ}{kg \cdot K} = 287 \dfrac{Nm}{kg \cdot K}$ für Luft

a) $p_1 = \dfrac{p_2}{\beta} = \dfrac{105\,400\ N}{0,53\ m^2} = 198\,870\ \dfrac{N}{m^2} = 1,9887\ bar$

b) $v_1 = \dfrac{R_L \cdot T_1}{p_1} = \dfrac{287\ Nm \cdot 315\ K\ m^2}{kg \cdot K \cdot 198\,870\ N} = 0,455\ \dfrac{m^3}{kg}$

$w_2 = \varphi_M \cdot K \cdot \sqrt{p_1 \cdot v_1}$

$\qquad = 0,975 \cdot 1,08\ \sqrt{198\,870\ \dfrac{N}{m^2} \cdot 0,455\ \dfrac{m^3}{kg}}$

$\qquad = 316,5\ \dfrac{m}{s}$

Aus $w_2 = w_L = a = \varphi_M \sqrt{\varkappa \cdot R_L \cdot T_2}$ ist $T_2 = \dfrac{w_2^2}{\varphi_M^2 \cdot \varkappa \cdot R_L}$

$T_2 = \dfrac{w_2^2}{\varphi_M^2 \cdot \varkappa \cdot R_L} = \dfrac{316,5^2\ m^2}{s^2 \cdot 0,975^2 \cdot 1,4 \cdot 287\ Nm\ kg\ m} \cdot \dfrac{kg \cdot K\quad N\ s^2}{} = 263\ K$

$t_2 = -10\,°C$

c) $v_2 = \dfrac{R_L \cdot T_2}{p_2} = \dfrac{287\ Nm \cdot 263\ K\ m^2}{kg \cdot K \cdot 105\,400\ N} = 0,716\ \dfrac{m^3}{kg}$

$\dot m = \dfrac{\alpha \cdot A_M \cdot w_2}{v_2} = \dfrac{1 \cdot \pi \cdot 0,045^2\ m^2 \cdot 316,5\ m}{4} \cdot \dfrac{kg}{s \cdot 0,716\ m^3} = 0,7\ \dfrac{kg}{s}$

Kontrolle:

$\dot m = \alpha \cdot \varphi_M \dfrac{v_{s,L}}{v_L} \cdot A_M \cdot \psi_{max} \sqrt{2\ \dfrac{p_1}{v_1}}$ mit $v_{s,L} \approx v_L$

$\dot m = 1 \cdot 0,975 \cdot \dfrac{\pi}{4} \cdot 0,045^2\ m^2 \cdot 0,484\ \sqrt{2\ \dfrac{198\,870\ N}{m^2 \cdot 0,455\ m^3} \cdot \dfrac{kg}{}\ \dfrac{kg\ m}{N\ s^2}} = 0,7\ \dfrac{kg}{s}.$

Aufgabe 26: In einer gut abgerundeten Mündung sollen 1600 kg/h Heißdampf von 6 bar und 280 °C auf den kritischen Druck entspannt werden. Welchen Querschnitt muß der Mündungsaustritt erhalten?

Lösung: $A_M = 571\ mm^2$

Aufgabe 27: An einer Preßluftleitung, durch die Luft von 3,4 bar und 25 °C strömt, entsteht ein 2 cm² großes Leck. Welcher Luftstrom geht stündlich verloren?

Lösung: 557 kg/h

4.9   Die Ausströmung aus erweiterten Düsen

In Abschnitt 4.4 wurde festgestellt, daß aus einer Mündung kein gerichteter Strahl austreten kann, wenn $p_2 < p_L$ ist. Es soll nun untersucht werden, welchen Querschnittsverlauf ein Strömungsweg haben muß, um ein gasförmiges Fluid auf einen kleineren als den kritischen Gegendruck zu entspannen, ohne dabei kinetische Nutzenergie zu verlieren.

Bei reibungsfreier Strömung ist nach Abschnitt 4.4

$$\dot{m}_{th} = A_M \cdot \sqrt{\frac{p_1}{v_1}} \cdot \sqrt{2 \cdot \frac{\varkappa}{\varkappa - 1} \cdot \left[\left(\frac{p_2}{p_1} \right)^{\frac{2}{\varkappa}} - \left(\frac{p_2}{p_1} \right)^{\frac{\varkappa + 1}{\varkappa}} \right]}$$

Diese Beziehung läßt sich leicht verallgemeinern, wenn p_2 durch den unbestimmten Druck p und A_M durch A ersetzt werden:

$$\dot{m}_{th} = A \cdot \sqrt{\frac{p_1}{v_1}} \cdot \sqrt{2 \cdot \frac{\varkappa}{\varkappa - 1} \cdot \left[\left(\frac{p}{p_1} \right)^{\frac{2}{\varkappa}} - \left(\frac{p}{p_1} \right)^{\frac{\varkappa + 1}{\varkappa}} \right]}$$

$$= A \cdot \sqrt{\frac{p_1}{v_1}} \cdot f_s \qquad f_s = \psi \cdot \sqrt{2}$$

Die Strömungsfunktion $f_S = f\left(\dfrac{p}{p_1} \right)$ hat den gleichen Kurvenverlauf wie die Funktion $\dot{m}_{th} = f\left(\dfrac{p_2}{p_1} \right)$, d.h. f_S nimmt von $\dfrac{p}{p_1} = 1$ parabolisch zu, hat bei $\dfrac{p}{p_1} = \beta = \dfrac{p_L}{p_1}$ ein Maximum und fällt dann wieder ab (Bild 98).

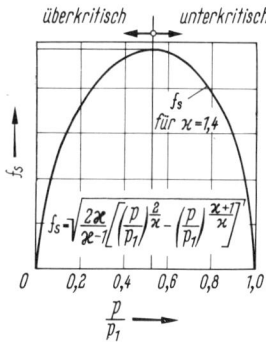

Bild 98   Strömungsfunktion f_s über dem Druckverhältnis p/p_1

Da durch jeden Querschnitt A dieselbe Masse $\dot{m}$ strömen muß, ist $\dot{m} = $ konst zu setzen. Dasselbe gilt für den gegebenen Anfangszustand p_1 und v_1.

$$A = \frac{\dot{m}_{th}}{f_S \cdot \sqrt{\dfrac{p_1}{v_1}}} = \frac{\text{konst}}{f_S}$$

Damit läßt sich der gewünschte Querschnittsverlauf festlegen:

$p = p_1$	$f_S = 0$	$A = \infty$
$p = p_L$	$f_S = f_{Smax}$	$A = A_{min} = A_M$
$p = p_2 < p_L$	$f_S < f_{Smax}$	$A > A_M$

Der Strömungsquerschnitt muß also wie bei einer Mündung zunächst abnehmen. Er erreicht beim kritischen Druckverhältnis seinen kleinsten Wert A_M und nimmt bei weiterem Absinken des Gegendruckes wieder zu. Eine nach diesen Bedingungen konstruierte Stromröhre nennt man erweiterte Düse oder *Lavaldüse*.

Die durch eine Lavaldüse hindurchströmende Fluidmasse ist durch den engsten Querschnitt der Düse begrenzt und entspricht der maximal aus einer Mündung gleichen Querschnittes austretenden Masse.

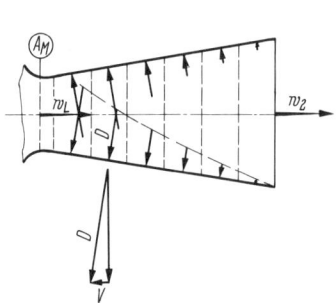

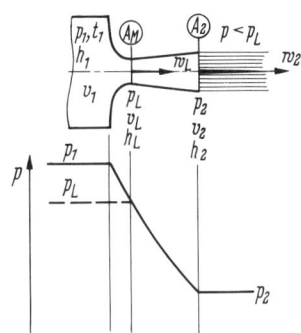

Bild 99   Druck- und Beschleunigungskräfte in der erweiterten Düse

Bild 100   Ausströmung aus der Lavaldüse bei überkritischem Druckverhältnis

In dem Erweiterungsstück der Lavaldüse treten Kräfte auf, die in Bild 99 dargestellt sind. Die Druckkräfte D wirken senkrecht auf die Wand. Die Kräfte V sind die Kraftkomponenten, die bei Strahltriebwerken die Schubkraft verstärken und deren Reaktionswirkung den Gasstrahl beschleunigt. Die Expansionsarbeit des Gases dient in der erweiterten Düse also zur Beschleunigung der Massenteilchen. Die Strömungsgeschwindigkeit erhöht sich von der kritischen Geschwindigkeit im engsten Querschnitt der Lavaldüse auf die Austrittsgeschwindigkeit w_2, die demnach größer sein muß als die Schallgeschwindigkeit.

Das Strömungsverhalten bei Überschallgeschwindigkeit ist also genau umgekehrt wie bei Unterschallgeschwindigkeit:

> Querschnittserweiterung bewirkt bei Überschallgeschwindigkeit eine Beschleunigung des strömenden Gases, Querschnittsverengung dagegen eine Verzögerung.

Verhalten der Unterschall- und Überschallströmung:

Strömung	divergenter Kanal	konvergenter Kanal
$w < a$ $Ma < 1$	Verzögerung	Beschleunigung
$w > a$ $Ma > 1$	Beschleunigung	(Verdichtungsstoß)

Die Austrittsgeschwindigkeit aus Lavaldüsen findet man mit Hilfe der Energiegleichung.

Allgemein $w_2 = \varphi_\mathrm{D} \cdot \sqrt{w_1^2 + 2 \cdot \Delta h_\mathrm{s}}$

Mit $\quad w_1 \approx 0 \quad$ wird daraus

$$w_2 = \varphi_D \cdot \sqrt{2 \cdot \Delta h_s} = \sqrt{2 \cdot \Delta h} = \varphi_D \sqrt{2 \cdot w_{t,s}}$$

Anhaltswerte für die Geschwindigkeitsziffer φ_D von Lavaldüsen siehe Bild 102.

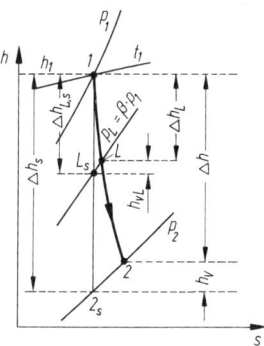

Bild 101   Zustandsänderung bei überkritischem Druckverhältnis

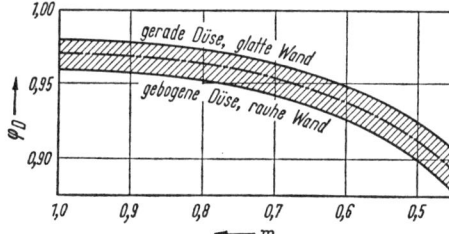

Bild 102
Anhaltswerte für
Geschwindigkeitsziffern
von Lavaldüsen

In Bild 102 ist $\quad m = \left(\dfrac{p_2}{p_L}\right)^{\frac{1}{\varkappa}} \cdot \sqrt{\dfrac{\Delta h_s}{\Delta h_{L,s}}} = \left(\dfrac{p_2}{p_L}\right)^{\frac{1}{\varkappa}} \cdot \sqrt{\dfrac{1 - \left(\dfrac{p_2}{p_1}\right)^{\frac{\varkappa - 1}{\varkappa}}}{1 - \beta^{\frac{\varkappa - 1}{\varkappa}}}}$

Nach der Bedingung, daß der maximale Massenstrom durch die Lavaldüse vom engsten Querschnitt der Düse begrenzt wird, und unter der zulässigen Annahme, daß $v_{L,s} \approx v_L$, läßt sich für einen gegebenen Massenstrom $\dot{m}$ der erforderliche, engste Querschnitt berechnen:

$$A_M = \frac{\dot{m}}{\alpha \cdot \varphi_M \cdot \psi_{max}} \cdot \sqrt{\frac{v_1}{2 p_1}} \quad \text{(s. Abschnitt 4.8)}$$

Aus der Kontinuität folgt für den Austrittsquerschnitt der Lavaldüse

$$A_2 = \frac{\dot{m} \cdot v_2}{w_2} = A_M \frac{w_L \cdot v_2}{w_2 \cdot v_L}$$

Die Technik kennt drei Konstruktionsmöglichkeiten für das Erweiterungsstück der Lavaldüse. In jedem der drei Fälle soll der Erweiterungswinkel zur Vermeidung von Strahlablösungen 10° nicht überschreiten. Die Länge l der Erweiterung findet man dann

a) bei Kreisquerschnitt

$$l = \frac{d_2 - d_{\min}}{2 \cdot \tan 5°}$$

b) bei konstanter Düsenhöhe e und einseitiger Erweiterung

$$l = \frac{b_2 - b_{\min}}{\tan 10°}$$

c) bei konstanter Düsenhöhe e und beidseitiger Erweiterung

$$l = \frac{b_2 - b_{\min}}{2 \cdot \tan 5°}$$

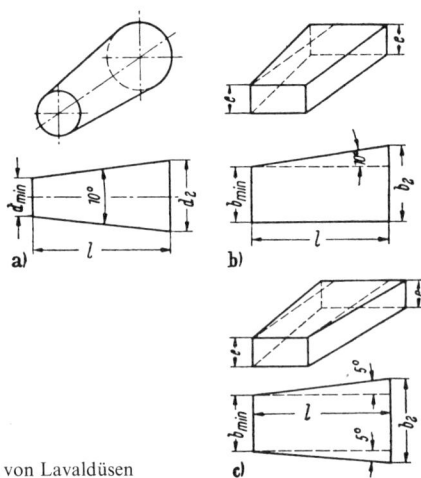

Bild 103   Erweiterungsformen von Lavaldüsen

Beispiel 4.8.: In einer Lavaldüse mit gut abgerundetem Eintritt expandieren 800 kg/h Luft von 6 bar und 280 °C auf einen Gegendruck von 1 bar.

Gesucht: a) Strömungsgeschwindigkeit im engsten Querschnitt
          b) Größe des engsten Querschnittes
          c) Strömungsgeschwindigkeit im Austrittsquerschnitt
          d) Größe des Austrittsquerschnittes
          e) Lufttemperatur im engsten Querschnitt
          f) Lufttemperatur im Austrittsquerschnitt

Gegeben: $\dot{m} = 800\,\text{kg/h} = 0{,}2222\,\text{kg/s}$ $R_L = 287\,\text{J/kg} \cdot \text{K}$ für Luft

           $p_1 = 6\,\text{bar} = 6 \cdot 10^5\,\text{N/m}^2$ $t_1 = 280\,°\text{C}$

           $p_2 = 1\,\text{bar} = 1 \cdot 10^5\,\text{N/m}^2$ $T_1 = 553\,\text{K}$

Lösung: a) $v_1 = \dfrac{R_L \cdot T_1}{p_1} = \dfrac{287\,\text{Nm} \cdot 553\,\text{K}}{\text{kg} \cdot \text{K}} \cdot \dfrac{\text{m}^2}{6 \cdot 10^5\,\text{N}} = 0{,}2545\,\text{m}^3/\text{kg}$

$$w_L = \varphi_M \cdot K_1 \cdot \sqrt{p_1 \cdot v_1} = 0{,}975 \cdot 1{,}08 \sqrt{6 \cdot 10^5\,\frac{\text{N}}{\text{m}^2} \cdot 0{,}2545\,\frac{\text{m}^3}{\text{kg}} \cdot \frac{\text{kg} \cdot \text{m}}{\text{N} \cdot \text{s}^2}}$$

$w_L = 420\,\text{m/s}$

b) $A_M = \dfrac{\dot{m}}{\varphi_M \cdot \psi_{\max} \cdot \sqrt{2}} \sqrt{\dfrac{v_1}{p_1}} = \dfrac{0{,}2222\,\text{kg}}{0{,}975 \cdot \text{s} \cdot 0{,}484 \cdot \sqrt{2}} \sqrt{\dfrac{0{,}2545\,\text{m}^3}{\text{kg} \cdot 6 \cdot 10^5\,\text{N}} \cdot \dfrac{\text{m}^2}{\text{kg} \cdot \text{m}} \cdot \text{N} \cdot \text{s}^2}$

$A_M = 0{,}217 \cdot 10^{-3}\,\text{m}^2$

c) $w_2 = \varphi_D \sqrt{2\,\dfrac{\varkappa}{\varkappa - 1}\,p_1 \cdot v_1 \left[1 - \left(\dfrac{p_2}{p_1} \right)^{\frac{\varkappa - 1}{\varkappa}} \right]}$

Laut Bild 102:

$\varphi_D = f(m)$ $m = \left(\dfrac{p_2}{p_L} \right)^{\frac{1}{\varkappa}} \cdot \sqrt{\dfrac{1 - \left(\dfrac{p_2}{p_1} \right)^{\frac{\varkappa - 1}{\varkappa}}}{1 - \beta^{\frac{\varkappa - 1}{\varkappa}}}}$

$$p_L = \beta \cdot p_1 = 0{,}53 \cdot 6 \, \text{bar} = 3{,}18 \, \text{bar}$$

$$m = \left(\frac{1}{3{,}18}\right)^{\frac{1}{1{,}4}} \cdot \sqrt{\frac{1 - \left(\frac{1}{6}\right)^{\frac{0{,}4}{1{,}4}}}{1 - 0{,}53^{\frac{0{,}4}{1{,}4}}}} = 0{,}68$$

Aus Bild 102 für $m = 0{,}68$ als Mittelwert: $\varphi_D = 0{,}95$

$$w_2 = 0{,}95 \sqrt{2 \, \frac{1{,}4}{1{,}4 - 1} \, 6 \cdot 10^5 \, \frac{\text{N}}{\text{m}^2} \cdot 0{,}2545 \, \frac{\text{m}^3}{\text{kg}} \left[1 - \left(\frac{1}{6}\right)^{\frac{0{,}4}{1{,}4}}\right]}$$

$$w_2 = 622 \, \text{m/s}$$

d) Aus $\dot{m} = \varphi_D \cdot A_2 \sqrt{\frac{p_1}{v_1}} \cdot \sqrt{2 \, \frac{\varkappa}{\varkappa - 1}\left[\left(\frac{p_2}{p_1}\right)^{\frac{2}{\varkappa}} - \left(\frac{p_2}{p_1}\right)^{\frac{\varkappa + 1}{\varkappa}}\right]}$

mit $\sqrt{2 \, \frac{\varkappa}{\varkappa - 1}\left[\left(\frac{p_2}{p_1}\right)^{\frac{2}{\varkappa}} - \left(\frac{p_2}{p_1}\right)^{\frac{\varkappa + 1}{\varkappa}}\right]} = f_S$

wird $A_2 = \frac{\dot{m}}{\varphi_D \cdot f_S} \sqrt{\frac{v_1}{p_1}}$ und $\frac{A_2}{A_M} = \frac{\varphi_M \cdot K_2}{\varphi_D \cdot f_S}$

$$f_S = \sqrt{2 \, \frac{1{,}4}{1{,}4 - 1}\left[\left(\frac{1}{6}\right)^{\frac{2}{1{,}4}} - \left(\frac{1}{6}\right)^{\frac{2{,}4}{1{,}4}}\right]} = 0{,}463$$

$$A_2 = A_M \, \frac{\varphi_M \cdot \psi_{max} \cdot \sqrt{2}}{\varphi_D \cdot f_S} = 0{,}217 \cdot 10^{-3} \, \text{m}^2 \, \frac{0{,}975 \cdot 0{,}484 \cdot \sqrt{2}}{0{,}95 \cdot 0{,}463}$$

$$A_2 = 0{,}329 \cdot 10^{-3} \, \text{m}^2$$

e) $T_L = \frac{w_L^2}{\varphi_M^2 \cdot \varkappa \cdot R_L} = \frac{420^2 \, \text{m}^2}{\text{s}^2 \cdot 0{,}975^2 \cdot 1{,}4 \cdot 287 \, \text{Nm}} \frac{\text{kg} \cdot \text{K}}{} = 462 \, \text{K}$

$$t_L = 189 \,°\text{C}$$

f) $v_2 = \frac{A_2 \cdot w_2}{\dot{m}} = \frac{0{,}329 \cdot 10^{-3} \, \text{m}^2 \cdot \text{s} \cdot 622 \, \text{m}}{0{,}2222 \, \text{kg} \quad \text{s}} = 0{,}92 \, \frac{\text{m}^3}{\text{kg}}$

$$T_2 = \frac{p_2 \cdot v_2}{R_L} = \frac{10^5 \, \text{N} \cdot 0{,}92 \, \text{m}^3}{\text{m}^2 \quad \text{kg} \cdot 287 \, \text{Nm}} \frac{\text{kg} \cdot \text{K}}{} = 321 \, \text{K}$$

$$t_2 = 48 \,°\text{C}$$

Beispiel 4.9.: Heißdampf von 12 bar und 350 °C soll in einer Lavaldüse auf 3 bar expandieren. Welche Querschnitte muß die Düse pro 1 kg/s Dampfdurchsatz erhalten?

Gegeben: $p_1 = 12 \, \text{bar} = 12 \cdot 10^5 \, \text{N/m}^2$; $p_2 = 3 \, \text{bar}$; $t_1 = 350 \,°\text{C}$

Lösung: $p_L = \beta \cdot p_1 = 0{,}546 \cdot 12 \, \text{bar} = 6{,}55 \, \text{bar}$

Aus h, s-Diagramm:

$v_1 = 0{,}234 \, \text{m}^3/\text{kg}$; $\quad h_1 = 3153 \, \text{kJ/kg}$;

$\qquad\qquad\qquad h_{2s} = 2818 \, \text{kJ/kg}$ und $\quad \Delta h_s = 335 \, \text{kJ/kg}$

$\qquad\qquad\qquad h_{L,s} = 2994 \, \text{kJ/kg}$ und $\quad \Delta h_{L,s} = 159 \, \text{kJ/kg}$

$$m = \left(\frac{p_2}{p_L}\right)^{\frac{1}{\varkappa}} \sqrt{\frac{\Delta h_s}{\Delta h_{L,s}}} = \left(\frac{3}{6{,}55}\right)^{\frac{1}{1{,}3}} \sqrt{\frac{335}{159}} = 0{,}795$$

Aus Bild 102: $\varphi_D = 0{,}962$

$h_v = \Delta h_s (1 - \varphi_D^2) = 335\,\mathrm{kJ/kg}\,(1 - 0{,}962^2) = 25\,\mathrm{kJ/kg}$

$h_2 = h_{2s} + h_v = 2818\,\mathrm{kJ/kg} + 25\,\mathrm{kJ/kg} = 2843\,\mathrm{kJ/kg}$

Aus h,s-Diagramm: $v_2 = 0{,}705\,\mathrm{m^3/kg}$

$$w_2 = \varphi_D \sqrt{2 \cdot \Delta h_s} = 0{,}962 \sqrt{2 \cdot 335\,\frac{\mathrm{kJ}}{\mathrm{kg}} \cdot \frac{10^3\,\mathrm{Nm}}{\mathrm{kJ}}} = 787\,\mathrm{m/s}$$

$$A_M = \frac{\dot{m}}{\varphi_M \cdot \psi_{max} \cdot \sqrt{2}} \cdot \sqrt{\frac{v_1}{p_1}} = \frac{1\,\mathrm{kg}}{0{,}975 \cdot \mathrm{s} \cdot 0{,}472 \cdot \sqrt{2}} \sqrt{\frac{0{,}234\,\mathrm{m^3}}{\mathrm{kg} \cdot 12 \cdot 10^5\,\mathrm{N}}\,\frac{\mathrm{m^2}}{\mathrm{kg} \cdot \mathrm{m}}\,\frac{\mathrm{N} \cdot \mathrm{s^2}}{}}$$

$$A_M = 0{,}681 \cdot 10^{-3}\,\mathrm{m^2}$$

$$A_2 = \frac{\dot{m} \cdot v_2}{w_2} = \frac{1\,\mathrm{kg}}{\mathrm{s}} \cdot \frac{\mathrm{s}}{787\,\mathrm{m}} \cdot \frac{0{,}705\,\mathrm{m^3}}{\mathrm{kg}} = 0{,}895 \cdot 10^{-3}\,\mathrm{m^2}$$

Aufgabe 28: In einem Druckbehälter befindet sich Luft von 10 bar und 250 °C. Die Luft soll in einer konischen Düse mit 10° Öffnungswinkel auf den Außendruck von 1 bar entspannt werden. Welche Abmessungen muß die Düse für einen Luftstrom von 3,5 kg/s erhalten, und mit welcher Geschwindigkeit und welcher Temperatur strömt die Luft aus der Düse? Wie groß ist die Machzahl im Austrittsquerschnitt?

Lösung:

Engster Querschnitt A_M	20,3 cm²
Austrittsquerschnitt A_2	41,4 cm²
Düsenlänge l	124,0 mm
Austrittsgeschwindigkeit w_2	655 m/s
Austrittstemperatur t_2	−3 °C
Machzahl Ma	1,985

Aufgabe 29: In einer Lavaldüse, deren engster Querschnitt 15 mm hoch und 17 mm breit ist, soll überhitzter Wasserdampf von 20 bar und 320 °C auf 4 bar expandieren. Welche Höchstmenge an Dampf vermag durch die Düse zu strömen? Welchen Austrittsquerschnitt hat die Düse und wie groß ist die Austrittsgeschwindigkeit?

Lösung:

$\dot{m}$	2336 kg/h
w_2	802 m/s
A_2	380 mm²

4.10   Die Strömung durch Spalte und Labyrinthe

In schnellaufenden Kreiselmaschinen müssen Räume höheren Druckes gegen Räume niederen Druckes abgedichtet werden. Da bei Kreiselmaschinen die rotierende Welle durch das ganze Gehäuse gezogen ist, muß diese Abdichtung auch am Rotor- und Wellenumfang erfolgen. Die hohen Drehzahlen verbieten eine Flächenberührung zwischen Rotor und Gehäuse, sei es direkt oder über gestopfte Packungen. Man muß also Spalte vorsehen, durch die eine gewisse Menge Arbeitsmittel aus dem Raum höheren Druckes in den Raum niederen Druckes abströmt. Da diese abströmende Menge nicht an der Energieumsetzung in der Maschine teilnimmt, bedeutet ihr Vorhandensein einen Energieverlust und, wenn die Abströmung ins Freie erfolgt, auch einen Mengenverlust. Wichtigste Aufgabe bei der Konstruktion von schnellaufenden Kreiselmaschinen ist es daher, diese ab- oder rückströmende Menge möglichst klein zu halten.

Dichtspalte für tropfbare Flüssigkeiten

Zur Abdichtung von flüssigkeitsgefüllten Druckräumen am Umfang von Rotationskörpern verwendet man längere, enge Spalte, die glatt oder verzahnt sein können.

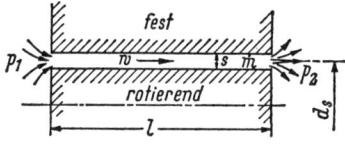

Bild 104   Glatter Ringspalt

Nach *Bernoulli* ist:

$$\frac{p_1}{\varrho} + \frac{w_1^2}{2} = \frac{p_2}{\varrho} + \frac{w_2^2}{2} + h_v$$

$$w_1 = w_2 = w$$

$$h_v = \lambda \frac{l}{d_{gl}} \frac{w^2}{2} + \zeta_E \frac{w^2}{2} + \zeta_A \frac{w^2}{2}$$

$$\zeta_E = 0{,}5; \qquad \zeta_A = 1$$

$$d_{gl} = \frac{4 \cdot A}{U} = \frac{4 \cdot d_s \cdot \pi \cdot s}{2 \cdot \pi \cdot d_s} = 2 \cdot s$$

damit wird

$$p_1 - p_2 = \frac{\varrho}{2} w^2 \left(\lambda \frac{l}{2 \cdot s} + 1{,}5 \right)$$

$$w = \frac{1}{\sqrt{1{,}5 + \lambda \dfrac{l}{2 \cdot s}}} \sqrt{2 \frac{p_1 - p_2}{\varrho}}$$

Nach Kontinuität ist:

$$\dot{m} \cdot v = \dot{V} = A_s \cdot w = \pi \cdot d_s \cdot s \cdot w$$

$$\dot{V} = \pi \cdot d_s \cdot s \frac{1}{\sqrt{1{,}5 + \lambda \dfrac{l}{2 \cdot s}}} \sqrt{2 \frac{p_1 - p_2}{\varrho}}$$

$$\boxed{\dot{V} = \mu \cdot \pi \cdot d_s \cdot s \cdot \sqrt{2 \frac{p_1 - p_2}{\varrho}}}$$

Verluststrom durch Ringspalte

Für *glatte* Ringspalte ist:

$$\mu = \frac{1}{\sqrt{1{,}5 + \lambda \dfrac{l}{2 \cdot s}}}$$

Für *verzahnte* Ringspalte ist:

$$\mu = \frac{1}{\sqrt{1,5 + z + \lambda \dfrac{\Sigma(\Delta l)}{2 \cdot s}}}$$

z ist die Anzahl der Dichtspalte innerhalb des verzahnten Ringspaltes, Δl die Länge des einzelnen Dichtspaltes.

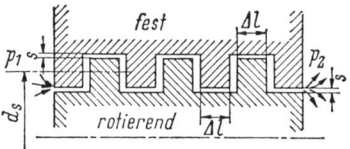

Bild 105   Verzahnter Ringspalt mit
$z = 7$ Dichtspalten

Für die Rohrreibungszahl λ bei Spaltströmung können folgende empirische Beziehungen angesetzt werden:

a) laminare Strömungen in Kreisringspalten

$$\lambda = 1,5 \frac{64}{Re}$$

b) turbulente Strömung in Kreisringspalten
hydraulisch *glatte* Spalte

$$\lambda = \frac{0,427}{Re^{0,25}}$$

hydraulisch *rauhe* Spalte

$$\lambda = \frac{1}{\left(1 - 2 \lg \dfrac{k}{d_{\mathrm{gl}}}\right)^2}$$

c) exzentrische Ringspalte

$$\text{lam. } \lambda_{\mathrm{ex}} \approx \frac{\lambda}{1 + 1,5 \left(\dfrac{e}{s}\right)^2}$$

$$\text{turb. } \lambda_{\mathrm{ex}} = \frac{\lambda}{1 + 0,2 \left(\dfrac{e}{s}\right)^2}$$

darin sind λ die Rohrreibungszahlen konzentrischer Kreisringspalte gleicher Abmessungen, e die Exzentrizität und s die mittlere Spalthöhe.

Dichtspalte für gasförmige Fluide

Bei allen Spalten stehen sich Flächen mit engem Spiel gegenüber. Im Falle einer Wellendurchbiegung kann es zu einseitigem Anlaufen kommen. Tropfbare Flüssigkeiten führen die dadurch entstehende Reibungswärme im allgemeinen ohne Schwierigkeiten ab. Bei Gasen und Dämpfen wird es jedoch zu unzulässig hoher Erwärmung der aneinander reibenden Maschinenteile kommen.

Die Abdichtung von gas- oder dampfgefüllten Druckräumen muß also so erfolgen, daß ein Fressen, d.h. Festsetzen vermieden wird. Bei einer Verzahnung mittels spitz endender Dichtringe tritt im Augenblick des Anlaufens sofort ein solcher Verschleiß der berührenden Teile auf, daß die Gefahr des Festsetzens nicht besteht.

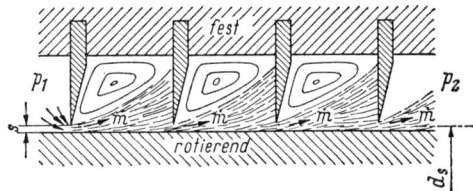

Bild 106 Spitzenringspalt, Labyrinthdichtung

In den Ringspalten der Labyrinthdichtung, wie eine solche Abdichtung mit mehreren Dichtringen genannt wird, findet eine stufenweise Expansion von p_1 auf p_2 statt. Daher vergrößert sich in den Kammern der Dichtung das spezifische Volumen des gasförmigen Fluides von Spalt zu Spalt.

Nach Kontinuität muß sein:

$$\dot{m} = \frac{A_s \cdot w_s}{v} = \frac{\pi \cdot d_s \cdot s \cdot w_s}{v} = \text{konst.}$$

Wenn v von Spalt zu Spalt größer wird, vergrößert sich demnach auch die Strömungsgeschwindigkeit w_s durch den Spaltquerschnitt von Spalt zu Spalt.
Für den Einzelspalt gilt, wie bereits für tropfbare Flüssigkeiten abgeleitet:

$$\dot{m}_s \cdot v = \mu \cdot A_s \sqrt{2 \frac{\Delta p}{\varrho}}$$

$$\text{mit} \quad v = \frac{1}{\varrho} \quad \text{wird}$$

$$\dot{m}_s = \mu \cdot A_s \sqrt{2 \cdot \varrho \cdot \Delta p}$$

$$\text{und mit} \quad \varrho = \frac{p}{R \cdot T} \quad \text{wird}$$

$$\dot{m}_s = \mu \cdot A_s \sqrt{2 \frac{p}{R \cdot T} \Delta p}$$

$$\left(\frac{\dot{m}_s}{\mu \cdot A_s}\right)^2 = 2 \frac{p}{R \cdot T} \Delta p$$

Zunächst wird, angenommen, daß das Labyrinth unendlich viele Dichtspalte habe. Für $z \to \infty$ geht $\Delta p \to \mathrm{d}p$, wenn z die Anzahl der Dichtspalte ist.

Die Zustände in zwei benachbarten Kammern des Labyrinthes liegen auf einer Drossellinie, für die angenähert isothermisches Verhalten angenommen wird. Mit dieser Annahme läßt sich die Gleichung des Einzelspaltes nun über das gesamte Labyrinth integrieren:

$$\dot{m}_s = \text{konst} = \dot{m} \qquad\qquad T = \text{konst} = T_1$$

$$\dot{m}^2 \cdot \int\limits_1^2 \frac{1}{\mu^2 \cdot A_s^2} = -\frac{2}{R \cdot T} \int\limits_{p_1}^{p_2} p \cdot dp$$

negativ, weil p mit wachsender Druckdifferenz absinkt.

$$\dot{m}^2 \cdot \int\limits_1^2 \frac{1}{\mu^2 \cdot A_s^2} = -\frac{2}{R \cdot T_1} \frac{p_2^2 - p_1^2}{2} = \frac{p_1^2 - p_2^2}{p_1 \cdot v_1}$$

Nun wird dieser Ableitung wieder eine endliche Anzahl z von Dichtspalten zugrunde gelegt. Das ist durchaus möglich, weil im bisherigen Verlauf der Ableitung nur über den vorgegebenen Druckverlauf p_1 nach p_2 integriert wurde, nicht aber über Größen, die von der Anzahl der Dichtspalte beeinflußt werden. Unter der Annahme einer endlichen Anzahl z ist:

$$\dot{m}^2 \cdot \int\limits_1^2 \frac{1}{\mu^2 \cdot A_s^2} = \dot{m}^2 \cdot \Sigma \frac{1}{\mu^2 \cdot A_s^2}$$

Wenn A_s bei allen Dichtspalten gleich groß ist, was bei axial durchströmten Labyrinthen der Fall ist, wird

$$\Sigma \frac{1}{\mu^2 \cdot A_s^2} = z \cdot \frac{1}{\mu^2 \cdot A_s^2}$$

und damit also

$$\dot{m}^2 \frac{z}{\mu^2 \cdot A_s^2} = \frac{p_1^2 - p_2^2}{p_1 \cdot v_1}$$

$$\dot{m} = \mu \cdot A_s \sqrt{\frac{p_1^2 - p_2^2}{z \cdot p_1 \cdot v_1}}$$

$$\dot{m} = \mu \cdot \pi \cdot d_s \cdot s \sqrt{\frac{p_1^2 - p_2^2}{z \cdot p_1 \cdot v_1}} \qquad\qquad \mu \approx 0{,}75$$

Diese Gleichung ist so lange anwendbar, solange die Voraussetzungen der Ableitung zutreffen, d.h., solange an keinem Punkt des Strömungsweges ein überkritisches Druckgefälle auftritt.

Bei größeren Druckunterschieden $\Delta p = p_1 - p_2$ kann zwischen dem Druck in der letzten Labyrinthkammer und p_2 eine überkritische Druckdifferenz auftreten. Zur Feststellung der überkritischen Druck- und Strömungsverhältnisse in der Labyrinthdichtung dienen folgende Beziehungen:

Durch den letzten Spalt tritt bei überkritischem Druckabfall nach Abschnitt 4.8 der Mengenstrom

$$\dot{m} = \mu \cdot A_s \cdot \psi_{max} \sqrt{2 \frac{p_x}{v_x}}$$

Der Index x bezeichnet den Zustand in der letzten Kammer.

Durch die vorhergehenden $z - 1$ Spalte strömt nach oben abgeleiteter Gleichung

$$\dot{m} = \mu \cdot A_s \sqrt{\frac{p_1^2 - p_x^2}{(z - 1) \cdot p_1 \cdot v_1}}$$

Durch Gleichsetzung erhält man

$$\psi_{max} \sqrt{2 \frac{p_x}{v_x}} = \sqrt{\frac{p_1^2 - p_x^2}{(z - 1) \cdot p_1 \cdot v_1}}$$

$$2 \cdot \psi_{max}^2 (z - 1) \cdot p_1 \cdot v_1 \frac{p_x}{v_x} = p_1^2 - p_x^2$$

Wie oben *bereits* gesagt, wird isothermische Durchströmung des Einzelspaltes angenommen. Dann ist

$$p_1 \cdot v_1 = p_x \cdot v_x$$

$$\frac{p_1 \cdot v_1}{v_x} = p_x$$

Damit wird

$$2 \cdot \psi_{max}^2 (z - 1) \cdot p_x^2 = p_1^2 - p_x^2$$

$$p_x^2 = \frac{p_1^2}{1 + 2 \cdot \psi_{max}^2 (z - 1)}$$

$$p_x = \frac{p_1}{\sqrt{1 + 2 \cdot \psi_{max}^2 (z - 1)}}$$

Nach Abschnitt 4.4 ist

$$p_L = \beta \cdot p_x$$

$$p_L = \frac{\beta \cdot p_1}{\sqrt{1 + 2 \cdot \psi_{max}^2 (z - 1)}}$$

Solange $p_2 > p_L$, ist $\dot{m}$ nach oben abgeleiteter Gleichung

$$\boxed{\dot{m} = \mu \cdot \pi \cdot d_s \cdot s \sqrt{\frac{p_1^2 - p_2^2}{z \cdot p_1 \cdot v_1}}} \qquad \text{für } p_2 > p_L$$

Wenn $p_2 < p_L$, wird jedoch

$$\dot{m} = \mu \cdot A_s \sqrt{\frac{p_1^2 - p_x^2}{(z - 1) \cdot p_1 \cdot v_1}}$$

$$= \mu \cdot A_s \sqrt{\frac{p_1^2 - \dfrac{p_1^2}{1 + 2 \cdot \psi_{max}^2 (z - 1)}}{(z - 1) \cdot p_1 \cdot v_1}}$$

$$\boxed{\dot{m} = \mu \cdot \pi \cdot d_s \cdot s \sqrt{\frac{p_1}{v_1 (z - 1)} \cdot \left(1 - \frac{1}{1 + 2 \cdot \psi_{max}^2 (z - 1)}\right)}} \qquad \text{für } p_2 < p_L$$

Zahlenwerte für $\psi^2_{max} = \dfrac{\varkappa}{\varkappa - 1}\left[\left(\dfrac{2}{\varkappa + 1}\right)^{\frac{2}{\varkappa - 1}} - \left(\dfrac{2}{\varkappa + 1}\right)^{\frac{\varkappa + 1}{\varkappa - 1}}\right]$ (s. Abschnitt 4.8)

Luft	0,234
Heißdampf	0,223
Sattdampf	0,202

Beispiel 4.10.: Vor der Wellenabdichtung im Gehäuse einer Dampfturbine befindet sich überhitzter Wasserdampf von 6 bar und 200 °C. Der Außenluftdruck beträgt 1 bar. Bei einem Spaltdurchmesser $d_s = 250$ mm und einer Spalthöhe $s = 0,2$ mm soll die Anzahl der Spalte so gewählt werden, daß kein überkritisches Druckgefälle auftritt.

    a) Wieviel Spalte müssen vorgesehen werden?
    b) Wie groß ist dann der Dampfverlust?

Gegeben: $p_1 = 6$ bar $= 6 \cdot 10^5$ N/m² $p_2 = 1$ bar

            $t_1 = 200$ °C

            $d_s = 250$ mm $= 0,25$ m

            $s \;\; = 0,2$ mm $= 2 \cdot 10^{-4}$ m

            für Heißdampf ist $\beta \;\; = 0,546$

                         $\psi^2_{max} = 0,223$ und $\psi_{max} = 0,472$

Lösung: a) Zur Erfüllung der Bedingung muß $p_L \lessgtr p_2$ sein.

         Aus $p_L \;\; = \dfrac{\beta \cdot p_1}{\sqrt{1 + 2 \cdot \psi^2_{max}(z - 1)}}$ und $p_L = p_2$

         wird $z_{min} = \left(\dfrac{\beta \cdot p_1}{\psi_{max} \cdot \sqrt{2} \cdot p_2}\right)^2 + 1 - \dfrac{1}{2 \cdot \psi^2_{max}}$

                   $= \left(\dfrac{0,546 \cdot 6}{0,472 \cdot \sqrt{2} \cdot 1}\right)^2 + 1 - \dfrac{1}{2 \cdot 0,223} = 22,85$

         also $z_{erf} = 23$ Spalte

         b) $\dot{m} = \mu \cdot \pi \cdot d_s \cdot s \sqrt{\dfrac{p_1^2 - p_2^2}{z \cdot p_1 \cdot v_1}}$

         für $p_1 = 6$ bar   und $t_1 = 200$ °C   ist $v_1 = 0,3522$ m³/kg

         $\dot{m} = 0,75 \cdot \pi \cdot 0,25$ m $\cdot 2 \cdot 10^{-4}$ m $\cdot \sqrt{\dfrac{(6^2 - 1^2)\,\text{bar}^2}{23 \cdot 6\,\text{bar} \cdot 0,3522\,\text{m}^3} \cdot \dfrac{\text{kg}}{} \cdot \dfrac{10^5\,\text{N}}{\text{bar} \cdot \text{m}^2} \cdot \dfrac{\text{kg} \cdot \text{m}}{\text{N} \cdot \text{s}^2}} =$

         $= 0,0316$ kg/s $= 114$ kg/h

Beispiel 4.11.: Zwischen der Sperrdampfeinführung in der vakuumseitigen Wellendichtung einer Dampfturbine und dem Gehäuseinneren liegen 15 Labyrinthspalte mit $d_s = 300$ mm und $s = 0,25$ mm. Als Sperrdampf wird Sattdampf von 1,2 bar verwendet. Der Druck im Abdampfstutzen der Turbine beträgt 0,05 bar. Wieviel Sperrdampf strömt in den Kondensator über?

Gegeben: $p_1 = 1,2$ bar $= 1,2 \cdot 10^5$ N/m² $p_2 = 0,05$ bar

            $d_s = 300$ mm $= 0,3$ m

            $s \;\; = 0,25$ mm $= 2,5 \cdot 10^{-4}$ m

            $z \;\; = 15$

Lösung: Zuerst muß festgestellt werden, ob im letzten Spalt des Labyrinthes unter- oder überkritisch expandiert wird.

$$p_L = \frac{\beta \cdot p_1}{\sqrt{1 + 2 \cdot \psi_{max}^2 (z-1)}}$$

für Sattdampf ist $\beta = 0,577$ und $\psi_{max}^2 = 0,202$

$$p_L = \frac{0,577 \cdot 1,2 \text{ bar}}{\sqrt{1 + 0,404 \cdot 14}} = 0,2683 \text{ bar}$$

$p_L > p_2$, also überkritisch!

$$\dot{m} = \mu \cdot \pi \cdot d_s \cdot s \sqrt{\frac{p_1}{v_1 \cdot (z-1)} \cdot \left(1 - \frac{1}{1 + 2 \cdot \psi_{max}^2(z-1)}\right)}$$

Für Sattdampf von 1,2 bar ist $v'' = 1,428 \text{ m}^3/\text{kg}$

$$\dot{m} = 0,75 \cdot \pi \cdot 0,3 \text{ m} \cdot 2,5 \cdot 10^{-4} \text{ m} \cdot \sqrt{\frac{1,2 \cdot 10^5 \text{ N}}{14 \cdot \text{m}^2 \cdot 1,428 \text{ m}^3} \frac{\text{kg}}{} \cdot \frac{\text{kg} \cdot \text{m}}{\text{N} \cdot \text{s}^2} \left(1 - \frac{1}{1 + 0,404 \cdot 14}\right)}$$

$$= 0,01262 \text{ kg/s} = 45,5 \text{ kg/h}$$

Die erforderliche Anzahl Dichtspalte für unterkritische Entspannung ergibt sich aus der Forderung, daß auch im letzten Dichtspalt noch ein unterkritisches Druckverhältnis vorhanden sein muß. Das ist aber nur dann der Fall, wenn

$$p_L = \frac{\beta \cdot p_1}{\sqrt{1 + 2 \cdot \psi_{max}^2(z-1)}} \leqq p_2$$

Daraus

$$z_{min} = \left(\frac{\beta \cdot p_1}{\psi_{max} \cdot \sqrt{2} \cdot p_2}\right)^2 - \frac{1 - 2 \cdot \psi_{max}^2}{2 \cdot \psi_{max}^2} = a \left(\frac{p_1}{p_2}\right)^2 - b$$

Zahlenwerte:

	a	b
Luft	0,6	1,14
Heißdampf	0,67	1,25
Sattdampf	0,823	1,47

Ausreichend genau genug also:

$$z_{min} = a \left(\frac{p_1}{p_2}\right)^2 - 1$$

Bei zu großer Zahl von Dichtspalten überkritische Entspannung zulassen, oder Radiallabyrinthe wählen!

5 Gasdynamik

Die Gasdynamik als die Lehre von der Strömung kompressibler Fluide ist die umfassendste Form der Strömungslehre. Die Hydrodynamik, d.h. die Lehre von der Strömung inkompressibler Flüssigkeiten, sowohl als auch die Aerodynamik, d.h. die Lehre von der Strömung der Gase im Unterschallbereich, sind demnach nur Sonderfälle der Gasdynamik.

So weit gespannt soll aber in diesem Kapitel der Stoff nicht betrachtet werden. Nach Vorgesagtem gehören auch die Ableitungen in Kapitel 4 bereits in das Gebiet der Gasdynamik. In den folgenden Abschnitten sollen dieselben und daraus abgeleitete Gesetzmäßigkeiten auf die Schallgeschwindigkeit bezogen werden. Vieles aus Kapitel 4 bereits bekannte wird man daher auch im folgenden in anderer Form wiederfinden.

Die Gasdynamik als Lehre von den Gesetzmäßigkeiten strömender gasförmiger Fluide verlangt Vorkenntnisse des thermodynamischen Verhaltens der Gase und Dämpfe. Diese Vorkenntnisse werden bei den folgenden Betrachtungen vorausgesetzt.

5.1 Bewegung mit Schall- und Überschallgeschwindigkeit

In einem kompressiblen Medium breiten sich kleine Druckstörungen aus Symmetriegründen nach allen Richtungen gleichförmig mit der Schallgeschwindigkeit a aus. Die Ausbreitung kann als adiabat angesehen werden.

Schallgeschwindigkeit $\quad a = \sqrt{\dfrac{\mathrm{d}p}{\mathrm{d}\varrho}} = \sqrt{\varkappa \cdot R \cdot T} = \sqrt{\varkappa \dfrac{R_\mathrm{m}}{M} T}$

$\quad R_\mathrm{m} = 8{,}3147 \dfrac{\mathrm{kJ}}{\mathrm{kmol} \cdot \mathrm{K}} \quad$ molare oder allgemeine Gaskonstante

$\quad M$ Molmasse

Machzahl $\quad Ma = \dfrac{w}{a} = \dfrac{\text{örtliche Geschwindigkeit}}{\text{Schallgeschwindigkeit bei Ortszustand}}$

Man unterscheidet

Unterschallströmung oder -bewegung bis $Ma = 1$

Transsonische Strömung oder Bewegung von $Ma = 0{,}75$ bis etwa $Ma = 1{,}25$

Überschallströmung oder -bewegung bei $Ma > 1$

Hypersonische Strömung oder Bewegung bei $Ma > 5$

Körper, die sich einem Beobachter mit Überschallgeschwindigkeit nähern, z.B. Flugzeuge, Raketen oder Geschosse, erreichen diesen eher, als die von ihnen hervorgerufenen Schallwellen.

Eine kleine Druckänderung pflanzt sich in einem mit der Geschwindigkeit w strömenden Gas relativ zur ungestörten Strömung mit der Schallgeschwindigkeit a fort. Ihre Fortpflanzungsgeschwindigkeit c ist stromabwärts

$\quad c = w + a$

und stromaufwärts

$\quad c = w - a$

Positives Vorzeichen von c bedeutet Fortpflanzung in Strömungsrichtung, negatives dagegen Fortpflanzung gegen die Strömungsrichtung.

Hieraus folgt, daß eine Fortpflanzung gegen die Strömungsrichtung nicht mehr möglich ist, wenn $w > a$ wird, weil dann c auf alle Fälle einen Wert > 0 annimmt.

Prinzipiell gelten diese Überlegungen nicht nur für die Fortpflanzung der Druckänderung in und gegen die Strömungsrichtung, sondern auch für ihre Ausbreitung relativ zur Strömung nach allen Seiten hin. Sie gelten auch dann, wenn nicht das Gas die Bewegung ausführt, sondern ein Körper sich mit der Geschwindigkeit w in einem ruhenden Gas bewegt. Die von dem Körper ausgehenden Störungen erreichen ebenfalls die Geschwindigkeit c bezogen auf die ruhende Umgebung.

Ruhende Störquelle

Wenn die Störquelle, von der die Druckwellen ausgehen, ortsfest im Punkte A verbleibt ($w = 0$), breiten sich die Schallwellen gleichmäßig nach allen Seiten aus (Bild 107). Der von der Umgebung wahrgenommene Schall liegt jeweils auf der Oberfläche von konzentrischen Kugeln, deren Radius aus dem Produkt von Schallgeschwindigkeit und Zeit gebildet ist.

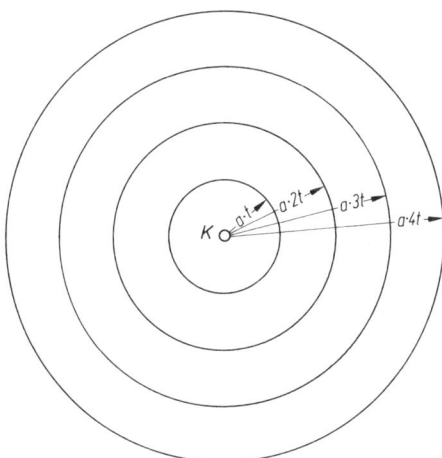

Bild 107
Ausbreitung der Schall-
wellen bei ruhender
Störquelle K

Bewegte Störquelle

Ein Körper, der sich mit der Geschwindigkeit w in einem ruhenden Gas bewegt, sendet von jedem Punkt seines Weges Druckstörungen aus, die sich mit Schallgeschwindigkeit nach allen Seiten hin ausbreiten. Die von einem Punkte ausgehende Druckänderung erfüllt nach der Zeit t eine zentrische Kugeloberfläche mit dem Radius $a \cdot t$. In der gleichen Zeit t hat der Körper den Weg $s = w \cdot t$ zurückgelegt.

Infolgedessen verdichten sich Störungen vor der bewegten Schallquelle, während sie hinter ihr geweitet sind. Der ruhende Beobachter hört eine sich nähernde Schallquelle mit höher frequentem Ton als eine sich entfernende. Diese Erscheinung wird *Doppler-Effekt* genannt. Man kann ihn auch bei Quellen beobachten, die elektromagnetische Wellen aussenden, z. B. bei Lichtquellen. Bei diesen verschiebt sich bei Annäherung das Spektrum in den kurzwelligeren Bereich (hellgelb bis grüngelb), bei Entfernung in den langewelligeren (rot).

Schallquelle bewegt sich mit $w < a$

Die Druckstörungen sind in Bewegungsrichtung intensiver als in Gegenrichtung. Die Ausgangspunkte der in Bild 108 dargestellten 4 Schallwellen sind die mit den Buchstaben A bis D bezeichneten Ortspunkte auf dem Wege der bewegten Schallquelle.

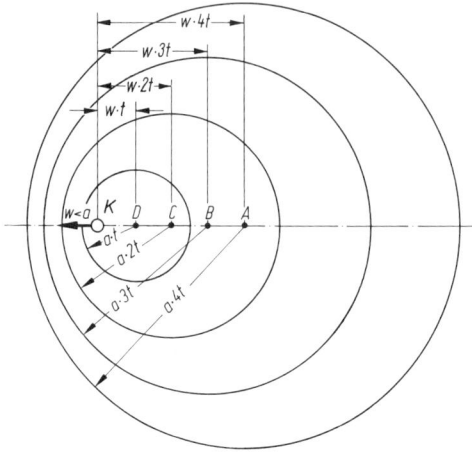

Bild 108   Ausbreitung der
Schallwellen bei einer mit
$w < a$ bewegten Störquelle K

Schallquelle bewegt sich mit $w = a$

Die Druckstörungen verdichten sich vor dem bewegten Objekt zur sogenannten „Schallmauer". Die Schallwellen können sich, von der Quelle aus gesehen, nur nach hinten ausbreiten in einen Raum, der durch eine mit der Quelle wandernde Ebene senkrecht zur Bewegungsrichtung begrenzt ist (Bild 109).

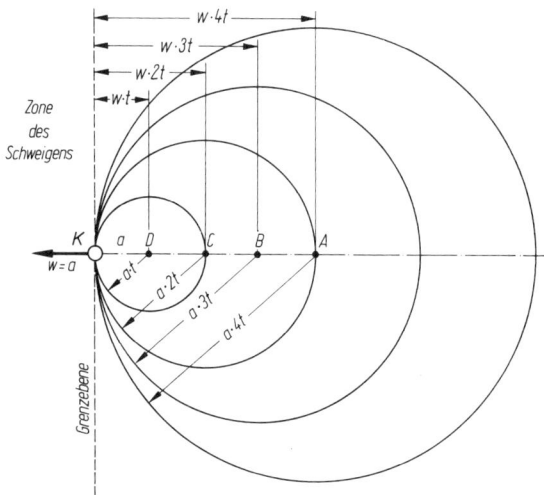

Bild 109   Ausbreitung der Schallwellen bei einer mit $w = a$ bewegten Störquelle K

Schallquelle bewegt sich mit $w > a$

Wenn $w > a$ ist, so befindet sich ein Körper bereits im Punkte K, wenn die von ihm im Punkte A ausgesandten Schallwellen die Kugeloberfläche mit dem Radius $a \cdot 4t$ erreicht haben. Die von Punkt B ausgehenden Schallwellen haben gerade eine Kugeloberfläche mit dem Radius $a \cdot 3t$ erreicht, wenn sich der Körper in Punkt K befindet, usw. Man erkennt daraus, daß die Schallwellen, die von einem mit Überschallgeschwindigkeit fliegenden Körper ausgehen, nur innerhalb eines Kegels bemerkt werden können, dessen Achse die Flugbahn bildet, und der einen Öffnungswinkel besitzt, der durch die Funktion

$$\sin \alpha = \frac{a}{w} = \frac{1}{Ma} \quad \text{bzw.} \quad \tan \alpha = \frac{1}{\sqrt{Ma^2 - 1}}$$

bestimmt ist. Der Winkel α wird *Machscher Winkel* genannt (Bild 110).

An der Vorderseite des bewegten Körpers gibt es einen Punkt, an welchem das Gas bzw. die Luft – relativ zum Körper – bis zum Stillstand verzögert wird, den Staupunkt. Die Stauverdichtung erhitzt das Gas. Mit T_2 Stautemperatur und T_1 Temperatur des ungestörten, umgebenden Gases ist

$$\begin{aligned} T_2/T_1 &\approx 1{,}2 \quad \text{bei} \quad Ma = 1 \\ &\approx 1{,}8 \quad \text{bei} \quad Ma = 2 \\ &\approx 4{,}2 \quad \text{bei} \quad Ma = 4 \end{aligned}$$

Die Stautemperatur steigt also bei Überschallgeschwindigkeit stark an und erreicht im hypersonischen Bereich rasch die sogenannte „Wärmemauer", d.h. den Zustand, bei welchem die Warmfestigkeit des Körperwerkstoffes überschritten wird.

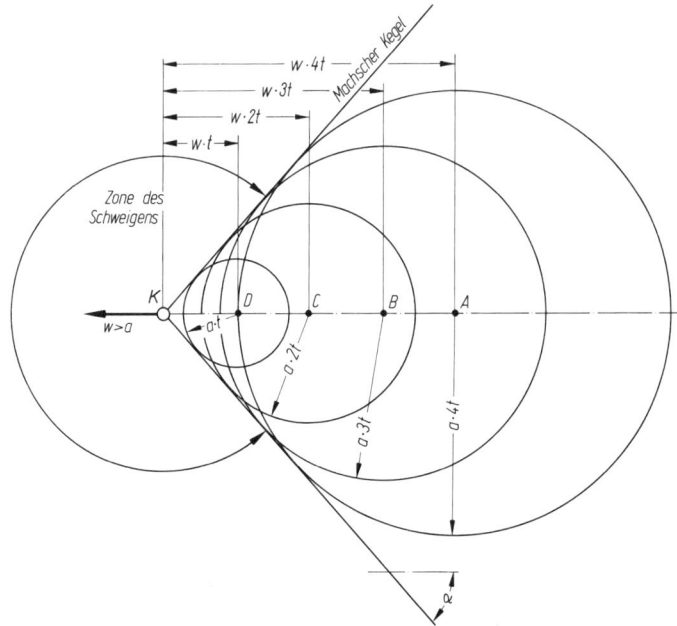

Bild 110   Ausbreitung der Schallwellen einer mit $w > a$ bewegten Störquelle K

Die Stautemperatur wird exakt mit Hilfe der Energiegleichung errechnet:

$$c_p \cdot T_1 + \frac{w_1^2}{2} = c_p \cdot T_2 + \frac{w_2^2}{2}$$

Mit $w_2 = 0$ (Staupunktsgeschwindigkeit) wird

$$T_2 = T_1 + \frac{w_1^2}{2 \cdot c_p}$$

Mit $a^2 = \varkappa \cdot R \cdot T$ und $\varkappa \cdot R = (\varkappa - 1) c_p$ folgt daraus

$$T_2 = T_1 \left(1 + \frac{\varkappa - 1}{2} \, Ma_1^2 \right)$$

5.2   Ebene Strömung bei variablem Strömungsquerschnitt

Allen folgenden Betrachtungen wird eindimensionale, isentrope Strömung, d. h. reibungs-freie Strömung in einem adiabaten System, zugrundegelegt.

Energiegleichung: $dh = -\mathrm{d}\left(\dfrac{w^2}{2}\right) = -w \cdot \mathrm{d}w$

Isentrope: $T \cdot \mathrm{d}s = 0 = \mathrm{d}h - \dfrac{\mathrm{d}p}{\varrho}$

daraus $\mathrm{d}p = \varrho \cdot \mathrm{d}h = -\varrho \cdot w \cdot \mathrm{d}w$

Kontinuität: $\dot{m} = \dfrac{A \cdot w}{v} = A \cdot w \cdot \varrho = \text{konst}$

oder $\dfrac{\dot{m}}{A \cdot w \cdot \varrho} = \text{konst}$ also

$\mathrm{d}(\ln A \cdot w \cdot \varrho) = 0$ oder

$$\frac{\mathrm{d}A}{A} + \frac{\mathrm{d}w}{w} + \frac{\mathrm{d}\varrho}{\varrho} = 0$$

Mit $\mathrm{d}w = -\dfrac{\mathrm{d}p}{\varrho \cdot w}$ folgt

$$\frac{\mathrm{d}A}{A} = \frac{\mathrm{d}p}{\varrho} \left(\frac{1}{w^2} - \frac{\mathrm{d}\varrho}{\mathrm{d}p} \right)$$

und mit $a^2 = \dfrac{\mathrm{d}p}{\mathrm{d}\varrho}$ folgt

$$\frac{\mathrm{d}A}{A} = \frac{\mathrm{d}p}{\varrho \cdot w^2} \left(1 - \frac{w^2}{a^2} \right) = \frac{\mathrm{d}p}{\varrho \cdot w^2} (1 - Ma^2)$$

$$\frac{\mathrm{d}A}{\mathrm{d}p} = A \frac{1 - Ma^2}{\varrho \cdot w^2}$$

mit $\qquad \mathrm{d}p = - \varrho \cdot w \cdot \mathrm{d}w \qquad$ folgt weiterhin

$$- \frac{\mathrm{d}A}{\varrho \cdot w \cdot \mathrm{d}w} = A \, \frac{1 - Ma^2}{\varrho \cdot w^2}$$

$$\frac{\mathrm{d}A}{\mathrm{d}w} = A \, \frac{Ma^2 - 1}{w}$$

Diese Ableitungen ergeben
für Unterschallströmung $Ma < 1$: $\dfrac{\mathrm{d}A}{\mathrm{d}p} > 0$ und $\dfrac{\mathrm{d}A}{\mathrm{d}w} < 0$,

d. h. der Druck nimmt zu und die Geschwindigkeit nimmt ab, wenn der Querschnitt größer wird,

bei Schallgeschwindigkeit $Ma = 1$: $\dfrac{\mathrm{d}A}{\mathrm{d}p} = 0$ und $\dfrac{\mathrm{d}A}{\mathrm{d}w} = 0$,

d. h. für konstante Schallgeschwindigkeit müssen Querschnitt, Druck und Geschwindigkeit konstant bleiben,

für Überschallströmung $Ma > 1$: $\dfrac{\mathrm{d}A}{\mathrm{d}p} < 0$ und $\dfrac{\mathrm{d}A}{\mathrm{d}w} > 0$,

d. h. der Druck nimmt ab und die Geschwindigkeit nimmt zu, wenn der Querschnitt größer wird.

Wie bereits in Abschnitt 4.9 nachgewiesen, wirkt ein divergenter Strömungsquerschnitt bei Unterschallströmung als Diffusor, bei Überschallströmung dagegen als Düse. Die Richtigkeit der Konstruktion der Lavaldüse mit nachgeschalteter Erweiterung zur Expansion unter das kritische Druckverhältnis ist damit noch einmal bestätigt. Ein konvergenter Strömungsquerschnitt wirkt im Unterschallbereich als Düse. Über das Verhalten der Überschallströmung in konvergenten Querschnitten wird noch zu reden sein.

5.3 Eindimensionale, isentrope Strömung

Der sonst übliche Index s für isentrope Vorgänge wird im folgenden aus Gründen der Übersichtlichkeit weggelassen. Dem Ruhezustand mit $w = 0$ (Behälter- oder Kesselzustand) wird der Index 0 zugeordnet.
Für alle isentropen Strömungen in Leitungen und Kanälen gelten folgende Gesetzmäßigkeiten:

$$\mathrm{d}h = c_\mathrm{p} \cdot \mathrm{d}T \qquad \frac{c_\mathrm{p}}{c_\mathrm{v}} = \varkappa \qquad c_\mathrm{p} - c_\mathrm{v} = R$$

$$c_\mathrm{p} = \frac{\varkappa}{\varkappa - 1} \, R$$

Energiesatz: $\quad h_0 = h + \dfrac{w^2}{2}$

$$\Delta h = h_0 - h = \frac{w^2}{2}$$

$$w^2 = 2 \cdot \Delta h = 2 \cdot c_\mathrm{p}(T_0 - T)$$

$$w \ = \sqrt{2 \cdot c_\mathrm{p}(T_0 - T)}$$

Bei Entspannung von T_0 auf $T = 0$ wird die maximale Geschwindigkeit erzielt

$$w_{max} = \sqrt{2 \cdot c_p \cdot T_0} = \sqrt{2 \frac{\varkappa}{\varkappa - 1} R \cdot T_0}$$

Mit a_0 wird die Schallgeschwindigkeit des Ruhezustandes 0 bezeichnet

$$a_0 = \sqrt{\varkappa \cdot R \cdot T_0}$$

Dagegen ist w_L die mit dem Ausgangszustand 0 erzielbare Lavalgeschwindigkeit bei Entspannung auf den Lavaldruck

$$p_L = p_0 \left(\frac{2}{\varkappa + 1} \right)^{\frac{\varkappa}{\varkappa - 1}} = p_0 \cdot \beta$$

$$w_L = \sqrt{\varkappa \cdot R \cdot T_L} = \sqrt{2 \frac{\varkappa}{\varkappa - 1} R (T_0 - T_L)}$$

Daraus folgt das Laval-Temperaturverhältnis.

Mit $\qquad w_L^2 = 2 \frac{\varkappa}{\varkappa - 1} R \cdot T_0 \left(1 - \frac{T_L}{T_0} \right) = \varkappa \cdot R \cdot T_L$

$$\frac{T_L}{T_0} = \frac{2}{\varkappa - 1} - \frac{2}{\varkappa - 1} \frac{T_L}{T_0}$$

$$\frac{2}{\varkappa - 1} = \frac{T_L}{T_0} \left(1 + \frac{2}{\varkappa - 1} \right)$$

$$\frac{T_L}{T_0} = \frac{2(\varkappa - 1)}{(\varkappa - 1)(\varkappa + 1)} = \frac{2}{\varkappa + 1}; \qquad \frac{T_0}{T_L} = \frac{\varkappa + 1}{2}$$

Damit wird

$$w_L^2 = 2 \frac{\varkappa}{\varkappa - 1} R \cdot T_0 \left(1 - \frac{2}{\varkappa + 1} \right)$$

$$w_L = \sqrt{2 \frac{\varkappa}{\varkappa + 1} R \cdot T_0}$$

$$w_L^2 = \frac{\varkappa - 1}{\varkappa + 1} w_{max}^2; \qquad \frac{w_L}{w_{max}} = \sqrt{\frac{\varkappa - 1}{\varkappa + 1}}$$

Das allgemeine Temperaturverhältnis bei isentroper Strömung ergibt sich aus der Energiegleichung

$$h_0 = c_p \cdot T_0 = h + \frac{w^2}{2} = c_p \cdot T + \frac{w^2}{2}$$

$$\frac{T_0}{T} = 1 + \frac{w^2}{2 \cdot c_p \cdot T} = 1 + \frac{w^2}{2 \frac{\varkappa}{\varkappa - 1} R \cdot T} = 1 + \frac{w^2}{\frac{2}{\varkappa - 1} a^2}$$

$$\frac{T_0}{T} = 1 + \frac{\varkappa - 1}{2} Ma^2$$

und das Druckverhältnis

$$\frac{p_0}{p} = \left(\frac{T_0}{T}\right)^{\frac{\varkappa}{\varkappa - 1}} = \left(1 + \frac{\varkappa - 1}{2} Ma^2\right)^{\frac{\varkappa}{\varkappa - 1}}$$

Die Energiegleichung des idealen Gases läßt sich aus der kalorischen in eine kinematische Form umwandeln:

$$2 \cdot c_p \cdot T_0 = 2 \cdot c_p \cdot T + w^2$$

$$2\frac{\varkappa}{\varkappa - 1} R \cdot T_0 = 2\frac{\varkappa}{\varkappa - 1} R \cdot T + w^2 = w_{max}^2 = \frac{\varkappa + 1}{\varkappa - 1} w_L^2$$

$$\frac{2}{\varkappa - 1} a_0^2 = \frac{2}{\varkappa - 1} a^2 + w^2 = \frac{\varkappa + 1}{\varkappa - 1} w_L^2$$

Es lassen sich drei Mach-Beziehungen von unterschiedlicher Bedeutung aufstellen:

1) $Ma_L = \dfrac{w}{w_L}$ als Verhältnis der örtlichen Geschwindigkeit zu der aus dem Ruhezustand erzielbaren Lavalgeschwindigkeit.

2) $Ma = \dfrac{w}{a}$ als Verhältnis der örtlichen Geschwindigkeit zur Schallgeschwindigkeit bei Ortszustand.

3) $Ma_0 = \dfrac{w}{a_0}$ als Verhältnis der örtlichen Geschwindigkeit zur Schallgeschwindigkeit bei Ruhezustand.

Im Maschinenbau und in der Flugtechnik interessieren i. a. die Fälle 1) und 2). Sie stehen in einem ganz bestimmten Zusammenhang miteinander:

$$Ma_L^2 = \frac{w^2}{w_L^2} = \frac{w^2}{a^2} \cdot \frac{a^2}{w_L^2} = \frac{a^2}{w_L^2} Ma^2$$

Aus der Energiegleichung

$$\frac{\varkappa + 1}{\varkappa - 1} = \frac{2}{\varkappa - 1} \cdot \frac{a^2}{w_L^2} + \frac{w^2}{w_L^2}$$

wird mit

$$\frac{w^2}{w_L^2} = Ma_L^2 \quad \text{und} \quad \frac{a^2}{w_L^2} = \frac{Ma_L^2}{Ma^2}$$

$$\frac{a^2}{w_L^2} = \frac{\varkappa + 1}{\varkappa - 1} \cdot \frac{\varkappa - 1}{2} - \frac{\varkappa - 1}{2} \cdot \frac{w^2}{w_L^2}$$

$$Ma_L^2 = \frac{\varkappa + 1}{2} Ma^2 - \frac{\varkappa - 1}{2} Ma_L^2 \cdot Ma^2$$

$$Ma_L^2 = \frac{\dfrac{\varkappa + 1}{2} Ma^2}{1 + \dfrac{\varkappa - 1}{2} Ma^2}$$

oder $\quad 1 + \dfrac{\varkappa - 1}{2} Ma^2 = \dfrac{\varkappa + 1}{2} \dfrac{Ma^2}{Ma_L^2}$

$$Ma^2 = \frac{2}{\varkappa + 1} Ma_L^2 + \frac{\varkappa - 1}{\varkappa + 1} Ma_L^2 \cdot Ma^2$$

$$Ma^2 = \frac{\dfrac{2}{\varkappa + 1} Ma_L^2}{1 - \dfrac{\varkappa - 1}{\varkappa + 1} Ma_L^2}$$

5.4 Massenstromdichte

Das Verhältnis von Massenstrom zu Strömungsquerschnitt wird Massenstromdichte genannt.

$$\frac{\dot{m}}{A} = \frac{w}{v} = w \cdot \varrho = w \frac{p}{R \cdot T} = w \frac{p}{\sqrt{\varkappa R T}} \sqrt{\frac{\varkappa}{R}} \sqrt{\frac{T_0}{T}} \frac{1}{\sqrt{T_0}}$$

$$= \sqrt{\frac{\varkappa}{R}} \frac{p}{\sqrt{T_0}} Ma \sqrt{\frac{T_0}{T}}$$

Es war $\dfrac{T_0}{T} = 1 + \dfrac{\varkappa - 1}{2} Ma^2$, damit wird die Massenstromdichte

$$\frac{\dot{m}}{A} = \sqrt{\frac{\varkappa}{R}} \frac{p}{\sqrt{T_0}} Ma \sqrt{1 + \frac{\varkappa - 1}{2} Ma^2}$$

Mit Hilfe der Zustandsgleichung der Isentropen

$$\frac{p_0}{p} = \left(\frac{\varrho_0}{\varrho}\right)^\varkappa \quad \text{und} \quad \frac{T_0}{T} = \left(\frac{p_0}{p}\right)^{\frac{\varkappa - 1}{\varkappa}}$$

sowie den bereits abgeleiteten Druck- und Temperaturbeziehungen

$$\frac{p_0}{p} = \left(\frac{T_0}{T}\right)^{\frac{\varkappa}{\varkappa - 1}} = \left(1 + \frac{\varkappa - 1}{2} Ma^2\right)^{\frac{\varkappa}{\varkappa - 1}}$$

$$\frac{\varrho_0}{\varrho} = \left(\frac{p_0}{p}\right)^{\frac{1}{\varkappa}} = \left(1 + \frac{\varkappa - 1}{2} Ma^2\right)^{\frac{1}{\varkappa - 1}}$$

ergibt sich die Massenstromdichte abhängig vom Ruhezustand und der Machzahl zu

$$\frac{\dot{m}}{A} = \sqrt{\frac{\varkappa}{R}} \frac{p_0}{\sqrt{T_0}} \frac{Ma}{\left(1 + \dfrac{\varkappa - 1}{2} Ma^2\right)^{\frac{\varkappa + 1}{2(\varkappa - 1)}}}$$

Die maximale Massenstromdichte liegt bei

$$\frac{\mathrm{d}\left(\dfrac{\dot{m}}{A}\right)}{\mathrm{d}Ma} = 0$$

Das ist dann der Fall, wenn $Ma = 1$, daher

$$\left(\frac{\dot{m}}{A}\right)_{max} = \frac{\dot{m}}{A_{min}} = \frac{p_0}{\sqrt{T_0}} \sqrt{\frac{\varkappa}{R}} \frac{1}{\left(\dfrac{\varkappa+1}{2}\right)^{\frac{\varkappa+1}{2(\varkappa-1)}}}$$

$$= \frac{p_0}{\sqrt{T_0}} \sqrt{\frac{\varkappa}{R}\left(\frac{2}{\varkappa+1}\right)^{\frac{\varkappa+1}{\varkappa-1}}}$$

5.5 Das Flächenverhältnis

Es soll das Querschnittsverhältnis $\dfrac{A}{A_{min}}$ bei der isentropen Kanalströmung mit veränderlichen Querschnitten als Funktion der örtlichen Machzahl ausgedrückt werden.

$$\frac{A}{A_{min}} = \frac{\dot{m}}{A_{min}} \frac{A}{\dot{m}} = \frac{\dfrac{p_0}{\sqrt{T_0}} \sqrt{\dfrac{\varkappa}{R}\left(\dfrac{2}{\varkappa+1}\right)^{\frac{\varkappa+1}{\varkappa-1}}}}{\dfrac{p_0}{\sqrt{T_0}} \sqrt{\dfrac{\varkappa}{R}} \dfrac{Ma}{\left(1+\dfrac{\varkappa-1}{2}Ma^2\right)^{\frac{\varkappa+1}{2(\varkappa-1)}}}}$$

$$= \frac{1}{Ma}\left[\frac{2}{\varkappa+1}\left(1+\frac{\varkappa-1}{2}Ma^2\right)\right]^{\frac{\varkappa+1}{2(\varkappa-1)}}$$

Darin ist die Machzahl Ma dem Strömungszustand des jeweiligen Querschnittes A zugeordnet.

5.6 Der Gesamtzustand

In vielen Fällen ist es zweckmäßig, den vorhandenen Strömungszustand auf den Gesamtzustand (Totalzustand, Ruhezustand) zurückzuführen. Dieser Gesamtzustand würde sich einstellen, wenn die Strömung im reversiblen Idealfall auf $w = 0$ verzögert würde, wie es im Staupunkt eines angeströmten Körpers der Fall ist. Einer dort vorhandenen Gesamtenthalpie entspricht eine Gesamttemperatur und ein Gesamtdruck:

$$h_0 = h + \frac{w^2}{2}$$

$$T_0 = T + \frac{w^2}{2 \cdot c_p}$$

$$p_0 = p + \varrho \frac{w^2}{2}$$

5.7   Thermodynamische Betrachtung der isentropen Düsenströmung

Es ist $w^2 = 2 \dfrac{\varkappa}{\varkappa - 1} \, p_0 \cdot v_0 \left[1 - \left(\dfrac{p}{p_0} \right)^{\frac{\varkappa - 1}{\varkappa}} \right]$ (siehe 4.3)

Energiegleichung: $c_p \cdot T_0 = c_p \cdot T + \dfrac{w^2}{2}$

$$w^2 = 2 \cdot c_p \cdot T_0 \left(1 - \frac{T}{T_0} \right)$$

$$\frac{T}{T_0} = 1 - \frac{w^2}{2 \cdot c_p \cdot T_0}$$

$$= 1 - \frac{w^2}{2 \dfrac{\varkappa}{\varkappa - 1} R \cdot T_0}$$

$$= 1 - \frac{w^2}{\dfrac{2}{\varkappa - 1} a_0^2}$$

$$= 1 - \frac{\varkappa - 1}{2} Ma_0^2$$

Isentrope: $\dfrac{p}{p_0} = \left(\dfrac{T}{T_0} \right)^{\frac{\varkappa}{\varkappa - 1}} = \left(\dfrac{v_0}{v} \right)^{\varkappa} = \left(\dfrac{\varrho}{\varrho_0} \right)^{\varkappa}$

$$= \left(1 - \frac{\varkappa - 1}{2} Ma_0^2 \right)^{\frac{\varkappa}{\varkappa - 1}}$$

Kontinuität: $\dot{m} = A \cdot \varrho \cdot w$

$$= A \cdot \varrho \sqrt{2 \frac{\varkappa}{\varkappa - 1} p_0 \cdot v_0 \left[1 - \left(\frac{p}{p_0} \right)^{\frac{\varkappa - 1}{\varkappa}} \right]}$$

$$= A \frac{\varrho}{\varrho_0} \sqrt{2 \cdot p_0 \cdot \varrho_0} \sqrt{\frac{\varkappa}{\varkappa - 1} \left[1 - \left(\frac{p}{p_0} \right)^{\frac{\varkappa - 1}{\varkappa}} \right]}$$

$$= A \left(\frac{p}{p_0} \right)^{\frac{1}{\varkappa}} \sqrt{2 \cdot p_0 \cdot \varrho_0} \sqrt{\frac{\varkappa}{\varkappa - 1} \left[1 - \left(\frac{p}{p_0} \right)^{\frac{\varkappa - 1}{\varkappa}} \right]}$$

$$= A \sqrt{2 \cdot p_0 \cdot \varrho_0} \sqrt{\frac{\varkappa}{\varkappa - 1} \left[\left(\frac{p}{p_0} \right)^{\frac{2}{\varkappa}} - \left(\frac{p}{p_0} \right)^{\frac{\varkappa + 1}{\varkappa}} \right]}$$

Mit $\sqrt{\dfrac{\varkappa}{\varkappa - 1} \left[\left(\dfrac{p}{p_0} \right)^{\frac{2}{\varkappa}} - \left(\dfrac{p}{p_0} \right)^{\frac{\varkappa + 1}{\varkappa}} \right]} = \psi$ Ausflußfunktion *(Nusselt)* wird $\quad \dot{m} = A \cdot \psi \sqrt{2 \cdot p_0 \cdot \varrho_0}$

d. h. $\quad \dfrac{\dot{m}}{A} \sim \psi \quad$ oder $\quad A \cdot \psi = \text{konst}$

Trägt man die Ausflußfunktion ψ für einen bestimmten Isentropenexponenten $\varkappa$ über p/p_0 auf (Bild 111), dann ergibt sich aus dem Diagramm, daß ψ ein Maximum besitzt (vergleiche auch Abschn. 4.9).

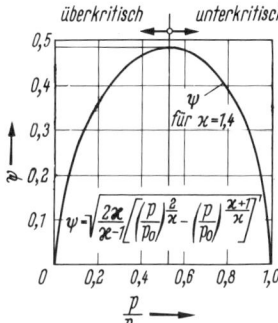

Bild 111 Ausflußfunktion nach *Nusselt* für $\varkappa = 1,4$

Es war $\quad \dfrac{\dot{m}}{A} = \sqrt{\dfrac{\varkappa}{R}} \dfrac{p_0}{\sqrt{T_0}} \dfrac{Ma}{\sqrt{\left(1 + \dfrac{\varkappa - 1}{2} Ma^2\right)^{\frac{\varkappa + 1}{\varkappa - 1}}}}$

$$= \sqrt{2 \cdot p_0 \dfrac{p_0}{R \cdot T_0}} \sqrt{\dfrac{\varkappa}{2}} \dfrac{Ma}{\sqrt{\left(1 + \dfrac{\varkappa - 1}{2} Ma^2\right)^{\frac{\varkappa + 1}{\varkappa - 1}}}}$$

$$= \sqrt{2 \cdot p_0 \cdot \varrho_0} \cdot \psi$$

d. h. $\quad \psi = \sqrt{\dfrac{\varkappa}{2}} \dfrac{Ma}{\sqrt{\left(1 + \dfrac{\varkappa - 1}{2} Ma^2\right)^{\frac{\varkappa + 1}{\varkappa - 1}}}}$

Bereits in 4.5 wurde abgeleitet, daß in einer Mündung maximal die Lavalgeschwindigkeit w_L erreicht werden kann, und in 4.9 war erklärt worden, daß diese Geschwindigkeit auch im engsten Querschnitt $A_{\min}$ der Lavaldüse erreicht wird. Bei isotroper Strömung gilt

$$w_L^2 = a_L^2 = \varkappa \cdot R \cdot T_L = \dfrac{2\varkappa}{\varkappa - 1} R(T_0 - T_L) = \dfrac{2\varkappa}{\varkappa + 1} R \cdot T_0$$

$$\dfrac{T_L}{T_0} = \dfrac{2}{\varkappa + 1}$$

$$\frac{p_L}{p_0} = \left(\frac{2}{\varkappa + 1}\right)^{\frac{\varkappa}{\varkappa - 1}}$$

$$\left(\frac{\dot{m}}{A}\right)_{max} = \frac{\dot{m}}{A_{min}} = \sqrt{\frac{\varkappa \cdot p_0^2}{R \cdot T_0}\left(\frac{2}{\varkappa + 1}\right)^{\frac{\varkappa + 1}{2(\varkappa - 1)}}} = \sqrt{2 \cdot p_0 \cdot \varrho_0} \cdot \psi_{max}$$

Daraus $$\psi_{max} = \sqrt{\frac{\varkappa}{2}} \sqrt{\left(\frac{2}{\varkappa + 1}\right)^{\frac{\varkappa + 1}{\varkappa - 1}}}$$

5.8   Rückstoßkraft oder Schub einer Lavaldüse

Wenn p_2 der Druck im Austrittsquerschnitt und p_a der Außendruck sind, ist nach dem Impulssatz (Abschn. 6.3)

$$F_S = \dot{m} \cdot w_2 + A_2(p_2 - p_a)$$

$$\frac{F_S}{p_0 \cdot A_{min}} = \frac{\dot{m}}{p_0 \cdot A_{min}} w_2 + \frac{A_2}{A_{min}}\left(\frac{p_2}{p_0} - \frac{p_a}{p_0}\right)$$

Mit $$p_0 = \varrho_0 \cdot R \cdot T_0 \quad \text{und} \quad w_2 = \sqrt{2 \cdot c_p \cdot T_0\left[1 - \left(\frac{p_2}{p_0}\right)^{\frac{\varkappa - 1}{\varkappa}}\right]}$$

sowie $$\frac{\dot{m}}{A_{min}} = \sqrt{2 \cdot p_0 \cdot \varrho_0} \cdot \psi_{max} \quad \text{wird}$$

$$\frac{F_S}{p_0 \cdot A_{min}} = \frac{\sqrt{2 \cdot p_0 \cdot \varrho_0} \cdot \psi_{max}}{\varrho_0 \cdot R \cdot T_0} \sqrt{2 \cdot c_p \cdot T_0} \sqrt{1 - \left(\frac{p_2}{p_0}\right)^{\frac{\varkappa - 1}{\varkappa}}} + \frac{A_2}{A_{min}}\left(\frac{p_2}{p_0} - \frac{p_a}{p_0}\right)$$

$$= \psi_{max} \sqrt{\frac{2}{T_0 \cdot R}} \sqrt{\frac{2\varkappa}{\varkappa - 1} R \cdot T_0} \sqrt{1 - \left(\frac{p_2}{p_0}\right)^{\frac{\varkappa - 1}{\varkappa}}} + \frac{A_2}{A_{min}}\left(\frac{p_2}{p_0} - \frac{p_a}{p_0}\right)$$

$$= \psi_{max} \cdot 2 \sqrt{\frac{\varkappa}{\varkappa - 1}} \sqrt{1 - \left(\frac{p_2}{p_0}\right)^{\frac{\varkappa - 1}{\varkappa}}} + \frac{A_2}{A_{min}}\left(\frac{p_2}{p_0} - \frac{p_a}{p_0}\right)$$

Der maximale Schub ergibt sich bei angepaßten Lavaldüsen (sh. 5.10), wenn $p_2 = p_a$ ist.

$$F_{S,max} = p_0 \cdot A_{min} \psi_{max} \cdot 2 \sqrt{\frac{\varkappa}{\varkappa - 1}} \sqrt{1 - \left(\frac{p_a}{p_0}\right)^{\frac{\varkappa - 1}{\varkappa}}}$$

Beispiel 5.1.: In eine Lavaldüse strömt Wasserstoff H_2 aus einem größeren Behälter, in dem der Druck $p_0 = 10$ bar und die Temperatur $t_0 = 127°C$ herrschen. Die Temperatur im engsten Querschnitt der Düse ist $t_s = 90°C$.

Gesucht: 1) Druck, Dichte und Geschwindigkeit im engsten Querschnitt A_{min}.
2) Lavalgeschwindigkeit w_L, und in welchem Querschnitt der Düse tritt sie auf?
3) Schallgeschwindigkeit des Zustandes im engsten Querschnitt.
4) Machzahl Ma im engsten Querschnitt und Machzahl Ma_L bei Lavalzustand.
5) Druck, Temperatur, Dichte und Geschwindigkeit im Austrittsquerschnitt für $A_2/A_{\text{min}} = 1,5$.
Für die Berechnung ist der Wasserstoff als ideales Gas mit konstanter Wärmekapazität $c_p^* = 29,07$ kJ/kmol · K anzusetzen.

Lösung: Hierzu Bild 112.

$$p_0 = 10 \text{ bar} \qquad A_2/A_{\text{min}} = 1,5 \qquad c_p^* = 29,07 \text{ kJ/kmol K}$$

$$t_0 = 127°\text{C} \qquad t_s = 90°\text{C}$$

$$T_0 = 400 \text{ K} \qquad T_s = 363 \text{ K}$$

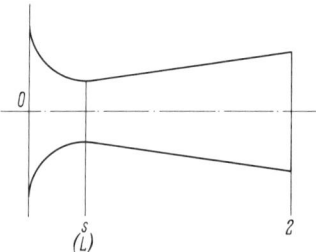

Bild 112   Lavaldüse zu den Beispielen 5.1 und 5.2

1) $$\varkappa = \frac{c_p^*}{c_p^* - R_m} = \frac{29,07 \dfrac{\text{kJ}}{\text{kmol K}}}{29,07 \dfrac{\text{kJ}}{\text{kmol K}} - 8,3147 \dfrac{\text{kJ}}{\text{kmol K}}} = 1,4$$

$$\frac{p_s}{p_0} = \left(\frac{T_s}{T_0}\right)^{\frac{\varkappa}{\varkappa - 1}} = \left(\frac{363 \text{ K}}{400 \text{ K}}\right)^{\frac{1,4}{0,4}} = 0,712$$

$$> \beta = \left(\frac{2}{\varkappa + 1}\right)^{\frac{\varkappa}{\varkappa - 1}} = 0,528$$

Das bedeutet, daß im engsten Querschnitt der Lavalzustand nicht erreicht wird. Es findet keine überkritische Entspannung statt. In der gesamten Düse herrscht Unterschallströmung. Die Lavaldüse ist nicht angepaßt. Der Druckverlauf entspricht dem in einer Venturidüse.

$$p_s = 0,712 \, p_0 = 7,12 \text{ bar}$$

$$R = \frac{R_m}{M} = \frac{8,3147 \text{ kJ}}{\text{kmol K}} \frac{\text{kmol}}{2,016 \text{ kg}} = 4,1244 \frac{\text{kJ}}{\text{kg K}}$$

$$= 4124,4 \frac{\text{m}^2/\text{s}^2}{\text{K}}$$

$$\varrho_s = \frac{p_s}{R \cdot T_s} = \frac{7,12 \ 10^5 \text{N}}{\text{m}^2} \frac{\text{kg K}}{4124,4 \text{ Nm} \ 363 \text{ K}} = 0,476 \frac{\text{kg}}{\text{m}^3}$$

$$w_s = \sqrt{2\frac{\varkappa}{\varkappa-1} R \cdot T_0 \left[1 - \left(\frac{p_s}{p_0}\right)^{\frac{\varkappa-1}{\varkappa}}\right]}$$

$$= \sqrt{2\frac{1,4}{0,4} 4124,4 \frac{m^2/s^2}{K} 400 \cdot K \left(1 - 0,712^{\frac{0,4}{1,4}}\right)}$$

$$= 1033,5 \text{ m/s}$$

2) $w_L = \sqrt{2\frac{\varkappa}{\varkappa-1}\left(1 - \frac{2}{\varkappa+1}\right)} \sqrt{R \cdot T_0}$

$$= 1,08 \sqrt{4124,4 \frac{m^2/s^2}{K} 400 \text{ K}} = 1387 \text{ m/s}$$

Diese Geschwindigkeit tritt in keinem Querschnitt der Düse auf.

3) $a_s = \sqrt{\varkappa \cdot R \cdot T_s} = \sqrt{1,4 \cdot 4124,4 \frac{m^2/s^2}{K} 363 \text{ K}}$

$$= 1448 \text{ m/s}$$

4) $Ma_s = \dfrac{w_s}{a_s} = \dfrac{1033,5 \text{ m/s}}{1448 \text{ m/s}} = 0,714$

$ Ma_L = \dfrac{w_s}{w_L} = \dfrac{1033,5 \text{ m/s}}{1387 \text{ m/s}} = 0,745$

5) $\dfrac{A_2}{A_{min}} = \dfrac{\dot{m} \cdot w_s \cdot \varrho_s}{\dot{m} \cdot w_2 \cdot \varrho_2} = \dfrac{w_s}{w_2} \cdot \dfrac{\varrho_s}{\varrho_2} = \dfrac{p_s \cdot R \cdot T_2}{p_2 \cdot R \cdot T_s} \cdot \dfrac{w_s}{w_2}$

$$= \frac{T_2}{T_s} \cdot \frac{p_s}{p_2} \cdot \frac{w_s}{w_2} = \left(\frac{p_2}{p_s}\right)^{\frac{\varkappa-1}{\varkappa}} \frac{p_s}{p_2} \frac{\sqrt{\frac{\varkappa}{\varkappa-1} R \cdot T_0 \left[1 - \left(\frac{p_s}{p_0}\right)^{\frac{\varkappa-1}{\varkappa}}\right]}}{\sqrt{\frac{\varkappa}{\varkappa-1} R \cdot T_0 \left[1 - \left(\frac{p_2}{p_0}\right)^{\frac{\varkappa-1}{\varkappa}}\right]}}$$

$$= \left(\frac{p_2}{p_s}\right)^{\frac{\varkappa-1}{\varkappa}} \cdot \frac{p_s}{p_2} \sqrt{\frac{1 - \left(\frac{p_s}{p_0}\right)^{\frac{\varkappa-1}{\varkappa}}}{1 - \left(\frac{p_2}{p_0}\right)^{\frac{\varkappa-1}{\varkappa}}}}$$

Statt diese Gleichung nach p_2 aufzulösen, ist es einfacher, die Lösung durch Iteration zu suchen:

1. Annahme: $p_2 = 9$ bar $\rightarrow 1,5 = \left(\dfrac{9}{7,12}\right)^{0,285} \dfrac{7,12}{9,00} \sqrt{\dfrac{1 - 0,712^{0,285}}{1 - 0,900^{0,285}}} = 1,4938$

2. Annahme: $p_2 = 9,02$ bar $\rightarrow 1,5 = 1,51$

3. Annahme: $p_2 = 9,01$ bar $\rightarrow 1,5 = 1,5$

 also $p_2 = 9,01$ bar

$$T_2 = T_\mathrm{s} \left(\frac{p_2}{p_\mathrm{s}} \right)^{\frac{\varkappa - 1}{\varkappa}} = 363\ \mathrm{K} \left(\frac{9{,}01\ \mathrm{bar}}{7{,}12\ \mathrm{bar}} \right)^{0{,}285} = 388\ \mathrm{K}$$

$$\varrho_2 = \varrho_\mathrm{s} \left(\frac{p_2}{p_\mathrm{s}} \right)^{\frac{1}{\varkappa}} = 0{,}476\ \frac{\mathrm{kg}}{\mathrm{m}^3} \left(\frac{9{,}01\ \mathrm{bar}}{7{,}12\ \mathrm{bar}} \right)^{0{,}714} = 0{,}563\ \mathrm{kg/m}^3$$

$$w_2 = \sqrt{2\, \frac{\varkappa}{\varkappa - 1}\, R \cdot T_0 \left[1 - \left(\frac{p_2}{p_0} \right)^{\frac{\varkappa - 1}{\varkappa}} \right]}$$

$$= \sqrt{2\, \frac{1{,}4}{0{,}4}\, 4124{,}4\ \frac{\mathrm{m}^2/\mathrm{s}^2}{\mathrm{K}}\, 400\ \mathrm{K} \left[1 - \left(\frac{9{,}01}{10} \right)^{0{,}285} \right]}$$

$$= 582\ \mathrm{m/s}$$

Beispiel 5.2.: Hierzu ebenfalls Bild 112

In einer Lavaldüse expandiert Helium, wobei $300\ \dfrac{\mathrm{J}}{\mathrm{kg\ K}}$ Wärme abgeführt werden. Der Ruhezustand vor der Düse ist $p_0 = 50\ \mathrm{bar}$ und $t_0 = 727^\circ \mathrm{C}$. Der Druck hinter dem Düsenaustritt ist $p_\mathrm{a} = 1\ \mathrm{bar}$. Die spezifische Wärmekapazität soll als konstant angenommen werden.

1) Wie groß ist der Polytropenexponent n?
2) Welche Machzahl *Ma* herrscht im engsten Querschnitt?
3) Welche Temperatur und welcher Druck herrschen im engsten Querschnitt?
4) Welches Querschnittserweiterungsverhältnis ist erforderlich, um das Gas polytrop auf den Gegendruck zu entspannen?
5) Wie groß muß der engste Querschnitt sein, damit die Lavaldüse einen Schub von 1 kN erreicht?
6) Welcher Schub würde bei gleichem Durchsatz und gleichem Druckverhältnis erreicht, wenn die Expansion isentrop ablaufen würde?

Lösung: Helium:

$$c_\mathrm{p}^* = 20{,}9644\ \frac{\mathrm{kJ}}{\mathrm{kmol\ K}} \qquad\qquad M = 4{,}0026\ \frac{\mathrm{kg}}{\mathrm{kmol}}$$

$$R = 2{,}0772\ \frac{\mathrm{kJ}}{\mathrm{kg\ K}} \qquad\qquad \varkappa = 1{,}66$$

$$p_0 = 50\ \mathrm{bar} \qquad t_0 = 727^\circ \mathrm{C} \qquad T_0 = 1000\ \mathrm{K}$$

$$p_\mathrm{a} = p_2 = 1\ \mathrm{bar}$$

1) $\Delta q = c_\mathrm{n} \cdot \Delta t \qquad c_\mathrm{n} = \dfrac{\Delta q}{\Delta t} = 300\ \dfrac{\mathrm{J}}{\mathrm{kg\ K}}$

$$c_\mathrm{p} = \frac{c_\mathrm{p}^*}{M} = \frac{20{,}9644\ \mathrm{kJ}}{\mathrm{kmol\ K}}\, \frac{\mathrm{kmol}}{4{,}0026\ \mathrm{kg}} = 5{,}2377\ \frac{\mathrm{kJ}}{\mathrm{kg\ K}}$$

$$= 5237{,}7\ \frac{\mathrm{J}}{\mathrm{kg\ K}}$$

$$c_\mathrm{n} = \frac{c_\mathrm{p}}{\varkappa}\, \frac{n - \varkappa}{n - 1}$$

$$n = \frac{\left(\dfrac{c_\mathrm{n}}{c_\mathrm{p}} - 1 \right) \varkappa}{\dfrac{c_\mathrm{n}}{c_\mathrm{p}}\, \varkappa - 1} = \frac{\left(\dfrac{300}{5237{,}7} - 1 \right) 1{,}66}{\dfrac{300}{5237{,}7}\, 1{,}66 - 1} = 1{,}729$$

2) Energiegleichung: $\quad h_0 = h + \dfrac{w^2}{2} + \Delta q$

$$c_{\mathrm{p}} \cdot \Delta T = \frac{w^2}{2} + c_{\mathrm{n}} \cdot \Delta T$$

$$\left(1 - \frac{c_{\mathrm{n}}}{c_{\mathrm{p}}}\right) c_{\mathrm{p}} \cdot \Delta T = \frac{w^2}{2}$$

mit $\quad c_{\mathrm{p}} = \dfrac{\varkappa}{\varkappa - 1} R \quad$ und $\quad \dfrac{c_{\mathrm{n}}}{c_{\mathrm{p}}} = \dfrac{1}{\varkappa} \dfrac{n - \varkappa}{n - 1}$

$$\left(1 - \frac{1}{\varkappa} \frac{n - \varkappa}{n - 1}\right) \frac{\varkappa}{\varkappa - 1} R \cdot \Delta T = \frac{w^2}{2}$$

$$\Delta T = T_0 - T = \frac{w^2}{2 \cdot \varkappa \cdot R} \frac{\varkappa - 1}{1 - \dfrac{1}{\varkappa} \dfrac{n - \varkappa}{n - 1}}$$

$$\frac{T_0}{T} - 1 = \frac{w^2}{2 \cdot \varkappa \cdot R \cdot T} \frac{\varkappa}{n}(n - 1)$$

$$\frac{T_0}{T} = 1 + Ma^2 \frac{\varkappa}{2 \cdot n}(n - 1)$$

Kontinuität: $\quad \dfrac{\dot{m}}{A} = \sqrt{\dfrac{\varkappa}{R}} \dfrac{p}{\sqrt{T_0}} \sqrt{\dfrac{T_0}{T}}\, Ma$

Polytrope: $\quad \dfrac{p_0}{p} = \left(\dfrac{T_0}{T}\right)^{\frac{n}{n-1}} = \left(1 + \dfrac{n-1}{2 \cdot n} \varkappa \cdot Ma^2\right)^{\frac{n}{n-1}}$

damit $\quad \dfrac{\dot{m}}{A} = \dfrac{p_0}{\sqrt{T_0}} \sqrt{\dfrac{\varkappa}{R}} \dfrac{Ma}{\left(1 + \dfrac{n-1}{2 \cdot n} \varkappa \cdot Ma^2\right)^{\frac{n+1}{2(n-1)}}}$

Im engsten Querschnitt ist $\dfrac{\dot{m}}{A}$ ein Maximum

$$\frac{\partial \left(\dfrac{\dot{m}}{A}\right)}{\partial Ma} = 0 = 1 - \frac{\varkappa}{n} Ma_{\mathrm{s}}^2$$

$$Ma_{\mathrm{s}} = \sqrt{\frac{n}{\varkappa}} = \sqrt{\frac{1{,}729}{1{,}66}} = 1{,}02$$

3) $\dfrac{T_{\mathrm{s}}}{T_0} = \dfrac{1}{1 + \dfrac{\varkappa(n-1)}{2n} Ma_{\mathrm{s}}^2} = \dfrac{2 \cdot n}{(2n + \varkappa \cdot n - \varkappa) Ma_{\mathrm{s}}^2}$

$$= \frac{2}{\left(2 + \varkappa - \dfrac{\varkappa}{n}\right) \dfrac{n}{\varkappa}} = \frac{2}{(2 + \varkappa)\dfrac{n}{\varkappa} - 1}$$

$$= \frac{2}{2\dfrac{n}{\varkappa} + n - 1} = \frac{2}{2\dfrac{1{,}729}{1{,}66} + 1{,}729 - 1}$$

$$= 0{,}711$$

$$T_{\mathrm{s}} = 0{,}711 \cdot T_0 = 711 \text{ K} \qquad t_{\mathrm{s}} = 438^\circ \text{C}$$

$$\frac{p_{\mathrm{s}}}{p_0} = \left(\frac{T_{\mathrm{s}}}{T_0}\right)^{\frac{n}{n-1}} = 0{,}711^{\frac{1{,}729}{0{,}729}} = 0{,}445$$

$$p_{\mathrm{s}} = 0{,}445 \cdot p_0 = 0{,}445 \cdot 50 \text{ bar} = 22{,}25 \text{ bar}$$

4) $\displaystyle \frac{\dot{m}}{A_{\mathrm{s}}} = \varrho_{\mathrm{s}} \cdot w_{\mathrm{s}} = \sqrt{\frac{\varkappa}{R}} \frac{p_{\mathrm{s}}}{\sqrt{T_0}} \sqrt{\frac{T_0}{T_{\mathrm{s}}}} \cdot Ma_{\mathrm{s}}$

$$\frac{\dot{m}}{A_2} = \varrho_2 \cdot w_2 = \sqrt{\frac{\varkappa}{R}} \frac{p_2}{\sqrt{T_0}} \sqrt{\frac{T_0}{T_2}} \cdot Ma_2$$

$$\frac{A_2}{A_{\mathrm{s}}} = \frac{p_{\mathrm{s}}}{p_2} \frac{Ma_{\mathrm{s}}}{Ma_2} \sqrt{\frac{T_0}{T_{\mathrm{s}}} \frac{T_2}{T_0}}$$

$$\frac{T_0}{T_2} = \left(\frac{p_0}{p_2}\right)^{\frac{n-1}{n}} = 50^{\frac{0{,}729}{1{,}729}} = 5{,}2$$

Energiegleichung: $c_{\mathrm{p}} \cdot T_0 = c_{\mathrm{p}} \cdot T_2 + c_{\mathrm{n}}(T_0 - T_2) + \dfrac{w_2^2}{2}$

$$\frac{T_0}{T_2} = 1 + \frac{c_{\mathrm{n}}}{c_{\mathrm{p}}}\left(\frac{T_0}{T_2} - 1\right) + \frac{w_2^2}{2 \cdot c_{\mathrm{p}} \cdot T_2}$$

$$= 1 + \frac{c_{\mathrm{n}}}{c_{\mathrm{p}}}\left(\frac{T_0}{T_2} - 1\right) + \frac{w_2^2}{2 \dfrac{\varkappa}{\varkappa - 1} R \cdot T_2}$$

$$= 1 + \frac{c_{\mathrm{n}}}{c_{\mathrm{p}}}\left(\frac{T_0}{T_2} - 1\right) + \frac{\varkappa - 1}{2} Ma_2^2$$

$$Ma_2^2 = \left[\frac{T_0}{T_2} - 1 - \frac{c_{\mathrm{n}}}{c_{\mathrm{p}}}\left(\frac{T_0}{T_2} - 1\right)\right] \frac{2}{\varkappa - 1}$$

$$= \frac{2}{\varkappa - 1}\left(\frac{T_0}{T_2} - 1\right)\left(1 - \frac{c_{\mathrm{n}}}{c_{\mathrm{p}}}\right)$$

$$= \frac{2}{0{,}66}\,(5{,}2 - 1)\left(1 - \frac{300}{5237{,}7}\right) = 12{,}0$$

$$Ma_2 = 3{,}46$$

damit $\displaystyle \frac{A_2}{A_{\mathrm{s}}} = \frac{22{,}25 \text{ bar}}{1 \text{ bar}} \cdot \frac{1{,}02}{3{,}46} \cdot \sqrt{\frac{1}{0{,}711} \cdot \frac{1}{5{,}2}} = 3{,}41$

5) $\displaystyle T_2 = \frac{T_0}{5{,}2} = \frac{1000 \text{ K}}{5{,}2} = 192{,}3 \text{ K}$

$$\frac{F_{\mathrm{s}}}{A_{\mathrm{s}}} = \frac{\dot{m} \cdot w_2}{A_{\mathrm{s}}} = \frac{\varrho_{\mathrm{s}} \cdot w_{\mathrm{s}}}{a_{\mathrm{s}}} a_{\mathrm{s}} \frac{w_2}{a_2}$$

$$= \varrho_{\mathrm{s}} \cdot \sqrt{\varkappa \cdot R \cdot T_{\mathrm{s}}} \sqrt{\varkappa \cdot R \cdot T_2} \cdot Ma_{\mathrm{s}} \cdot Ma_2$$

$$= \frac{p_{\mathrm{s}}}{R \cdot T_{\mathrm{s}}} \varkappa \cdot R \sqrt{T_{\mathrm{s}} \cdot T_2} \cdot Ma_{\mathrm{s}} \cdot Ma_2$$

$$= p_s \cdot \varkappa \sqrt{\frac{T_2}{T_s}} \cdot Ma_s \cdot Ma_2$$

$$= 22{,}25 \cdot 10^5 \, \frac{N}{m^2} \, 1{,}66 \sqrt{\frac{192{,}3}{711}} \, 1{,}02 \cdot 3{,}46$$

$$= 67{,}79 \cdot 10^5 \, \frac{N}{m^2} = 6779 \, \frac{kN}{m^2}$$

$$A_s = \frac{F_s}{F_s/A_s} = \frac{1 \, kN}{6779 \, kN/m^2} = 1{,}475 \cdot 10^{-4} \, m^2$$

6) Der Index s steht im folgenden für „isentrop".

$$T_{2,s} = T_0 \left(\frac{p_{2,s}}{p_0}\right)^{\frac{\varkappa-1}{\varkappa}} = 1000 \, K \left(\frac{1}{50}\right)^{\frac{0{,}66}{1{,}66}} = 211 \, K$$

$$w_{2,s} = \sqrt{2 \cdot c_p (T_0 - T_{2,s})}$$

$$= \sqrt{2 \cdot 5237{,}7 \, \frac{m^2/s^2}{K} \, (1000 \, K - 211 \, K)}$$

$$= 2875 \, m/s$$

$$\dot{m} = \frac{F_s}{w_2} = \frac{F_s}{Ma_2 \sqrt{\varkappa \cdot R \cdot T_2}}$$

$$= \frac{1000 \, N}{3{,}46 \cdot \sqrt{1{,}66 \cdot 2077{,}2 \, \frac{m^2/s^2}{K} \, 192{,}3 \, K}}$$

$$= 0{,}355 \, \frac{N \, s}{m} = 0{,}355 \, kg/s$$

$$F_{s,s} = \dot{m} \cdot w_{2,s} = 0{,}355 \, \frac{kg}{s} \, 2875 \, \frac{m}{s} = 1020 \, \frac{kg \, m}{s^2}$$

$$= 1{,}02 \, kN$$

5.9   Verdichtungsstöße

Schall breitet sich von einer Schallquelle ausgehend wellenförmig als Druckstoß geringer Intensität aus. Bewegt sich ein strömendes, gasförmiges Fluid mit Schall- oder Überschallgeschwindigkeit, gilt relativ zum strömenden Massenteilchen das gleiche, d. h. es entstehen Druckwellen, die sich mit Schall- oder Überschallgeschwindigkeit fortpflanzen.

Bei adiabater Strömung, die der Schnelligkeit der Strömung und der Kürze der Strömungswege wegen angenommen werden kann, steht das strömende Medium in keinem Energieabtausch mit der Umgebung. Auf seinem Strömungswege kann die Entropie zunehmen oder im Idealfalle konstant bleiben, niemals aber abnehmen, weil eine Entropieabnahme im Widerspruch zum zweiten Hauptsatz der Thermodynamik stehen würde. Daher sind stets nur Stoßwellen möglich, die mit einem Druckanstieg verbunden sind.

Da die Schallgeschwindigkeit mit steigender Temperatur zunimmt, pflanzt sich eine kleine Drucksteigerung wegen der durch adiabate Verdichtung erhöhten Temperatur an Stellen höheren Druckes rascher fort als an Stellen niederen Druckes. Die Teile der

Schallwellen mit höherem Druck holen daher die Teile mit niederem Druck ein, so daß sich schließlich an der Vorderseite der Welle eine steile Druckfront ausbildet, der sogenannte Verdichtungsstoß. Aus diesem Grunde ist eine gleichförmige Überschallströmung kein stabiler Strömungsvorgang. Das bedeutet, daß Überschallströmung nur in parallelwandigen Leitungen aufrecht erhalten werden kann, deren Länge einen Grenzwert nicht überschreitet. Verdünnungsstöße widersprechen, wie oben erklärt, dem zweiten Hauptsatz.

Bei einem Verdichtungsstoß wird Überschallströmung schlagartig verzögert. Den Querschnitt, in dem der Stoß stattfindet, bezeichnet man als Stoßfront.

5.9.1 Der gerade, senkrechte, stationäre Verdichtungsstoß

Beim geraden, senkrechten Verdichtungsstoß kommt das Gas in Parallelströmung mit der Dichte ϱ_1, dem Druck p_1, der Temperatur T_1 und der Geschwindigkeit $w_2 > a$ an und verdichtet sich in der Stoßfront, die senkrecht auf der Anströmrichtung steht. Dabei nimmt die Geschwindigkeit auf w_2 ab, die beim senkrechten Verdichtungsstoß stets kleiner als die Schallgeschwindigkeit ist. Die Dichte erhöht sich auf ϱ_2, die Temperatur auf T_2 und der Druck auf p_2. Die Stoßfront ist unendlich dünn, daher können die Strömungsquerschnitte davor und dahinter als gleich angesehen werden

$$A_1 = A_2 = A \quad \text{(Bild 113)}$$

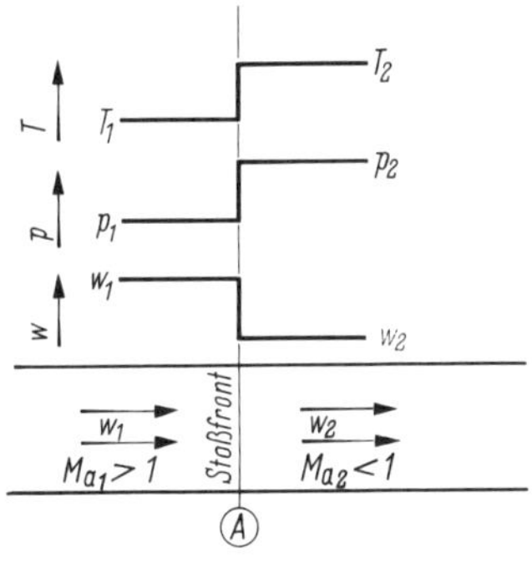

Bild 113   Gerader, senkrechter Verdichtungsstoß

Mit den Indizes 0 für $w = 0$ (Ruhezustand), 1 für den Zustand vor dem Stoß und 2 für den Zustand nach dem Stoß ergeben sich folgende Beziehungen:

Kontinuität: $\dfrac{\dot{m}}{A} = \varrho_1 \cdot w_1 = \varrho_2 \cdot w_2$

Impulssatz: $p_2 - p_1 = \dfrac{\dot{m}}{A}(w_1 - w_2) = \varrho_1 \cdot w_1^2 - \varrho_2 \cdot w_2^2$

Energiegleichung: $c_{\mathrm p} \cdot T_0 = c_{\mathrm p} \cdot T_1 + \dfrac{w_1^2}{2} = c_{\mathrm p} \cdot T_2 + \dfrac{w_2^2}{2}$

Diese drei Gleichungen bilden ein nichtlineares Gleichungssystem zur Ermittlung der drei Unbekannten w_2, p_2 und ϱ_2.

Energiegleichung und Kontinuität ergeben folgende Beziehung:

$$c_{\mathrm p} \cdot T_0 = c_{\mathrm p} \cdot T_1 + \frac{w_1^2}{2} = c_{\mathrm p} \cdot T_2 + \frac{w_1^2 \cdot \varrho_1^2}{2 \cdot \varrho_2^2} = c_{\mathrm p} \cdot T_2 + \left(\frac{\dot{m}}{A}\right)\frac{v_2^2}{2}$$

Das ist eine quadratische Gleichung nach dem Schema $T_2 = a + b \cdot v_2^2$, die zu jedem v_2 ein T_2 liefert. Über die Zustandsgleichungen kann die zugehörige Entropie s_2 ermittelt werden. Damit ist es möglich, Linien konstanter Massenstromdichte in ein T, s-Diagramm einzuzeichnen (Bild 114). Die dabei entstehende Kurve nennt man „Fanno"-Linie.

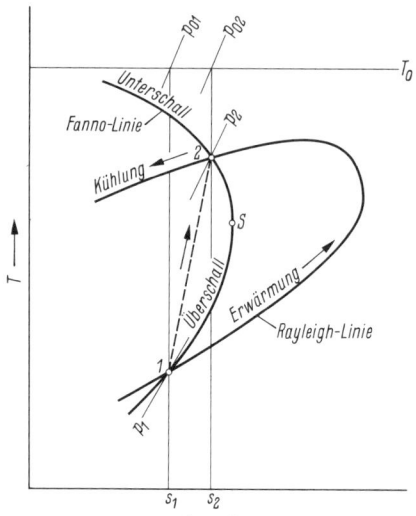

Bild 114 T, s-Diagramm mit Fanno- und Rayleigh-Linie und den Zustandsgrößen der Gesamtzustände

Impulssatz und Kontinuität ergeben eine zweite Beziehung:

$$p_2 - p_1 = \varrho_1 \cdot w_1^2 - \varrho_2 \cdot w_2^2 = (\varrho_1 \cdot w_1)^2 \left(\frac{1}{\varrho_1} - \frac{1}{\varrho_2} \right)$$

$$= \left(\frac{\dot{m}}{A} \right)^2 \cdot (v_1 - v_2)$$

Auch diese Beziehung kann mit Hilfe der Zustandsgleichungen in Kurvenform in das T, s-Diagramm übertragen werden. Die dabei entstehende Kurve nennt man „Rayleigh"-Linie.

Die Zustände des strömenden Fluids vor und hinter dem Verdichtungsstoß müssen den Ausgangsgleichungen genügen. Sie müssen daher sowohl auf der zugehörigen Fanno-Linie als auch auf der entsprechenden Rayleigh-Linie liegen. Dieser Bedingung entsprechen nur die beiden Schnittpunkte. Die Fanno-Linie besitzt einen Punkt S, in dem die Kurve eine senkrechte Tangente aufweist. Dieser Punkt kennzeichnet den Strömungszustand bei Schallgeschwindigkeit. Unterhalb von S sind alle Punkte der Fanno-Linie Zustandspunkte im Überschallbereich, oberhalb von S im Unterschallbereich. Der Zustand 1 vor dem Verdichtungsstoß muß also auf dem unteren Teil der Fanno-Linie liegen. Der zweite Schnittpunkt liegt auf dem oberen Teil der Kurve, d.h., nach dem Verdichtungsstoß ist im Zustand 2 die Strömungsgeschwindigkeit in den Unterschallbereich abgesunken. Dabei muß aber in Übereinstimmung mit dem zweiten Hauptsatz $s_2 > s_1$ sein. Ein Verdünnungsstoß $2 - 1$, bei dem die Strömung sprunghaft von Unterschall- auf Überschallgeschwindigkeit beschleunigt würde, ein umgekehrter Ablauf des Verdichtungsstoßes also, ist nicht möglich.

Die Auflösung des o.a. nichtlinearen Gleichungssystems ergibt folgende Zusammenhänge:

$$\frac{T_2}{T_1} = \frac{p_2 \cdot \varrho_1}{p_1 \cdot \varrho_2} = \frac{p_2 \cdot w_2}{p_1 \cdot w_1} = \frac{a_2^2}{a_1^2} = \frac{p_2}{p_1} \cdot \frac{Ma_2}{Ma_1} \cdot \frac{a_2}{a_1}$$

$$= \frac{p_2}{p_1} \cdot \frac{Ma_2}{Ma_1} \cdot \frac{T_2}{T_1} = \frac{T_2 \cdot T_0}{T_0 \cdot T_1} = \frac{1 + \dfrac{\varkappa - 1}{2} Ma_1^2}{1 + \dfrac{\varkappa - 1}{2} Ma_2^2}$$

$$\frac{T_2}{T_1} = \left[1 + \frac{2\varkappa}{\varkappa + 1}(Ma_1^2 - 1)\right] \cdot \left[1 - \frac{2}{\varkappa + 1}\left(1 - \frac{1}{Ma_1^2}\right)\right]$$

$$= \frac{1}{Ma_1^2}\left[1 + \frac{2\varkappa}{\varkappa + 1}(Ma_1^2 - 1)\right] \cdot \left[1 + \frac{\varkappa - 1}{\varkappa + 1}(Ma_1^2 - 1)\right]$$

$$\frac{p_2}{p_1} = \frac{w_1 \cdot T_2}{w_2 \cdot T_1} = \frac{Ma_1 \cdot \sqrt{T_2}}{Ma_2 \cdot \sqrt{T_1}} = \frac{Ma_1}{Ma_2}\sqrt{\frac{1 + \dfrac{\varkappa - 1}{2} Ma_1^2}{1 + \dfrac{\varkappa - 1}{2} Ma_2^2}}$$

$$= \frac{2\varkappa}{\varkappa + 1} Ma_1^2 - \frac{\varkappa - 1}{\varkappa + 1} = 1 + \frac{2\varkappa}{\varkappa + 1}(Ma_1^2 - 1)$$

$$\frac{\varrho_2}{\varrho_1} = \frac{p_2 \cdot T_1}{p_1 \cdot T_2} = \frac{w_1}{w_2} = \frac{\varkappa + 1}{\dfrac{2}{Ma_1^2} + (\varkappa - 1)}$$

$$\frac{w_2}{w_1} = \frac{\dfrac{2}{Ma_1^2} + (\varkappa - 1)}{\varkappa + 1} = 1 - \frac{2}{\varkappa + 1}\left(1 - \frac{1}{Ma_1^2}\right)$$

$$= \frac{1}{Ma_1^2}\left[1 + \frac{\varkappa - 1}{\varkappa + 1}(Ma_1^2 - 1)\right]$$

$$Ma_2^2 = \frac{Ma_1^2 + \dfrac{2}{\varkappa - 1}}{\dfrac{2\varkappa}{\varkappa - 1} Ma_1^2 - 1} = \frac{1 + \dfrac{\varkappa - 1}{\varkappa + 1}(Ma_1^2 - 1)}{1 + \dfrac{2\varkappa}{\varkappa + 1}(Ma_1^2 - 1)}$$

$$w_1 \cdot w_2 = w_L^2$$

Das Produkt der Geschwindigkeiten vor und hinter dem senkrechten Verdichtungsstoß ist gleich dem Quadrat der Geschwindigkeit im engsten Querschnitt einer Lavaldüse, mit deren Hilfe man den Überschallzustand vor dem Stoß herstellen kann.
Daraus folgt, daß $Ma_{1L} \cdot Ma_{2L} = 1$ sein muß.

$$s_2 - s_1 = c_v \ln\frac{p_2}{p_1} + c_p \ln\frac{\varrho_1}{\varrho_2} = c_v \ln\frac{p_2}{p_1} + c_p \ln\frac{w_2}{w_1}$$

$$= \frac{c_p}{\varkappa}\ln\left[1 + \frac{2\varkappa}{\varkappa + 1}(Ma_1^2 - 1)\right] + c_p \cdot \ln\left[1 - \frac{2}{\varkappa + 1}\left(1 - \frac{1}{Ma_1^2}\right)\right]$$

Bei stationären Strömungen wird häufig nicht mit der Änderung der Entropie sondern mit der Änderung des Gesamtdruckes (Ruhedruck, Totaldruck) gearbeitet. Der Gesamtdruck p_0 ist jener Druck, der entstehen würde, wenn die Strömung von dem betrachteten Zustand isentrop auf die Geschwindigkeit $w = 0$ gebracht würde. Während die Gesamttemperatur T_0 nach dem Energiesatz vollkommen festgelegt ist, gilt solches für den Gesamtdruck p_0 und die Gesamtdichte ϱ_0 nicht.

$$T_0 = T_1 + \frac{w_1^2}{2 \cdot c_p} = T_2 + \frac{w_2^2}{2 \cdot c_p}$$

mit $c_p \cdot T = c_p \dfrac{p}{\varrho \cdot R} = \dfrac{\varkappa}{\varkappa - 1} \dfrac{p}{\varrho}$ wird die Energiegleichung

$$\frac{\varkappa}{\varkappa - 1} \frac{p_{01}}{\varrho_{01}} = \frac{\varkappa}{\varkappa - 1} \frac{p_1}{\varrho_1} + \frac{w_1^2}{2} \rightarrow \frac{p_{01}}{\varrho_{01}} = \frac{p_1}{\varrho_1} + \frac{\varkappa - 1}{\varkappa} \frac{w_1^2}{2}$$

$$\frac{\varkappa}{\varkappa - 1} \frac{p_{02}}{\varrho_{02}} = \frac{\varkappa}{\varkappa - 1} \frac{p_2}{\varrho_2} + \frac{w_2^2}{2} \rightarrow \frac{p_{02}}{\varrho_{02}} = \frac{p_2}{\varrho_2} + \frac{\varkappa - 1}{\varkappa} \frac{w_2^2}{2}$$

Zwischen den Gesamtdrücken p_{01} und p_{02} vor und hinter dem Stoß bestehen folgende Zusammenhänge:

$$R \cdot \ln \frac{p_{02}}{p_{01}} = c_p \cdot \ln \frac{T_{02}}{T_{01}} - (s_{02} - s_{01}) = c_p \cdot \ln \frac{T_{02}}{T_{01}} - (s_2 - s_1)$$

Da nach dem Energiesatz die Gesamttemperatur konstant bleibt, d.h. $T_{01} = T_{02} = T_0$, folgt daraus

$$\ln \frac{p_{02}}{p_{01}} = - \frac{s_2 - s_1}{R} = \ln \frac{\varrho_{02}}{\varrho_{01}}$$

$$\frac{p_{02}}{p_{01}} = \frac{\varrho_{02}}{\varrho_{01}} = \left[1 + \frac{2 \cdot \varkappa}{\varkappa + 1} (Ma_1^2 - 1) \right]^{\frac{-1}{\varkappa - 1}} \cdot \left[1 - \frac{2}{\varkappa + 1} \left(1 - \frac{1}{Ma_1^2} \right) \right]^{\frac{-\varkappa}{\varkappa - 1}}$$

$$\frac{p_{02}}{p_{01}} = \frac{\left(\dfrac{\dfrac{\varkappa + 1}{2} Ma_1^2}{1 + \dfrac{\varkappa - 1}{2} Ma_1^2} \right)^{\frac{\varkappa}{\varkappa - 1}}}{\left(\dfrac{2 \cdot \varkappa}{\varkappa + 1} Ma_1^2 - \dfrac{\varkappa - 1}{\varkappa + 1} \right)^{\frac{1}{\varkappa - 1}}}$$

Dieses Gesamtdruckverhältnis wird auch Drosselfaktor genannt.

$$\frac{p_{02}}{p_{01}} = \frac{p_{02}}{p_1} \cdot \frac{p_1}{p_{01}}$$

$$\frac{p_{02}}{p_1} = \frac{\left(\dfrac{\varkappa + 1}{2} Ma_1^2 \right)^{\frac{\varkappa}{\varkappa - 1}}}{\left(\dfrac{2 \cdot \varkappa}{\varkappa + 1} Ma_1^2 - \dfrac{\varkappa - 1}{\varkappa + 1} \right)^{\frac{1}{\varkappa - 1}}}$$

$$\frac{p_{01}}{p_1} = \left(1 + \frac{\varkappa - 1}{2} Ma_1^2\right)^{\frac{\varkappa}{\varkappa - 1}}$$

5.9.2 Verdichtungsstoß nach Hugoniot

Die für isentrope Strömung gewonnenen Erkenntnisse des Verdichtungsstoßes erfahren bei realen Strömungen eine Abwandlung, deren Ursachen einerseits in der Grenzschicht-ausbildung und andererseits in der Wärmeleitfähigkeit der Gase liegen. Aus diesem Ver-halten der realen Strömung resultiert eine Verkleinerung der Druckdifferenzen gegenüber dem theoretisch abgeleiteten Wert. Es zeigt sich ferner, daß der Verdichtungsstoß nicht einen plötzlichen Drucksprung zur Folge hat, sondern daß der Druckanstieg von p_1 auf p_2 eine gewisse Zeit in Anspruch nimmt.
Wenn wir die Strömung eines Gases zugrundelegen, von dem wir annehmen wollen, daß es eine konstante spezifische Wärmekapazität besitzt und adiabat, d. h. ohne Wärmeaus-tausch mit der Umgebung, strömt, können wir die für den Stoßvorgang wichtige Beziehung zwischen dem Druckverhältnis p_2/p_1 und dem Dichteverhältnis ϱ_2/ϱ_1 formulieren:

Impulssatz: $p_2 - p_1 = \varrho_1 \cdot w_1^2 - \varrho_2 \cdot w_2^2$

$$= \varrho_1 \cdot w_1^2 - \frac{\varrho_1^2 \cdot w_1^2}{\varrho_2} = \varrho_1 \cdot w_1^2 \left(1 - \frac{\varrho_1}{\varrho_2}\right)$$

$$= \varrho_1 \cdot w_1^2 \left(\frac{\varrho_2 - \varrho_1}{\varrho_2}\right)$$

$$\Delta p = \varrho_1 \cdot w_1^2 \frac{\Delta \varrho}{\varrho_2}$$

$$w_1^2 = \frac{\Delta p}{\Delta \varrho} \cdot \frac{\varrho_2}{\varrho_1}, \quad \text{entsprechend} \quad w_2^2 = \frac{\Delta p}{\Delta \varrho} \cdot \frac{\varrho_1}{\varrho_2}$$

Energiegleichung: $\dfrac{w_1^2 - w_2^2}{2} = h_2 - h_1$

$$\frac{\Delta p}{\Delta \varrho}\left(\frac{\varrho_2}{\varrho_1} - \frac{\varrho_1}{\varrho_2}\right) = \frac{\Delta p}{\Delta \varrho} \cdot \frac{\varrho_2^2 - \varrho_1^2}{\varrho_1 \cdot \varrho_2} = 2(h_2 - h_1)$$

mit $dh = du + p \cdot dv$

$$\frac{1}{2} \frac{\Delta p}{\Delta \varrho} \frac{\varrho_2^2 - \varrho_1^2}{\varrho_1 \cdot \varrho_2} = u_2 - u_1 + \frac{p_2}{\varrho_2} - \frac{p_1}{\varrho_1}$$

$$u_2 - u_1 = \frac{1}{2}(p_2 - p_1)\frac{\varrho_2 + \varrho_1}{\varrho_1 - \varrho_2} - \frac{p_2 \cdot \varrho_1 - p_1 \cdot \varrho_2}{\varrho_1 \cdot \varrho_2}$$

$$= \frac{(p_1 + p_2)(\varrho_2 - \varrho_1)}{2 \cdot \varrho_1 \cdot \varrho_2}$$

Mit $u = c_v \cdot T = \dfrac{R \cdot T}{\varkappa - 1} = \dfrac{1}{\varkappa - 1} p \cdot v = \dfrac{1}{\varkappa - 1} \dfrac{p}{\varrho}$

$$\frac{1}{\varkappa - 1}\left(\frac{p_2}{\varrho_2} - \frac{p_1}{\varrho_1}\right) = \frac{(p_1 + p_2)\cdot(\varrho_2 - \varrho_1)}{2\cdot\varrho_1\cdot\varrho_2}$$

$$\frac{1}{\varkappa - 1}\left(\frac{p_2\cdot\varrho_2}{p_1\cdot\varrho_2} - \frac{p_1\cdot\varrho_2}{p_1\cdot\varrho_1}\right) = \frac{(p_1 + p_2)\cdot(\varrho_2 - \varrho_1)}{2\cdot\varrho_1\cdot\varrho_2}\cdot\frac{\varrho_2}{p_1}$$

$$\frac{1}{\varkappa - 1}\left(\frac{p_2}{p_1} - \frac{\varrho_2}{\varrho_1}\right) = \frac{p_2\cdot\varrho_2}{2\cdot\varrho_1\cdot p_1} - \frac{p_2\cdot\varrho_1}{2\cdot\varrho_1\cdot p_1} + \frac{p_1\cdot\varrho_2}{2\cdot\varrho_1\cdot p_1} - \frac{p_1\cdot\varrho_1}{2\cdot\varrho_1\cdot\varrho_1}$$

$$\frac{2}{\varkappa - 1}\left(\frac{p_2}{p_1} - \frac{\varrho_2}{\varrho_1}\right) = \frac{p_2\cdot\varrho_2}{p_1\cdot\varrho_1} - \frac{p_2}{p_1} + \frac{\varrho_2}{\varrho_1} - 1$$

$$\frac{p_2}{p_1} - \frac{\varrho_2}{\varrho_1} = \frac{\varkappa - 1}{2}\left(\frac{p_2}{p_1} + 1\right)\cdot\left(\frac{\varrho_2}{\varrho_1} - 1\right)$$

$$\frac{p_2}{p_1} = \frac{\dfrac{\varkappa + 1}{\varkappa - 1}\cdot\dfrac{\varrho_2}{\varrho_1} - 1}{\dfrac{\varkappa + 1}{\varkappa - 1} - \dfrac{\varrho_2}{\varrho_1}}$$

Diese Beziehung zwischen Druck und Dichte vor und hinter dem Verdichtungsstoß eines beliebigen Gases mit konstanter spezifischer Wärmekapazität ergibt als Funktion von

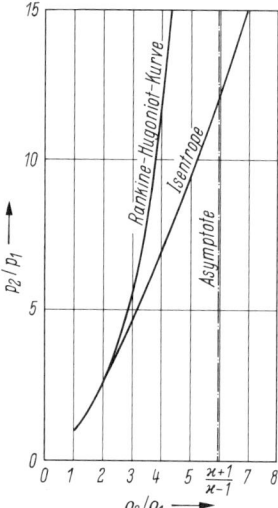

Bild 115   Rankine-Hugoniot-Kurve für
$\varkappa = 1{,}4$

p_2/p_1 über ϱ_2/ϱ_1 die sogenannte Rankine-Hugoniot-Kurve (Bild 115). Vergleicht man diese Kurve, die auch dynamische Adiabate genannt wird, mit der Isentropen

$$\frac{p_2}{p_1} = \left(\frac{\varrho_2}{\varrho_1}\right)^{\varkappa}$$

so zeigt sich, daß bis ca. $p_2/p_1 = 2$ die Isentrope eine gute Näherung für die Zustandsänderung beim Verdichtungsstoß liefert.

Die Asymptote der Rankine-Hugoniot-Kurve liegt bei

$$\frac{\varrho_2}{\varrho_1} = \frac{\varkappa + 1}{\varkappa - 1},$$

d. h., das Dichteverhältnis beim Verdichtungsstoß von Gasen mit konstanter spezifischer Wärmekapazität kann diesen Wert nicht überschreiten, weil bei diesem Dichteverhältnis das Druckverhältnis p_2/p_1 gegen unendlich geht.

Beispiel 5.3: Durch eine Lavaldüse strömt isentrop Luft, die als ideales Gas ($\varkappa = 1,4$) angesehen werden soll. Vor der Lavaldüse befindet sich ein Behälter, in dem der Ruhezustand $p_0 = 10$ bar und $T_0 = 300$ K herrscht. Das Querschnittsverhältnis der Düse sei A_a/A_{min} = 6,79. Die Lavaldüse soll in einen Raum ausblasen, in dem ein Druck $p_R = 2,41$ bar vorhanden ist.

1) Wie groß sind Druck, Temperatur und Geschwindigkeit im engsten Querschnitt?
2) Tritt ein Verdichtungsstoß auf?
3) Welches Druckverhältnis p_2/p_1 ist an der Stoßfront vorhanden, wenn $w_a = 120$ m/s beträgt?
4) Bei welchem Querschnittsverhältnis A/A_{min} stellt sich der Verdichtungsstoß ein?

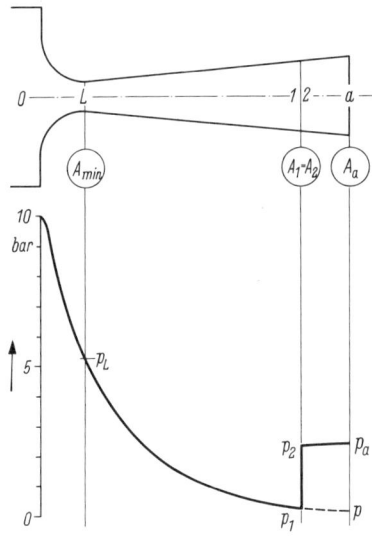

Bild 116   Lavaldüse zu Beispiel 5.3

Lösung: Hierzu Bild 116.

Luft: $\varkappa = 1,4$ $R = 286,8 \dfrac{J}{kg \cdot K}$

$p_0 = 10$ bar $T_0 = 300$ K $A_a/A_{min} = 6,79$

1) $w_L^2 = 2 \dfrac{\varkappa}{\varkappa + 1} R \cdot T_0 = 2 \dfrac{1,4}{2,4} 286,8 \dfrac{m^2/s^2}{K} 300$ K

$= 100380 \ m^2/s^2$

$w_L = 316,8$ m/s

$$p_L = \dot{p}_1 \left(\frac{2}{\varkappa + 1} \right)^{\frac{\varkappa}{\varkappa - 1}} = p_1 \cdot \beta$$

$$= 10 \text{ bar} \cdot 0,528 = 5,28 \text{ bar}$$

2) Für $\dfrac{A}{A_{min}} = 6,79 = \dfrac{1}{Ma} \left[\dfrac{2}{\varkappa + 1} \left(1 + \dfrac{\varkappa - 1}{2} Ma^2 \right) \right]^{\frac{\varkappa + 1}{2(\varkappa - 1)}}$

wäre $Ma = 3,5$ (gefunden durch Iteration), und dafür

$$\frac{p_0}{p} = \left(1 + \frac{\varkappa - 1}{2} Ma^2 \right)^{\frac{\varkappa}{\varkappa - 1}} = 76,27, \text{ d. h.}$$

$$p = \frac{p_0}{76,27} = \frac{10 \text{ bar}}{76,27} = 0,131 \text{ bar} < p_a = p_R$$

Die Lavaldüse ist nicht angepaßt. Innerhalb der Düsenerweiterung tritt ein Verdichtungsstoß auf.

3) Diese Frage läßt sich nur durch Iteration lösen:
Es wird geschätzt: $p_1 = 0,2$ bar
Dann sind

$$w_1 = \sqrt{ 2 \frac{\varkappa}{\varkappa - 1} R \cdot T_0 \left[1 - \left(\frac{p_1}{p_0} \right)^{\frac{\varkappa - 1}{\varkappa}} \right] }$$

$$= \sqrt{ 2 \cdot 3,5 \cdot 286,8 \, \frac{\text{m}^2/\text{s}^2}{\text{K}} \, 300 \text{ K} \left[1 - \left(\frac{0,2}{10} \right)^{0,286} \right] }$$

$$= 636,6 \text{ m/s}$$

$$w_2 = \frac{w_L^2}{w_1} = \frac{100380 \, \text{m}^2/\text{s}^2}{636,6 \, \text{m/s}} = 157,7 \, \text{m/s}$$

$$T_1 = T_0 \left(\frac{p_1}{p_0} \right)^{\frac{\varkappa - 1}{\varkappa}} = 300 \text{ K} \cdot \left(\frac{0,2}{10} \right)^{0,286} = 98,1 \text{ K}$$

$$a_1 = \sqrt{\varkappa \cdot R \cdot T_1} = \sqrt{ 1,4 \cdot 286,8 \, \frac{\text{m}^2/\text{s}^2}{\text{K}} \, 98,1 \text{ K} } = 198,5 \text{ m/s}$$

$$Ma_1 = \frac{w_1}{a_1} = \frac{636,6 \text{ m/s}}{198,5 \text{ m/s}} = 3,21$$

$$p_2 = p_1 \left[1 + \frac{2 \cdot \varkappa}{\varkappa + 1} (Ma_1^2 - 1) \right] =$$

$$= 0,2 \text{ bar} \left[1 + \frac{2,8}{2,4} (3,21^2 - 1) \right] = 2,37 \text{ bar}$$

$$T_2 = T_1 \frac{p_2 \cdot w_2}{p_1 \cdot w_1} = 98,1 \text{ K} \, \frac{2,37 \text{ bar} \cdot 157,7 \text{ m/s}}{0,2 \text{ bar} \cdot 636,6 \text{ m/s}}$$

$$= 288 \text{ K}$$

$$p_a = p_2 \left[1 + \frac{\varkappa - 1}{\varkappa} \frac{w_2^2 - w_a^2}{2 \cdot R \cdot T_2} \right]^{\frac{\varkappa}{\varkappa - 1}}$$

$$= 2,37 \text{ bar} \left[1 - \frac{0,4}{1,4} \frac{(157,7^2 - 120^2) \, \text{m}^2/\text{s}^2}{2 \cdot 286,8 \, \frac{\text{m}^2/\text{s}^2}{\text{K}} \, 288 \text{ K}} \right]^{\frac{1,4}{0,4}}$$

$$= 2,413 \text{ bar} \approx p_R$$

Die Schätzung war ausreichend genau genug. Bei starken Abweichungen des errechneten Druckes p_a vom Gegendruck p_R muß der Rechengang mit geändertem Schätzwert p_1 erneut durchgerechnet werden, bis $p_a = p_R$

$$\frac{p_2}{p_1} = \frac{2,37 \text{ bar}}{0,2 \text{ bar}} = 11,85$$

4) $\frac{A_1}{A_{\min}} = \frac{1}{Ma} \left[\frac{2}{\varkappa + 1} \left(1 + \frac{\varkappa - 1}{2} Ma_1^2 \right) \right]^{\frac{\varkappa + 1}{2(\varkappa - 1)}}$

$$= \frac{1}{3,21} \left[\frac{2}{2,4} (1 + 0,2 \cdot 3,21^2) \right]^{\frac{2,4}{0,8}}$$

$$= 5,17$$

Beispiel 5.4: Durch ein Druckrohr strömt Luft von $p_D = 5$ bar und $T_D = 350$ K mit $w_D = 50$ m/s einer Lavaldüse zu und expandiert in dieser reibungsfrei auf Außendruck. Die Luft soll als ideales Gas konstanter spezifischer Wärmekapazität mit $\varkappa = 1,4$ angesetzt werden.
1) Wie groß ist das Querschnittsverhältnis $A_a/A_{\min}$ der Düsenerweiterung bei stoßfreier Expansion auf $p_a = 1$ bar?
2) Auf welchen Wert p_a' muß bei gleichem Querschnittsverhältnis der Außendruck ansteigen, damit sich am Düsenende ein senkrechter Verdichtungsstoß aufbauen kann?
3) Wie groß sind dann Strömungsgeschwindigkeit und Temperatur der Luft hinter dem Verdichtungsstoß?
4) Wie groß wären Strömungsgeschwindigkeit und Temperatur bei stoßfreier Expansion auf den Außendruck p_a' am Ende einer entsprechend verkürzten Lavaldüse?

Lösung: $p_D = 5$ bar, $T_D = 350$ K $w_D = 50$ m/s

$\varkappa = 1,4$ $R = 286,8 \dfrac{\text{m}^2/\text{s}^2}{\text{K}},$ $c_p = \dfrac{\varkappa}{\varkappa - 1} R = 1003,8 \dfrac{\text{m}^2/\text{s}^2}{\text{K}}$

1) Ruhezustand ($w = 0$)

$$T_0 = T_D + \frac{w_D^2}{2 \cdot c_p} = 350 \text{ K} + \frac{50^2 \text{ m}^2}{2 \text{ s}^2} \frac{\text{s}^2 \text{ K}}{1003,8 \text{ m}^2} = 351,2 \text{ K}$$

$$p_0 = p_D + \frac{\varrho}{2} w_D^2 = p_D + \frac{p_D \cdot w_D^2}{R \cdot T_D \cdot 2}$$

$$= 5 \text{ bar} + \frac{5 \text{ bar}}{286,8 \dfrac{\text{m}^2/\text{s}^2}{\text{K}} \, 350 \text{ K} \cdot 2} \, 50^2 \text{ m}^2/\text{s}^2 = 5,062 \text{ bar}$$

Das Ergebnis zeigt, daß eine Zuströmgeschwindigkeit von 50 m/s noch nahezu vernachlässigbar ist.

$$\frac{A_a}{A_{\min}} = \frac{\dot{m}}{A_{\min}} \frac{A_a}{\dot{m}} = \frac{\psi_{\max} \sqrt{2 \cdot p_0 \cdot \varrho_0}}{\psi \sqrt{2 \cdot p_0 \cdot \varrho_0}} = \frac{\psi_{\max}}{\psi}$$

$$= \frac{\sqrt{\dfrac{\varkappa}{2} \left(\dfrac{2}{\varkappa + 1} \right)^{\frac{\varkappa + 1}{\varkappa - 1}}}}{\sqrt{\dfrac{\varkappa}{\varkappa - 1} \left[\left(\dfrac{p_a}{p_0} \right)^{\frac{2}{\varkappa}} - \left(\dfrac{p_a}{p_0} \right)^{\frac{\varkappa + 1}{\varkappa}} \right]}}$$

$$= \sqrt{\frac{\varkappa - 1}{2} \cdot \frac{\left(\dfrac{2}{\varkappa + 1}\right)^{\frac{\varkappa + 1}{\varkappa - 1}}}{\left(\dfrac{p_a}{p_0}\right)^{\frac{2}{\varkappa}} - \left(\dfrac{p_a}{p_0}\right)^{\frac{\varkappa + 1}{\varkappa}}}}$$

$$= \sqrt{0,2 \; \frac{\left(\dfrac{2}{2,4}\right)^{\frac{2,4}{0,4}}}{\left(\dfrac{1}{5,062}\right)^{\frac{2}{1,4}} - \left(\dfrac{1}{5,062}\right)^{\frac{2,4}{1,4}}}}$$

$$= 1,354$$

2) Bei senkrechtem Verdichtungsstoß am Düsenende muß p_1 gerade so groß sein, wie p_a bei stoßfreier Expansion wäre: $p_1 = 1$ bar.

$$w_1 \quad = \sqrt{2 \frac{\varkappa}{\varkappa - 1} R \cdot T_0 \left[1 - \left(\frac{p_1}{p_0}\right)^{\frac{\varkappa - 1}{\varkappa}}\right]}$$

$$= \sqrt{2 \cdot 3,5 \cdot 286,8 \; \frac{\text{m}^2/\text{s}^2}{\text{K}} \; 351,2 \; \text{K} \left[1 - \left(\frac{1}{5,062}\right)^{\frac{0,4}{1,4}}\right]}$$

$$= 511,3 \; \text{m/s}$$

$$w_L \quad = \sqrt{2 \frac{\varkappa}{\varkappa + 1} R \cdot T_0} = \sqrt{2 \frac{1,4}{2,4} \; 286,8 \; \frac{\text{m}^2/\text{s}^2}{\text{K}} \; 351,2 \; \text{K}}$$

$$= 342,8 \; \text{m/s}$$

$$w_2 \quad = \frac{w_L^2}{w_1} = \frac{342,8 \; \text{m}^2/\text{s}^2}{511,3 \; \text{m/s}} = 229,8 \; \text{m/s}$$

$$\frac{1}{Ma_1^2} = 1 - \left(1 - \frac{w_2}{w_1}\right) \frac{\varkappa + 1}{2}$$

$$= 1 - \left(1 - \frac{229,8}{511,3}\right) \frac{2,4}{2} = 0,339$$

$$Ma_1 \quad = 1,717$$

$$\frac{p_2}{p_1} \quad = 1 + \frac{2 \cdot \varkappa}{\varkappa + 1} (Ma_1^2 - 1) = 1 + \frac{2,8}{2,4} (1,717^2 - 1) = 3,273$$

$$p_2 \quad = 3,273 \; \text{bar} = p_a'$$

3) $w_a' = w_2 = 229,8$ m/s

$$T_1 \quad = \frac{T_0}{1 + \dfrac{\varkappa - 1}{1} Ma_1^2} = \frac{351,2 \; K}{1 + \dfrac{0,4}{2} 1,717^2} = 221 \; \text{K}$$

$$T_2 \quad = T_1 \frac{p_2 \cdot w_2}{p_1 \cdot w_1} = 221 \; \text{K} \; \frac{3,273 \cdot 229,8}{1 \cdot 511,3} = 325 \; \text{K} = T_a'$$

4) $\dfrac{p_a'}{p_0} = \dfrac{3,273 \text{ bar}}{5,062 \text{ bar}} = 0,647 > \left(\dfrac{2}{\varkappa+1}\right)^{\frac{\varkappa}{\varkappa-1}} = \beta = 0,528$

Das Druckverhältnis ist unterkritisch. Eine entsprechend verkürzte Lavaldüse würde als Venturidüse funktionieren. Der Austrittszustand dieser Venturidüse wäre:

$$w_a = \sqrt{2\,\frac{\varkappa}{\varkappa-1}\,R \cdot T_0 \left[1 - \left(\frac{p_a'}{p_0}\right)^{\frac{\varkappa-1}{\varkappa}}\right]}$$

$$= \sqrt{2\,\frac{1,4}{0,4}\,286,8\,\frac{\text{m}^2/\text{s}^2}{\text{K}}\,351,2\,\text{K}\left[1 - \left(\frac{3,273}{5,062}\right)^{\frac{0,4}{1,4}}\right]}$$

$$= 287,4\,\text{m/s}$$

$$T_a = T_0 - \frac{w_a^2}{2 \cdot c_p} = 351,2\,\text{K} - \frac{287,4^2\,\text{m}^2/\text{s}^2\,\text{K}}{1003,8\,\text{m}^2/\text{s}^2\,2}$$

$$= 310\,\text{K}$$

5.9.3 Schräger Verdichtungsstoß

Ein schräger Verdichtungsstoß entsteht, wenn eine mit Überschallgeschwindigkeit strömende Parallelströmung
a) durch eine unter dem Winkel δ geneigte Wand abgelenkt wird (Bild 117)
b) in einen Überdruckraum eintritt (Bild 118).

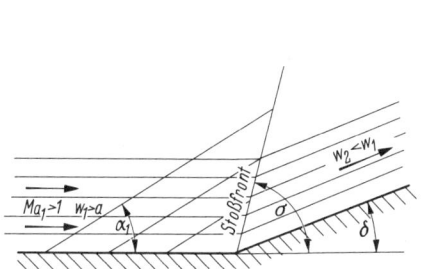 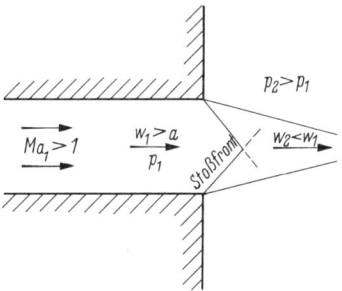

Bild 117 Strömungsverhalten beim schrägen Verdichtungsstoß an einer abgeknickten Wand

Bild 118 Schräger Verdichtungsstoß beim Eintritt in einen Überdruckraum

Beim schrägen Verdichtungsstoß ändern sich nicht nur Druck und Geschwindigkeit sprunghaft, sondern auch die Richtung der Strömung. Die Stoßfront verläuft nun nicht mehr senkrecht zu den Stromlinien der Anströmung.
Beim schrägen Verdichtungsstoß muß die Überschallströmung nicht unbedingt in eine Unterschallströmung umschlagen. Hinter dem schrägen Stoß ist auch eine Überschallströmung mit kleinerer Machzahl möglich.
Den Neigungswinkel σ der Stoßfront nennt man Stoßwinkel. Er ist größer als der Winkel α des Mach'schen Kegels. Zwischen dem Ablenkwinkel δ und dem Stoßwinkel σ bestehen die Beziehungen nach Bild 119.

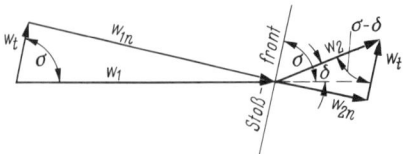

Bild 119   Geschwindigkeitsplan des schrägen
Verdichtungsstoßes

Aus den geometrischen Beziehungen

$$w_{1t} = w_1 \cdot \cos \sigma \qquad\qquad w_{2t} = w_2 \cdot \cos(\sigma - \delta)$$

$$w_{1n} = w_1 \cdot \sin \sigma \qquad\qquad w_{2n} = w_2 \cdot \sin(\sigma - \delta)$$

sowie der Kontinuität

$$\varrho_1 \cdot w_{1n} = \varrho_2 \cdot w_{2n}$$

dem Impulssatz, tangential zur Stoßfront

$$\varrho_1 \cdot w_{1n} \cdot w_{1t} = \varrho_2 \cdot w_{2n} \cdot w_{2t}$$

$$w_{1t} = w_{2t}$$

dem Impulssatz, normal zur Stoßfront

$$p_1 - p_2 = \varrho_2 \cdot w_{2n}^2 - \varrho_1 \cdot w_{1n}^2$$

der Isentropenströmung

$$w_s^2 \;\; = 2 \cdot \Delta h_s = 2 \cdot c_p (T_0 - T_s) \qquad\qquad \text{Index } s\text{: Engster Querschnitt}$$

$$w_L^2 \;\; = a_s^2 = \varkappa \cdot R \cdot T_L \qquad\qquad\qquad\quad \text{Index } L\text{: Lavalzustand}$$

$$w_{max}^2 = 2 \cdot c_p \cdot T_0 = 2\,\frac{\varkappa}{\varkappa - 1}\,R\,T_0$$

und dem Energiesatz

$$c_p \cdot T_1 + \frac{w_1^2}{2} = c_p \cdot T_2 + \frac{w_2^2}{2}$$

$$c_p \cdot T = c_p\,\frac{p}{\varrho \cdot R} = \frac{\varkappa}{\varkappa - 1}\,\frac{p}{\varrho}$$

$$\frac{\varkappa}{\varkappa - 1}\,\frac{p_1}{\varrho_1} + \frac{w_1^2}{2} = \frac{\varkappa}{\varkappa - 1}\,\frac{p_2}{\varrho_2} + \frac{w_2^2}{2} = \frac{\varkappa}{\varkappa - 1}\,\frac{p_0}{\varrho_0}$$

lassen sich folgende Ergebnisse ableiten:

$$\frac{\varkappa}{\varkappa - 1}\,\frac{p_0}{\varrho_0} = \frac{a_0^2}{\varkappa - 1} = \frac{\varkappa + 1}{2(\varkappa - 1)}\,a_s^2 = \frac{\varkappa + 1}{2(\varkappa - 1)}\,w_L^2$$

$$p_1 = \varrho_1\left(\frac{\varkappa + 1}{2 \cdot \varkappa}\,w_L^2 - \frac{\varkappa - 1}{2 \cdot \varkappa}\,w_1^2\right)$$

$$p_2 = \varrho_2\left(\frac{\varkappa + 1}{2 \cdot \varkappa}\,w_L^2 - \frac{\varkappa - 1}{2 \cdot \varkappa}\,w_2^2\right)$$

$$p_1 - p_2 = \varrho_1 \cdot w_{1n} \cdot w_{2n} - \varrho_2 \cdot w_{2n} \cdot w_{1n}$$

$$\frac{p_1 - p_2}{\varrho_1 - \varrho_2} = w_{1n} \cdot w_{2n} = \frac{p_2 - p_1}{\varrho_2 - \varrho_1} = w_s^2 - \frac{\varkappa - 1}{\varkappa + 1} w_t^2$$

$$\frac{\varrho_1}{\varrho_2} = \frac{2}{\varkappa + 1} \left(\frac{1}{Ma_1^2} \cdot \frac{1}{\sin^2 \sigma} + \frac{\varkappa - 1}{2} \right)$$

$$= 1 - \frac{2}{\varkappa + 1} \left(1 - \frac{1}{Ma_1^2 \cdot \sin^2 \sigma} \right)$$

$$\frac{\varrho_1}{\varrho_2} = \frac{1}{Ma_1^2 \cdot \sin^2 \sigma} \left[1 + \frac{\varkappa - 1}{\varkappa + 1} (Ma_1^2 \cdot \sin^2 \sigma - 1) \right]$$

$$\frac{p_2}{p_1} = 1 + \varkappa \cdot Ma_1^2 \cdot \sin^2 \sigma \left(1 - \frac{\varrho_1}{\varrho_2} \right)$$

$$= 1 + \frac{2 \cdot \varkappa}{\varkappa + 1} \left(Ma_1^2 \cdot \sin^2 \sigma - 1 \right)$$

$$\frac{T_2}{T_1} = \frac{1}{Ma_1^2 \cdot \sin^2 \sigma} \left[1 + \frac{2 \cdot \varkappa}{\varkappa + 1} (Ma_1^2 \cdot \sin^2 \sigma - 1) \right] \cdot$$

$$\cdot \left[1 + \frac{\varkappa - 1}{\varkappa + 1} (Ma_1^2 \cdot \sin^2 \sigma - 1) \right]$$

$$\frac{\varrho_{02}}{\varrho_{01}} = \frac{p_{02}}{p_{01}} = \left[1 + \frac{2 \cdot \varkappa}{\varkappa + 1} (Ma_1^2 \cdot \sin^2 \sigma - 1) \right]^{-\frac{1}{\varkappa - 1}} \cdot$$

$$\cdot \left[1 - \frac{2}{\varkappa + 1} \left(1 - \frac{1}{Ma_1^2 \cdot \sin^2 \sigma} \right) \right]^{-\frac{\varkappa}{\varkappa - 1}}$$

$$\tan \delta = \frac{2}{\tan \sigma} \frac{Ma_1^2 \cdot \sin^2 \sigma - 1}{(\varkappa + \cos 2\sigma) Ma_1^2 + 2}$$

$$\cot \delta = \tan \sigma \left(\frac{\dfrac{\varkappa + 1}{2} Ma_1^2}{Ma_1^2 \cdot \sin^2 \sigma - 1} - 1 \right)$$

$$\frac{w_2}{w_1} = \frac{\cos \sigma}{\cos (\sigma - \delta)}$$

$$w_L^2 = w_{1n} \cdot w_{2n}$$

Die Zusammenhänge der einzelnen Geschwindigkeiten beim schrägen Verdichtungsstoß nach Bild 119 lassen sich in einem Vektordiagramm darstellen. Darin sind w_1 und w_2 die Geschwindigkeiten vor und hinter dem Stoß. w_{1n} und w_{2n} sind die Normalkomponenten, d. h. die Geschwindigkeitskomponenten senkrecht zur Stoßfront. Mit Hilfe des Vektordiagramms lassen sich die Geschwindigkeiten beim schrägen Verdichtungsstoß graphisch ermitteln (Bild 120):

1) $\triangle ACD$ mit w_1 und $\gamma = 90° - \sigma$

2) Strecke $\overline{AE} \perp \overline{CA}$ in A. $\overline{AE} = \sqrt{2 \cdot c_p \cdot T_1} = \sqrt{2 \dfrac{\varkappa}{\varkappa - 1} R \cdot T_1} = \sqrt{2 \dfrac{\varkappa}{\varkappa - 1} \dfrac{p_1}{\varrho_1}}$

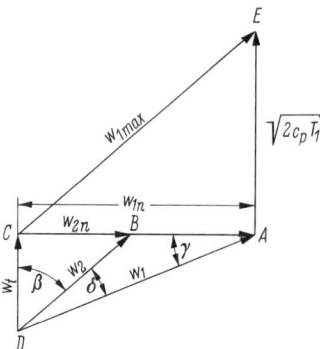

Bild 120   Vektordiagramm der Geschwindigkeiten beim schrägen Verdichtungsstoß

3) Strecke $\overline{CE}$. $\overline{CE} = w_{1\,\mathrm{max}} = \sqrt{w_{1n}^2 + 2 \cdot c_p \cdot T_1} = \sqrt{(w_1 \cdot \cos \gamma)^2 + 2 \cdot c_p \cdot T_1}$

4) $w_{1L} = w_{1\,\mathrm{max}} \sqrt{\dfrac{\varkappa - 1}{\varkappa + 1}}$

5) $w_{1n} \cdot w_{2n} = w_L^2 = \dfrac{\varkappa - 1}{\varkappa + 1} \, w_{\mathrm{max}}^2$

6) $w_{2n}^2 + w_t^2 = w_2^2$ mit $w_t = w_1 \cdot \sin \gamma$

7) $\gamma = 90° - \sigma$
   $\beta = \sigma - \delta$ $\tan \beta = \dfrac{w_{2n}}{w_t}$
   $\delta = \sigma - \beta$

Bei einer Veränderung des Ablenkwinkels δ lassen sich folgende Fälle beobachten:

1) δ sehr klein,
   in diesem Grenzfalle nähert sich der Stoßwinkel σ dem Machwinkel α. Die Überschallströmung erleidet keinen Stoß.

2) $\delta < \delta_{\mathrm{max}}$
   Mit Vergrößerung von δ vergrößert sich auch σ. Es erfolgt ein schräger Stoß im Schnittpunkt der Schenkel des Ablenkwinkels. Dieser Vorgang hält an bis $\delta = \delta_{\mathrm{max}}$ (Bild 121 a).
   Für jede Machzahl Ma_1 gibt es einen bestimmten maximalen Ablenkwinkel δ_{max}, bei dem noch eine Ablenkung ohne Ablösung möglich ist. Man erhält die maximal möglichen Ablenkwinkel für Ablenkung ohne Ablösung, indem man mit Hilfe der Gleichung $\tan \delta = f(\sigma, Ma_1)$ in einem Diagramm Kurven für verschiedene Ma_1 darstellt. Entsprechende Kurven für Luft siehe Bild 121 b. Man ersieht aus dieser Darstellung, daß selbst bei $Ma_1 = \infty$ die Strömung höchstens um $\delta = 46°$ abgelenkt werden kann. Aus dem Diagramm (Bild 121 b) kann man entnehmen, daß zu jedem Ablenkwinkel δ bei Überschallströmung zwei verschiedene Stoßwinkel σ gehören. Versuche haben gezeigt, daß jener Stoßwinkel σ stabiler ist, der den kleineren Winkel $\sigma - \delta$ bildet. Im Diagramm sind also die Teile der Kurven, die unterhalb des Maximums liegen, die maßgeblicheren. Die unteren Schnittpunkte der Kurven $\delta = f(\sigma, Ma_1)$ mit der Ordinate geben die Werte $\sigma = \alpha$ (Machwinkel) wieder. In diesen Punkten geht der Verdichtungsstoß in eine schwache Welle (Machlinie) über (Fall 1).

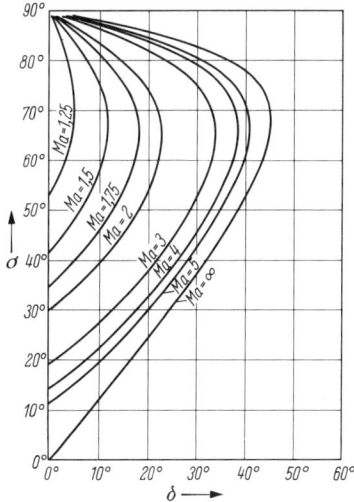

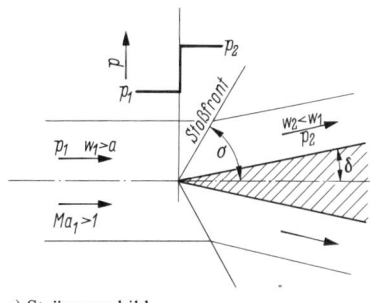

a) Strömungsbild

b) Stoßwinkel σ in Abhängigkeit vom
Keilwinkel δ und der Machzahl Ma_1

Bild 121 Schräger Stoß am Keil für $\delta < \delta_{max}$

3) $\delta > \delta_{max}$

Die Stoßfront haftet nicht mehr an der Ablenkfläche, sie löst sich ab. Es erfolgt ein senkrechter Stoß vor der Ablenkstelle, der darüber und darunter zum schrägen Stoß abbiegt (Bilder 122 und 123).

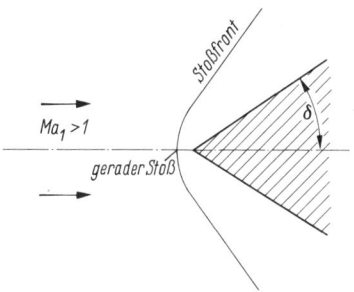

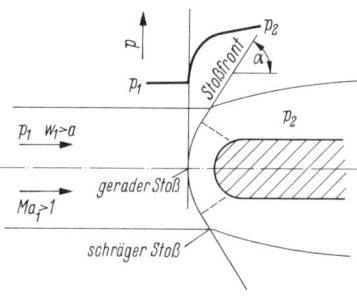

Bild 122 Schräger Stoß am Keil
für $\delta > \delta_{max}$

Bild 123 Verdichtungsstoß am stumpfen
Körper

4) $\delta = \delta_{Ma}$

Dies ist ein Grenzfall. Es erfolgt ein schräger Stoß, bei dem die Machzahl hinter dem Stoß genau 1 beträgt.

Beispiel 5.5.: Ein Flugzeug fliegt mit $Ma = 2{,}2$. Von den Vorderkanten seiner Tragflächen, die als symmetrisch zur Anströmrichtung liegende, keilförmige Schneiden mit einem Keilwin-

kel $2\delta = 30°$ ausgebildet sind, geht ein schräger Verdichtungsstoß aus. Die Umgebungsluft soll als ideales Gas mit konstanter spezifischer Wärmekapazität behandelt werden.
1) Wie groß ist der Winkel σ, den die Stoßfront mit der Anströmrichtung bildet?
2) Unter welchem Winkel α geht der Mach'sche Kegel der Druckstörung von der Spitze
des Flugzeugrumpfes ab?

Lösung: $Ma_1 = 2,2$ $\delta = 15°$ $\varkappa = 1,4$

1) $\tan\delta = \dfrac{2}{\tan\sigma}\ \dfrac{Ma_1^2 \cdot \sin^2\sigma - 1}{(\varkappa + \cos 2\sigma)\,Ma_1^2 + 2}$

Lösung durch Iteration:

1. Schätzung $\sigma = 41°$, dann ist

$\tan\delta = \dfrac{2}{\tan 41°}\ \dfrac{2,2^2 \cdot \sin^2 41° - 1}{(1,4 + \cos 82°)\,2,2^2 + 2} = 0,264$

$\delta = 14,8° \neq 15°$

2. Schätzung $\sigma = 41,26°$, dann ist $\tan\delta = 0,268$ und $\delta = 15°$.
Also: $\sigma = 41,26°$

2) $\sin\alpha = \dfrac{a}{w} = \dfrac{1}{Ma} = \dfrac{1}{2,2} = 0,4545 \rightarrow \alpha = 27°$

Beispiel 5.6: Im Austrittsquerschnitt einer ebenen Lavaldüse strömt Luft isentrop mit $Ma = 2,5$
und $p = 0,6$ bar. Der Außendruck beträgt 1 bar, daher entstehen hinter dem Düsenende schräge Verdichtungsstöße.
Es entstehen hinter dem Düsenaustritt drei Druckbereiche I, II und III.
1) Wie ist der Stromlinienverlauf in diesen Bereichen?
2) Wie groß sind die Stoßwinkel σ_1 und σ_2 und der Ablenkwinkel δ?
3) Welcher Druck herrscht im Bereich III, und wie verhält sich die Strömung hinter
diesem Bereich?

Lösung: Hierzu Bild 124.

$Ma_1 = 2,5$ $p_1 = 0,6$ bar $p_U = 1$ bar

$\varkappa\ = 1,4$ $R = 286,8\ \dfrac{m^2/s^2}{K}$ $c_p = 1003,8\ \dfrac{m^2/s^2}{K}$

1) Siehe Bild 124!

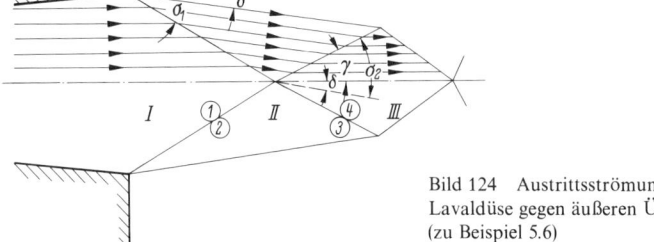

Bild 124   Austrittsströmung aus einer
Lavaldüse gegen äußeren Überdruck
(zu Beispiel 5.6)

2) Aus $\dfrac{p_2}{p_1} = 1 + \dfrac{2 \cdot \varkappa}{\varkappa + 1}\,(Ma_1^2 \cdot \sin^2 \sigma - 1)$

mit $p_1 = p_{\mathrm{I}}$, $p_2 = p_{\mathrm{II}} = p_{\mathrm{U}}$, $Ma_1 = Ma_{\mathrm{I}}$ und $\sigma = \sigma_1$

$$\sin^2 \sigma_1 = \dfrac{1}{Ma_{\mathrm{I}}^2}\left[\left(\dfrac{p_{\mathrm{U}}}{p_{\mathrm{I}}} - 1\right)\dfrac{\varkappa + 1}{2\varkappa} + 1\right]$$

$$= \dfrac{1}{2,5^2}\left[\left(\dfrac{1}{0,6} - 1\right)\dfrac{2,4}{2,8} + 1\right]$$

$$= 0,2514$$

$$\sin \sigma_1 = 0,5014 \rightarrow \sigma_1 = 30,1°$$

$$\tan \delta = \dfrac{2}{\tan \sigma_1}\,\dfrac{Ma_{\mathrm{I}}^2 \cdot \sin^2 \sigma_1 - 1}{(\varkappa + \cos 2\sigma_1) \cdot Ma_{\mathrm{I}}^2 + 2}$$

$$= \dfrac{2}{\tan 30,1°}\,\dfrac{2,5^2 \cdot \sin^2 30,1° - 1}{(1,4 + \cos 60,2°) \cdot 2,5^2 + 2}$$

$$= 0,1423$$

$$\delta = 8,1°$$

Die Gesetze des senkrechten Stoßes gelten beim schrägen Stoß für die Normal-komponenten:

$$Ma_{1\mathrm{n}} = Ma_{\mathrm{I}} \cdot \sin \sigma_1 = 2,5 \cdot \sin 30,1° = 1,254$$

$$Ma_{2\mathrm{n}} = \sqrt{\dfrac{Ma_{1\mathrm{n}}^2 + \dfrac{2}{\varkappa - 1}}{\dfrac{2\varkappa}{\varkappa - 1}\,Ma_{1\mathrm{n}}^2 - 1}} = \sqrt{\dfrac{1,254^2 + \dfrac{2}{0,4}}{\dfrac{2,8}{0,4}\,1,254^2 - 1}}$$

$$= 0,81$$

$$Ma_2 = \dfrac{Ma_{2\mathrm{n}}}{\sin(\sigma_1 - \delta)} = \dfrac{0,81}{\sin 22°} = 2,162 = Ma_3$$

Zwischen Bereich II und Bereich III findet ein weiterer schräger Verdichtungsstoß statt, denn die von der Mündung ausgehenden Stöße laufen nach dem Zusammen-treffen unter einem neuen Stoßwinkel weiter. Aus Symmetriegründen muß die Strö-mungsrichtung nach dem zweiten Stoß achsparallel verlaufen, d.h. $\delta_2 = \delta_1 = \delta$.

Mit $\tan \delta = \dfrac{2}{\tan \sigma_2}\,\dfrac{Ma_3^2 \cdot \sin^2 \sigma_2 - 1}{(\varkappa + \cos 2\sigma_2) \cdot Ma_3^2 + 2}$ durch Iteration

1. Schätzung: $\sigma_2 = 35°$

$$\tan 8,1° = 0,1423 = \dfrac{2}{\tan 35°}\,\dfrac{2,162^2 \sin^2 35° - 1}{(1,4 + \cos 70°)\,2,162^2 + 2} = 0,1514$$

2. Schätzung $\sigma_2 = 34,5° \rightarrow 0,1423 = 0,1423$

also: $\sigma_2 = 34,5°$

$$\gamma = \sigma_2 - \delta = 26,4°$$

3) $\dfrac{p_4}{p_3} = 1 + \dfrac{2 \cdot \varkappa}{\varkappa + 1}\,(Ma_3^2 \cdot \sin^2 \sigma_2 - 1)$

$$= 1 + \dfrac{2,8}{2,4}\,(2,162^2 \cdot \sin^2 34,5° - 1) = 1,583$$

$$p_4 = p_{\text{III}} = 1{,}583 \cdot p_3 = 1{,}583 \cdot p_{\text{II}} = 1{,}583 \cdot p_{\text{U}}$$

$$= 1{,}583 \text{ bar}$$

Da $p_{\text{III}} > p_{\text{U}}$ muß die Strömung im weiteren Verlauf expandieren, nachdem die Stöße am Strahlrand reflektiert wurden. Es ergibt sich dann dasselbe Strömungsbild wie bei einem Strahlaustritt gegen leichten Unterdruck (siehe Bild 126).

5.10 Verhalten der Lavaldüse bei veränderlichem Gegendruck

Eine Überschallströmung kann nur durch eine Lavaldüse erzeugt werden. Die Länge der Düsenerweiterung hat genau dem geforderten Austrittsdruck p_2 zu entsprechen. Wenn bei einer gegebenen Lavaldüse der Gegendruck p_2 von dem Druck p_{2a} abweicht, für den die Länge der Düsenerweiterung errechnet wurde, entspricht die Strömung nicht mehr der Auslegung. Fünf Fälle sind denkbar (Bild 125):

a) $p_1 > p_2 \gg p_{\text{L}}$

Die Strömung bewegt sich auf ihrem gesamten Strömungswege im Unterschallbereich und verhält sich wie bei der Durchströmung einer Venturidüse, d.h., der niedrigste Druck liegt im engsten Querschnitt. Der Mengenstrom liegt zwischen $\dot{m} = 0$ und $\dot{m}_{\text{max}}$. Dieser Strömungsfall ist im ganzen Bereich I zwischen den Drücken p_1 und p_2' gegeben. Grenzdruck ist der Druck p_2'. Für diesen Grenzfall gilt:

b) $p_1 \gg p_2 > p_{\text{L}}$

Im engsten Querschnitt der Düse wird gerade Schallgeschwindigkeit erreicht, jedoch erfolgt im nachfolgenden, divergenten Teil wieder eine Verdichtung. Am Düsenaus-

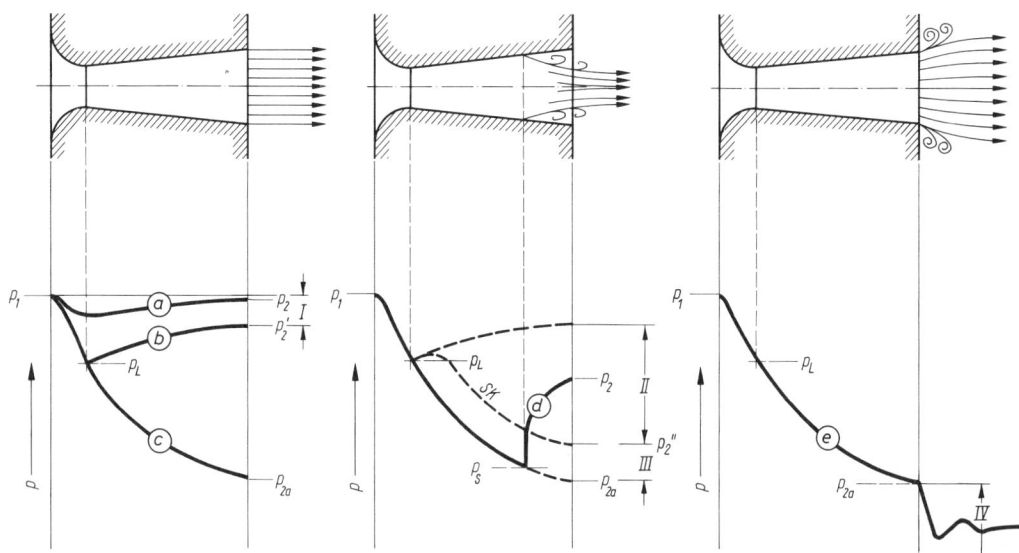

Bild 125   Strömungsfälle durch die Lavaldüse

tritt liegt der Druck p_2 über dem kritischen Druck. Der Mengenstrom ist $\dot{m}_{max}$, wie auch in allen folgenden Fällen.

c) $p_2 = p_{2a} < p_L$

Der Druck am Düsenaustritt entspricht dem Druck, für den die Lavaldüse ausgelegt ist. Im engsten Querschnitt wird Schallgeschwindigkeit erreicht. In der Erweiterung erfolgt Entspannung auf p_{2a}, den Auslegungsdruck, und Beschleunigung auf Überschallgeschwindigkeit. Die Lavaldüse ist „angepaßt".

d) $p_L > p_2 > p_{2a}$

Immer, wenn der Gegendruck der Lavaldüse von p_{2a} abweicht, spricht man von einer nicht angepaßten Düse. Im Bereich II liegt der Gegendruck zwischen dem Druck p_2' des Falles b) und einem Druck p_2''. Bei einem solchen Gegendruck tritt im Innern der Erweiterungsstrecke der Düse ein senkrechter Verdichtungsstoß ein, wobei der Druck schlagartig von p_S um einen Betrag erhöht wird, der in Bild 125 durch die Stoßkurve SK gekennzeichnet ist. Da beim senkrechten Verdichtungsstoß die Strömungsgeschwindigkeit hinter der Stoßfront immer im Unterschallbereich liegt, wirkt die Düsenerweiterung hinter der Stoßfront wie ein Unterschalldiffusor, d. h. der Druck steigt in dieser Strecke weiter an (Kurve d). p_2'' ist der Gegendruck, bis zu dem noch ein senkrechter Verdichtungsstoß in der Düsenmündung möglich ist. Im Bereich III, wenn der Gegendruck zwischen p_2'' und p_{2a} liegt, entstehen an der Düsenmündung schräge Verdichtungsstöße, wie in Bild 126 dargestellt. Die Stoßfronten treffen zunächst in der Strahlmitte zusammen und laufen unter neuem Stoßwinkel weiter, wodurch ein zweiter schräger Stoß entsteht. Dabei ergibt sich hinter der zweiten Stoßfront ein Überdruckgebiet, welches nach der Reflexion einen Strahlzustand herstellt, wie er im Falle e) beschrieben wird, d. h. Austritt gegen leichten Unterdruck.

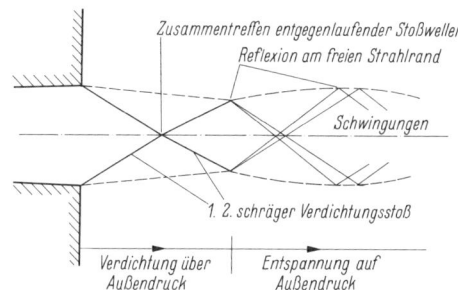

Bild 126   Austritt des Überschallstrahles gegen leichten Überdruck

e) $p_L > p_{2a} > p_2$

Der Gegendruck ist am Düsenaustritt noch nicht erreicht. Der Gegendruck liegt im Bereich IV (leichter Unterdruck). Auch diese Düse ist „unangepaßt". Die Strömung innerhalb der Düse wird durch das Absinken von p_2 unter p_{2a} nicht beeinflußt, weil die Störung erst hinter dem Austritt erfolgt, und Störungen in einer Überschallströmung sich nicht stromaufwärts auswirken können. Es erfolgt lediglich eine Nachexpansion mit Strahlausbreitung hinter dem Austritt.

Bei Austritt eines parallelen Überschallstrahles gegen nicht zu großen Unterdruck expandiert der Strahl zunächst an den Rändern auf Außendruck. Im weiteren Verlauf herrscht am Strahlrand stets der Außendruck. Im Innern macht sich der Unterdruck erst

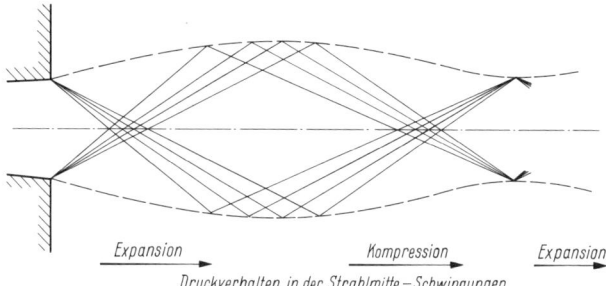

Expansion   Kompression   Expansion
Druckverhalten in der Strahlmitte – Schwingungen

Bild 127   Austritt des Überschallstrahles gegen leichten Unterdruck mit schwingender
Entspannung

weiter stromab bemerkbar. Es entstehen Expansionsfächer, die in der Strahlmitte aufein-
andertreffen, danach am Strahlrand reflektiert werden. Dadurch wechseln die Drücke im
Strahlinnern, der Strahl schwingt (Bild 127).

5.11   Der Überschallknall

Wenn ein Flugzeug oder ein Geschoß die Schallgeschwindigkeit erreicht oder überschritten hat, erzeugt es einen Überschallknall. Dieses Phänomen ist nicht etwa die Auswirkung des Durchbrechens einer unsichtbaren Schallmauer, sondern vielmehr die Rück-
wirkung einer Stoßwelle dort, wo der Mach'sche Kegel mit Oberflächen in Berührung
kommt. An der Nase des Flugzeuges und an den Vorderkanten der Tragflächen entstehen
schräge und senkrechte Verdichtungsstöße, die Schwingungen entlang dem Mach'schen
Druckkegel zur Erdoberfläche entsenden, wo sie dann vom Ohr als scharfer Knall auf-
gefangen werden.
Nach dem Überdrucksprung entsteht hinter dem Flugkörper für einen Augenblick ein
schwaches Vakuum, in das sofort die umgebende Luft mit Schallgeschwindigkeit hinein-
stürzt. Dadurch entstehen neue Schwingungen, die mit einer geringen Zeitverzögerung auf
demselben Weg wie die ersten zum Erdboden gelangen und dort als zweiter Knall wahr-
genommen werden. Beide Knalle folgen so dicht aufeinander, daß sie vom menschlichen
Gehör kaum unterschieden werden können (Bild 128). Dort, wo man glaubt, deutlich
zwei Knalle unterscheiden zu können, handelt es sich fast immer um die Druckkegel zweier
Flugkörper.
Der Druckkegel verursacht auf dem Erdboden ein breites Schallband, dessen Breite je
nach Flughöhe des Verursachers bis 100 km betragen kann. Die Schallintensität nimmt
von der Mitte zum Rand ab. Das Schallband rast mit der Geschwindigkeit des Flugkörpers
über den Erdboden hin und bildet dabei den sogenannten Knallteppich.
Ein mit Überschallgeschwindigkeit in einer Höhe von 18 000 m fliegendes Verkehrsflug-
zeug erzeugt mit seinem Überschallknall einen Druckstoß von etwa 70 bis 100 Pa auf dem
Erdboden. Bei einer Steigerung des Druckstoßes auf 200 bis 250 Pa, die auftritt, wenn das
Flugzeug die Schallgeschwindigkeit bereits bei niedriger Flughöhe überschreitet, werden
Fensterscheiben eingedrückt und entstehen Risse im Putz. Lufttemperatur und Luft-
feuchtigkeit sowie Windstärke haben einen weiteren Einfluß auf die Stärke der Druck-
welle und können den normalen Überschallknall zu einem Überknall verzerren. Der

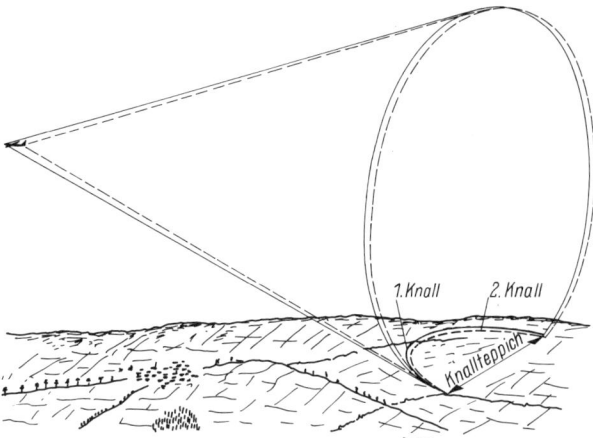

Bild 128   Überschallknall eines Flugkörpers

größte gemessene Überknall hatte einen Druckstoß von 7000 Pa. Dabei sind leichte Gebäude zum Einsturz gebracht worden, Wände geborsten und kleine Träger verbogen worden. Zum Vergleich: Bei einem Gewitter entstehen Druckwellen von etwa 25 Pa.

6 Kraftwirkung und Energieaustausch bei Strömungsvorgängen

6.1 Ermittlung der Strömungskräfte

Für viele technische Maschinen und Anlagen benötigt man Angaben über die Größe der Kräfte, die eine strömende Flüssigkeit auf die strömungsbegrenzenden Wände ausübt. Sei es, weil die von diesen Kräften ausgeführte Arbeit ermittelt werden soll, oder sei es, daß Material und Wandstärke von der Größe dieser Kräfte abhängen.

Wie bei allen dynamischen Vorgängen in der Natur, so ist auch bei Strömungsvorgängen das Entstehen von Kraftwirkungen auf das *Newton'sche Trägheitsgesetz* zurückzuführen.

$$F = m \cdot a,$$

wenn Kraft und Beschleunigung eine Wirkungslinie haben, oder ganz allgemein in vektorieller Schreibweise

$$\Sigma \, \mathfrak{F} = m \cdot \mathfrak{a},$$

wenn Kräfte und Beschleunigung in verschiedenen Richtungen wirken.

Mit dem Impuls $I = m \cdot w$ wird

$$m \cdot \mathfrak{a} = m \cdot \frac{d\mathfrak{w}}{dt} = \frac{d\mathfrak{J}}{dt}$$

Das Newton'sche Trägheitsgesetz erhält damit eine andere Schreibweise:

$$\boxed{\Sigma \, \mathfrak{F} - \frac{d\mathfrak{J}}{dt} = 0} \qquad \textit{Impulssatz}$$

Bei Anwendung des Impulssatzes auf die strömende Flüssigkeit ergibt sich folgende Aussage:

Bei einem Flüssigkeitsstrom stehen die äußeren Kräfte und die negative zeitliche Änderung des Impulses im Gleichgewicht. (Die inneren Kräfte heben sich nach dem Prinzip von Aktion und Reaktion auf).

Zur größenmäßigen Bestimmung der Strömungskräfte ist eine Aufschlüsselung des vektoriellen Impulssatzes in skalare Gleichungen erforderlich.

Zu diesem Zwecke sind zunächst folgende Maßnahmen und Überlegungen durchzuführen:

1. Begrenzung der Vorgänge auf ein ebenes System, Annahme einer beliebigen Stromröhre, Festlegung eines Koordinatensystems, Abgrenzung einer beliebigen, strömenden Masse m durch die Querschnitte A_1 und A_2.

2. Die Richtung aller Vektoren wird so bestimmt, daß ihr Neigungswinkel α von der positiven x = Achse aus im Uhrzeigersinne gemessen wird.

3. Festlegung der äußeren Kräfte, die an der Masse m angreifen:
   Druckkraft auf die Fläche A_1: $A_1 \cdot p_1$ (gleiche Richtung wie w_1)
   Druckkraft auf die Fläche A_2: $A_2 \cdot p_2$ (negativ zu w_2 gerichtet)
   Resultierende aller Wanddruckkräfte F_W (unbekannt nach Größe und Richtung).

Die Luftdruckkräfte, die sich allen genannten Kräften addieren, werden nicht berücksichtigt. Daher sind die Drücke p_1 und p_2 als Überdrücke anzusetzen!

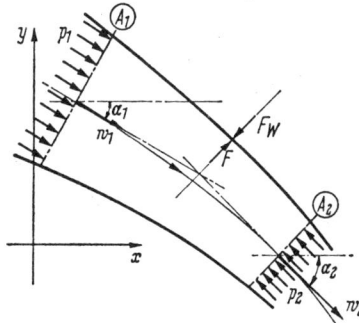

Bild 129 Strömungskraft

4. Bestimmung der zeitlichen Änderung des Impulses:
Bei der Strömung von Flüssigkeiten braucht zur Ermittlung der Impulsänderung einer Masse m nur der Impuls der Eintrittsfläche A_2 und der Impuls der Austrittsfläche A_1 herangezogen zu werden, da sich der Impuls $m \cdot w$ in jedem Strömungspunkt des dazwischen liegenden Bereiches nicht ändert, denn jedes Massenteilchen wird an seinem Ort durch ein anderes gleichgroßes Teilchen ersetzt, das aus Kontinuitätsgründen seine Geschwindigkeit annimmt.

$$\mathrm{d}\mathfrak{I} = \mathfrak{I}_2 - \mathfrak{I}_1 = \mathrm{d}m \cdot \mathfrak{w}_2 - \mathrm{d}m \cdot \mathfrak{w}_1$$

Während der Zeit $\mathrm{d}t$ verschieben sich die Grenzflächen A_1 und A_2 mit der Strömung so, daß von der betrachteten Gesamtmasse m bei A_1 die Masse $\mathrm{d}m_1$ verschwindet und bei A_2 die Masse $\mathrm{d}m_2$ neu hinzutritt. Wegen der Kontinuität ist

$$\mathrm{d}m_1 = \mathrm{d}m_2 = \mathrm{d}m \qquad \text{und}$$

$$\mathrm{d}m = \mathrm{d}V \cdot \varrho = \dot{V} \cdot \mathrm{d}t \cdot \varrho$$

5. Nun erhält der Impulssatz der strömenden Flüssigkeit, aufgeschlüsselt in die einzelnen Vektoren, folgende Form:

$$\Sigma \mathfrak{F} - \frac{\mathrm{d}\mathfrak{I}}{\mathrm{d}t} = 0$$

$$\overrightarrow{A_1 \cdot p_{1\ddot{u}}} + \overrightarrow{A_2 \cdot p_{2\ddot{u}}} + \overrightarrow{\mathfrak{F}_w} - \overrightarrow{\dot{V} \cdot \varrho \cdot w_2} + \overrightarrow{\dot{V} \cdot \varrho \cdot w_1} = 0$$

Diese Addition von Einzelvektoren mit der Summe null ist die Gleichung eines geschlossenen Vektorenecks.

6. Gesucht wird die Kraft F, die von der strömenden Masse m auf die strömungsbegrenzenden Wände ausgeübt wird. Es war F_W die Resultierende der Druckkräfte, die von der Wand auf die Strömungsmasse m ausgeübt werden. Somit ist F also die Reaktionskraft zu F_W. In dem geschlossenen Vektoreneck ist F die Resultierende der vier anderen Vektoren. Sie wird analytisch bestimmt durch Ermittlung der Resultierenden der Vektorkomponenten in Richtung der beiden Achsen des Koordinatensystems.

$$F_x = A_1 \cdot p_{1\ddot{u}} \cdot \cos\alpha_1 + \dot{V} \cdot \varrho \cdot w_1 \cdot \cos\alpha_1 - A_2 \cdot p_{2\ddot{u}} \cdot \cos\alpha_2 - \dot{V} \cdot \varrho \cdot w_2 \cdot \cos\alpha_2$$

$$F_y = -A_1 \cdot p_{1\ddot{u}} \cdot \sin\alpha_1 - \dot{V} \cdot \varrho \cdot w_1 \cdot \sin\alpha_1 + A_2 \cdot p_{2\ddot{u}} \cdot \sin\alpha_2 + \dot{V} \cdot \varrho \cdot w_2 \cdot \sin\alpha_2$$

Beide Gleichungen werden so umgestellt, daß die Kraftanteile aus dem statischen

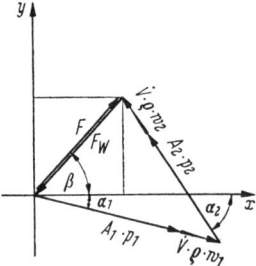

Bild 130   Vektoreck der Strömungsvektoren

Druck und die Kraftanteile aus dem dynamischen Druck der strömenden Flüssigkeit zusammengefaßt sind.

$$F_x = A_1 \cdot p_{1\ddot{u}} \cdot \cos\alpha_1 - A_2 \cdot p_{2\ddot{u}} \cdot \cos\alpha_2 + \dot{V} \cdot \varrho(w_1\cos\alpha_1 - w_2\cos\alpha_2)$$

$$F_y = A_2 \cdot p_{2\ddot{u}} \cdot \sin\alpha_2 - A_1 \cdot p_{1\ddot{u}} \cdot \sin\alpha_1 - \dot{V} \cdot \varrho(w_1\sin\alpha_1 - w_2\sin\alpha_2)$$

$$F = \sqrt{F_x^2 + F_y^2}$$

$$\tan\beta = \frac{F_y}{F_x}$$

Die analytische Auflösung des Impulssatzes hat allgemeine Gültigkeit. Bei Anwendung der Gleichungen ist darauf zu achten, daß die Drücke $p_{1\ddot{u}}$ und $p_{2\ddot{u}}$ als Überdrücke über dem Druck der Umgebung eingesetzt werden und daß die Winkel α_1 und α_2 von der positiven x-Achse im Uhrzeigersinne zu messen sind.

6.2   Strömungskräfte in Rohrkrümmern

Untersucht werden soll hier nur der Rohrkrümmer mit konstantem Querschnitt. Das Achsenkreuz wird zweckmäßig so gelegt, daß die x-Achse den Biegewinkel des Krümmers halbiert. Es wird die Druckkraft gesucht, die eine strömende Flüssigkeit auf die Wand des Krümmers ausübt. Aus dieser Aufgabenstellung ist es klar, daß als massenbegrenzende Querschnitte A_1 und A_2 nur die Strömungsquerschnitte am Krümmungs-

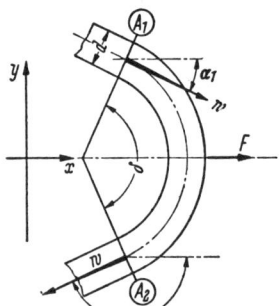

Bild 131   Strömungskraft am Rohrkrümmer

beginn und am Krümmungsende in Frage kommen. Bei reibungsfreier Strömung und unter Vernachlässigung der Schwerewirkung ist dann

$$d_1 = d_2 = d \qquad \text{bzw.} \qquad A_1 = A_2 = A$$
$$w_1 = w_2 = w$$
$$p_{1\ddot{u}} = p_{2\ddot{u}} = p_{\ddot{u}} \quad \text{für } z_1 = z_2$$

(Über die in Rohrkrümmern auftretenden Druckverluste bei der Durchströmung mit wirklichen Flüssigkeiten s. Abschnitt 3.15)
Führt man für den Biegewinkel nun noch die Bezeichnung δ ein, so ist bei der gewählten Lage des Achsenkreuzes

$$\alpha_2 = 180° - \alpha_1$$

$$\alpha_1 = 90° - \frac{\delta}{2}$$

$$\cos\alpha_2 = -\cos\alpha_1 = -\sin\frac{\delta}{2}$$

$$\cos\alpha_1 = \sin\frac{\delta}{2}$$

$$\sin\alpha_2 = \sin\alpha_1$$

Bei der symmetrischen Lage des Krümmers im Achsenkreuz muß die y-Komponente der Druckkraft gleich null werden, weil die positiven und negativen Kräfte in Richtung der y-Achse gleich groß sind.

Beweis:

$$F_y = A \cdot p_{\ddot{u}} \cdot \sin\alpha_1 - A \cdot p_{\ddot{u}} \cdot \sin\alpha_1 - \dot{V} \cdot \varrho (w \cdot \sin\alpha_1 - w \cdot \sin\alpha_1) = 0$$

Die Druckkraft im Rohrkrümmer mit gleichbleibendem Durchmesser wirkt also in Richtung der Winkelhalbierenden des Biegewinkels. Ihre Größe ist

$$F = F_x = A \cdot p_{\ddot{u}} \cdot \sin\frac{\delta}{2} - A \cdot p_{\ddot{u}} \left(-\sin\frac{\delta}{2}\right) + \dot{V} \cdot \varrho \left(w \cdot \sin\frac{\delta}{2} + w \cdot \sin\frac{\delta}{2}\right)$$

mit $\quad \dot{V} = A \cdot w \quad$ wird

$$F = 2 \cdot A \cdot p_{\ddot{u}} \cdot \sin\frac{\delta}{2} + 2 \cdot A \cdot \varrho \cdot w^2 \cdot \sin\frac{\delta}{2}$$

Der erste Summand dieser Lösung ist der Kraftanteil aus dem statischen Flüssigkeitsdruck, der zweite Summand ist der Kraftanteil aus dem dynamischen Druck der strömenden Flüssigkeit.

Beispiel 6.1.: Durch einen Rohrkrümmer mit 400 mm Innendurchmesser und 90° Biegewinkel strömt ideale Flüssigkeit mit einer Geschwindigkeit $w = 1,6$ m/s bei einem Überdruck von 10 bar.
Welche Kräfte übt die Flüssigkeit auf den Krümmer aus?

Gegeben: $\quad d = 0,4$ m $\qquad \delta = 90°$
$\qquad\qquad\quad w = 1,6$ m/s $\qquad p_{\ddot{u}} = 10$ bar
$\qquad\qquad\quad \varrho = 1000$ kg/m³

Lösung: $F = F_{\text{stat}} + F_{\text{dyn}}$

$$F = 2\,\frac{\pi}{4}\,d^2 \cdot p_{\text{ü}} \cdot \sin\frac{\delta}{2} + 2\,\frac{\pi}{4}\,d^2 \cdot \varrho \cdot w^2 \cdot \sin\frac{\delta}{2}$$

$$= \frac{\pi}{2} \cdot 0{,}4^2\,\text{m}^2 \cdot 10 \cdot 10^5\,\frac{\text{N}}{\text{m}^2} \cdot \sin 45^\circ + \frac{\pi}{2} \cdot 0{,}4^2\,\text{m}^2 \cdot 10^3\,\frac{\text{kg}}{\text{m}^3} \cdot 1{,}6^2\,\frac{\text{m}^2}{\text{s}^2} \cdot \sin 45^\circ$$

$$= 177\,715\,\text{N} + 455\,\frac{\text{kg m}}{\text{s}^2} = 178{,}17\,\text{kN}$$

Dieses Beispiel zeigt deutlich, daß bei Rohrkrümmern die Strömungskräfte gegenüber den statischen Druckkräften vernachlässigt werden können.

Aufgabe 30:   Ein waagerecht liegender Krümmer mit einem Eintrittsquerschnitt von $20\,\text{cm}^2$ und einem Austrittsquerschnitt von $65\,\text{cm}^2$ lenkt die ideale Flüssigkeit ($\varrho = 1\,\text{kg/dm}^3$) in einem Winkel von 120° um. Der Durchflußstrom beträgt $20\,\text{dm}^3/\text{s}$ und der Überdruck im Eintrittsquerschnitt $2{,}94\,\text{bar}$. Berechne die resultierende Kraft auf die Krümmerwand und den Winkel β, den sie mit der Eintrittsachse bildet.

Lösung: $F = 2747\,\text{N}$
$\beta = 45{,}5^\circ$

6.3   Rückstoßkräfte von Flüssigkeitsstrahlen

Ein Flüssigkeitsstrahl, der aus einem Raum mit dem Druck p_1 durch eine Öffnung in einen Raum mit dem Druck p_2 ausströmt, erreicht nach *Bernoulli* die Austrittsgeschwindigkeit

$$w = \sqrt{\frac{2\,(p_1 - p_2)}{\varrho}}$$

Er führt mit sich den in der Zeiteinheit austretenden Impuls

$$\frac{I}{t} = \frac{m \cdot w}{t} = \varrho \cdot \dot{V} \cdot w = \varrho \cdot A \cdot w^2$$

Dieser Austrittsimpuls bedingt eine gleichgroße Impulsänderung der den Raum *1* erfüllenden Flüssigkeitsmasse. Die Impulsänderung bewirkt eine in der Größe gleiche und in der Richtung dem Austrittsimpuls entgegengesetzte Kraftreaktion auf den Raum *1*. Die Kraftreaktion ist doppelt so groß wie die von dem Druckunterschied $p_1 - p_2$ auf die geschlossene Öffnung ausgeübte Kraft.

$$F = \varrho \cdot A \cdot w^2 = 2 \cdot A\,(p_1 - p_2)$$

Am Beispiel eines offenen Behälters, der im Abstand z unter dem Flüssigkeitsspiegel

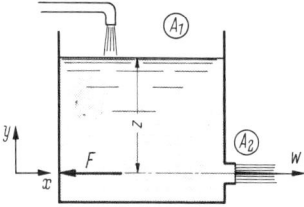

Bild 132   Rückstoßkraft

eine im Vergleich zur Behälteroberfläche kleine Ausflußöffnung besitzt, soll vorstehende Aussage mit Hilfe der analytischen Gleichungen des Impulssatzes bestätigt werden.
Zur Begrenzung der idealen Flüssigkeitsmasse werden Querschnitt A_1 in den Flüssigkeitsspiegel des Behälters und Querschnitt A_2 in die Ausflußöffnung gelegt. Das Achsenkreuz wird so gewählt, daß die y-Achse senkrecht zur Oberfläche und die x-Achse senkrecht zur Ausflußöffnung stehen. Dann sind

$$w_1 \approx 0 \text{ wegen } A_1 \gg A_2$$

$$w_2 = \sqrt{2 \cdot g \cdot z} \qquad (\textit{Bernoulli!})$$

$$\alpha_1 = 90°$$

$$\alpha_2 = 0°$$

$$p_{1ü} = p_{2ü} = 0 \text{ bar (Luftdruck!)}$$

$$F_y = 0 - 0 - \dot{V} \cdot \varrho \,(0-0) = 0$$

$$F_x = F = 0 - 0 + \dot{V} \cdot \varrho \,(0 - w_2 \cdot 1) = -\dot{V} \cdot \varrho \cdot w_2$$

$$= -A_2 \cdot \varrho \cdot w_2^2 = -A_2 \cdot \varrho \cdot 2 \cdot g \cdot z = -2 \cdot A_2 \cdot \varrho \cdot g \cdot z$$

Die Rückstoßkraft ist also auch hier doppelt so groß und entgegengesetzt gerichtet wie die hydrostatische Druckkraft gegen die geschlossene Ausflußöffnung.

Beispiel 6.2.: Aus dem Mundstück eines Feuerwehrschlauches, das eine Bohrung von 30 mm besitzt, werden 120 m³/h Wasser ausgeworfen. Wie groß ist unter Vernachlässigung der Flüssigkeitsreibung die Rückstoßkraft?

Gegeben: $\dot{V} = 120 \text{ m}^3/\text{h} = 0{,}0333 \text{ m}^3/\text{s}$

$\qquad\qquad d = 0{,}03 \text{ m}$

$\qquad\qquad \varrho = 1 \text{ kg/dm}^3 = 1000 \text{ kg/m}^3$

Lösung: $\quad w = \dfrac{\dot{V}}{A} = \dfrac{0{,}0333 \text{ m}^3 \cdot 4}{\text{s} \cdot \pi \cdot 0{,}03^2 \text{ m}^2} = 47 \text{ m/s}$

$\qquad\qquad F = \varrho \cdot A \cdot w^2$

$$= 1000 \,\frac{\text{kg}}{\text{m}^3} \cdot \frac{\pi}{4} \cdot 0{,}03^2 \text{ m}^2 \cdot 47^2 \,\frac{\text{m}^2}{\text{s}^2} = 1561 \,\frac{\text{kg m}}{\text{s}^2} = 1561 \text{ N}$$

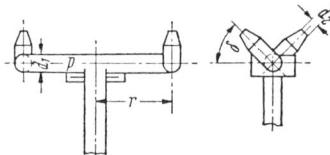

Bild 133   Rasensprenger

Aufgabe 31: Ein Rasensprenger nach Bild 133 ist an eine Wasserleitung angeschlossen, die einen Wasserdruck $p_ü = 4{,}71$ bar liefert. Das Gerät hat folgende Abmessungen:

$\qquad\qquad d_1 = 15 \text{ mm}, \quad d_2 = 7 \text{ mm},$

$\qquad\qquad r = 200 \text{ mm}, \quad \delta = 45°$

Gesucht: Stündlicher Wasserauswurf $\dot{V}$, erzeugtes Drehmoment M bei stehendem Drehkopf (Flüssigkeitsreibung wird vernachlässigt).

Lösung: $\dot{V} = 4{,}35\,\mathrm{m}^3/\mathrm{h}$ pro Mündung

$M = 10{,}742\,\mathrm{Nm}$

Aufgabe 32: Die A4-Rakete (V2) des letzten Weltkrieges stieß in der Sekunde 125 kg Verbrennungs-
gase mit einer Geschwindigkeit von 2200 m/s aus.
Welche Schubkraft wurde erzeugt?

Lösung: $F = 274{,}68\,\mathrm{kN}$

6.4   Strahlstoßkräfte

Gerader Stoß gegen feststehende Wand:

Ein aus einer Mündung mit der Geschwindigkeit w austretender Flüssigkeitsstrahl, der
gegen eine feste Wand trifft, übt auf diese beim Auftreffen eine Kraft aus. Die Flüssigkeitsteilchen ändern an der Wand ihre Strömungsrichtung und werden in eine zur Wand
parallele Richtung abgelenkt.

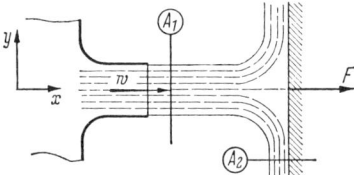

Bild 134   Strahlstoß gegen feststehende, senkrechte Wand

Die Strahlstoßkraft läßt sich wieder durch Anwendung des Impulssatzes ermitteln. Das
Achsenkreuz wird mit der x-Achse in die Strahlachse gelegt. Nun denke man sich eine
Flüssigkeitsmasse so abgegrenzt, daß Querschnitt A_1 den Strahl direkt hinter der Mün-
dung schneidet, während Querschnitt A_2 in dem an der Wand abgelenkten Strahl einen
Ring bildet. Bei Vernachlässigung der Schwerewirkung sind dann

$$p_{1\ddot{u}} = p_{2\ddot{u}} = 0\,\mathrm{bar} \qquad\qquad \alpha_1 = 0°$$

$$w_1 = w_2 = w \qquad\qquad\qquad \alpha_2 = 90°$$

$$F_y = 0 \quad \text{aus Symmetriegründen}$$

$$F_x = F = 0 - 0 + \dot{V}\cdot\varrho\,(w\cdot\cos 0° - w\cdot\cos 90°) = \dot{V}\cdot\varrho\cdot w = A_1\cdot\varrho\cdot w^2$$

Gerader Stoß gegen eine mit der Eigengeschwindigkeit u in Stoßrichtung bewegte Platte:

In diesem Falle hat der Flüssigkeitsstrahl gegenüber der bewegten Platte die Relativgeschwindigkeit

$$w' = w - u$$

Der an der bewegten Platte wirksame Volumenstrom ist nur noch $\dot{V}' = A_1\cdot w'$. Die Differenz $\dot{V} - \dot{V}'$ verbleibt in dem sich um $(w - u)\,t$ verlängernden Strahlstück.
Die Strahlstoßkraft ist also nur noch

$$F = \dot{V}'\cdot\varrho\cdot w' = \dot{V}'\cdot\varrho\cdot(w - u) = A_1\cdot\varrho\cdot(w - u)^2$$

Schiefer Stoß gegen feststehende Wand:

Von der durch die Impulsänderung des Flüssigkeitsstrahles verursachten Kraftwirkung übt nur der Normaldruck senkrecht zur Wand eine Kraft auf diese aus. Es genügt also, die Geschwindigkeit w in ihre Normalkomponente $w_n = w \cdot \sin\delta$ und ihre Tangentialkomponente $w_t = w \cdot \cos\delta$ zu zerlegen und den Impulssatz auf die Normale zur Wand anzuwenden. Die Strahlstoßkraft ist dann

$$F = \dot{V} \cdot \varrho \cdot w_n = \dot{V} \cdot \varrho \cdot w \cdot \sin\delta = A_1 \cdot \varrho \cdot w^2 \cdot \sin\delta$$

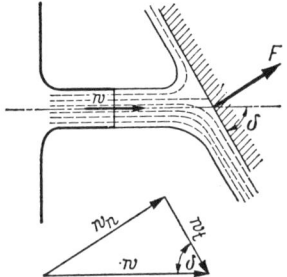

Bild 135   Schiefer Strahlstoß gegen feststehende Wand

Gerader Stoß gegen gewölbte Platte:

Unter den gleichen Voraussetzungen wie beim geraden Stoß gegen die senkrechte Platte ist

$$\alpha_1 = 0°$$
$$\alpha_2 = \delta$$
$$F_x = F = \dot{V} \cdot \varrho\,(w \cdot \cos 0° - w \cdot \cos\delta) = \dot{V} \cdot \varrho \cdot w\,(1 - \cos\delta)$$
$$= A_1 \cdot \varrho \cdot w^2\,(1 - \cos\delta)$$

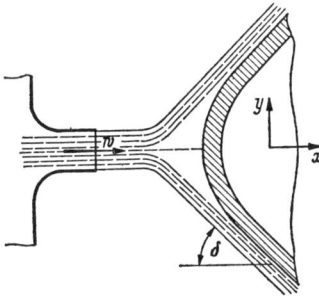

Bild 136   Gerader Strahlstoß gegen gewölbte Wand

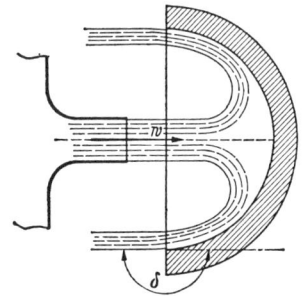

Bild 137   Strahlstoß gegen Hohlwölbung

Die Strahlstoßkraft gegen die gewölbte Platte wird ein Maximum für $\delta = 180°$.
Diese höchste erzielbare Strahlstoßkraft wird technisch verwertet in den Freistrahlturbinen (Peltonrädern). Bei den Freistrahlturbinen sitzen becherförmige Schaufeln am

Umfang einer Radscheibe. Die Schaufeln sind zur besseren Umlenkung des Wassers durch eine Schneide in zwei symmetrische Teile geteilt. Das Wasser wird in der Schaufel umgelenkt und gibt dadurch seine Energie an den Radumfang ab. Der Wölbungswinkel der Schaufeln ist um den Winkel β kleiner als 180°, damit der umgelenkte Strahl nicht gegen die nachfolgenden Schaufeln stößt. An ihrem äußersten Rand erhalten die Schaufeln einen Ausschnitt, der sorgfältig angeschärft wird, damit das Einschneiden der Schaufeln in den Strahl der wirklichen, d.h. reibungsbehafteten Flüssigkeit möglichst verlustlos vor sich geht.

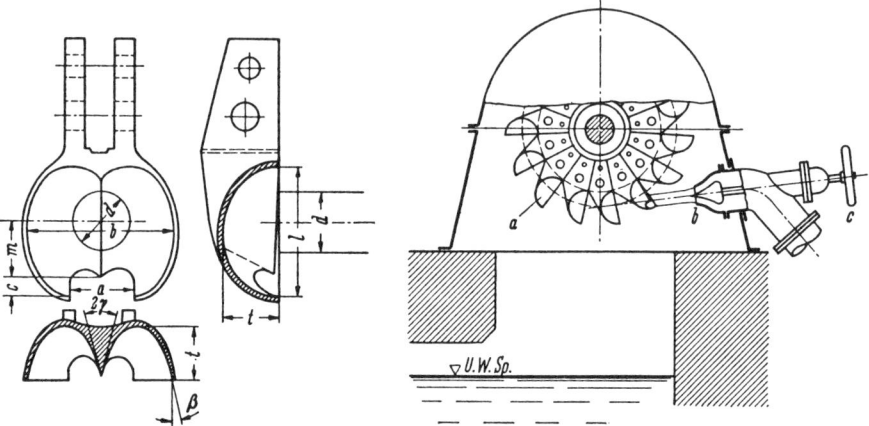

Bild 138   Becher der Freistrahlturbine
a Aussparung, *b* Becherbreite, *t* Becher-
tiefe, *d* Strahldurchmesser, *m* Vor-
stand, *l* Becherhöhe

Bild 139   Aufbauskizze einer Freistrahlturbine
a Becher, *b* Düse, *c* Regelung

Die Freistrahlturbinen werden durch eine bis vier Düsen für jedes Rad beaufschlagt, in denen die Fall-Energie des Wassers völlig in kinetische Energie umgesetzt wird. Pelton-räder kommen bei kleinen Wassermengen, aber großen Fallhöhen zur Anwendung.
Die am Radumfang erreichte Strahlstoßkraft ist

$$F_\mathrm{u} = \dot{V} \cdot \varrho (w - u)(1 + \cos \beta) = A_\mathrm{s} \cdot \varrho \cdot w (w - u)(1 + \cos \beta)$$

wobei $u = d_\mathrm{m} \cdot \pi \cdot n$ die Umfangsgeschwindigkeit der Schaufeln ist und A_s der wirksame Strahlquerschnitt. $\dot{V} = A_\mathrm{s} \cdot w$, weil jede Schaufel durch die nachfolgende ersetzt wird.

Beispiel 6.4.: Ein Wasserstrahl tritt mit 20 m/s aus einer Düse mit 50 cm² Querschnitt. Berechne die Strahlstoßkraft gegen eine feststehende, senkrechte Wand.

Gegeben: $A_1 = 50\,\mathrm{cm^2}$

$w\ = 20\,\mathrm{m/s}$

$\varrho\ = 1000\,\mathrm{kg/m^3}$

$= 1\,\mathrm{kg/dm^3}$

Lösung: $F\ = A_1 \cdot \varrho \cdot w^2$

$= 50\,\mathrm{cm^2} \cdot 10^3\,\dfrac{\mathrm{kg}}{\mathrm{m^3}} \cdot 20^2\,\dfrac{\mathrm{m^2}}{\mathrm{s^2}} \cdot \dfrac{\mathrm{m^2}}{10^4\,\mathrm{cm^2}} = 2000\,\dfrac{\mathrm{kg\,m}}{\mathrm{s^2}} = 2000\,\mathrm{N} = 2\,\mathrm{kN}$

Beispiel 6.4.: Aus einem Rohrmundstück mit 100 mm Bohrung strömen 15 000 $\frac{dm^3}{min}$ ideale Flüssigkeit und treffen unter dem Winkel $\delta = 50°$ gegen eine feststehende Wand.
Welche Kraft übt der Strahl gegen die Wand aus?

Gegeben: $d_1 = 100\,mm = 0,1\,m$

$\dot{V} = 15 \cdot 10^3\,dm^3/min = 0,25\,m^3/s$

$\delta = 50°$

$\varrho = 1000\,kg/m^3$

Lösung: $F = \dot{V} \cdot \varrho \cdot w \cdot \sin\delta$

$$= \dot{V} \cdot \varrho \, \frac{\dot{V} \cdot 4}{\pi \cdot d_1} \cdot \sin\delta$$

$$= 0,25 \, \frac{m^3}{s} \cdot 10^3 \, \frac{kg}{m^3} \cdot \frac{0,25\,m^3 \cdot 4}{s \cdot \pi \cdot 0,1^2\,m^2} \cdot \sin 50°$$

$$= 6099\,N = 6,099\,kN$$

Aufgabe 33: Eine um die Oberkante drehbar aufgehängte Platte wird auf der einen Seite in der Tiefe $e_1 = 910\,mm$ vom Drehpunkt von einem Wasserstrahl und auf der anderen Seite in der Tiefe e_2 von einem zweiten Wasserstrahl getroffen.
Wie groß ist e_2, wenn die Platte senkrecht hängen soll und sich $\frac{\dot{V}_1}{\dot{V}_2}$ wie $\frac{4}{7}$, jedoch

$\frac{w_1}{w_2}$ wie $\frac{3}{4}$ verhalten?

Lösung: $e_2 = 390\,mm$

Aufgabe 34: Eine wie in Aufgabe 33 aufgehängte Platte habe quadratische Abmessungen mit $b = 1200\,mm$ Seitenlänge und die Gewichtskraft $G = 588,6\,N$. Ein Wasserstrahl mit 90 mm Durchmesser trifft diese Platte mit einer Strahlgeschwindigkeit $w = 6\,m/s$ in der Tiefe $e = 900\,mm$ unterhalb der Aufhängung. Um welchen Winkel schlägt die Platte aus?

Lösung: Anströmwinkel $\alpha = 55,1°$
Ausschlagwinkel $\delta = 34,9°$

Aufgabe 35: Ein Flüssigkeitsstrahl, der parallel an einer Platte mit der Geschwindigkeit w entlang strömt, wird durch eine Abknickung der Platte um den Winkel α nach einer Seite abgelenkt.
Wie groß ist die Strahldruckkraft, und welchen Winkel β bildet sie mit der Anströmrichtung?

Lösung: $F = 2 \cdot \dot{V} \cdot \varrho \cdot w \cdot \sin\frac{\alpha}{2}$

$\beta = 90° - \frac{\alpha}{2}$

Aufgabe 36: Ein Strahl der idealen Flüssigkeit mit 100 mm Durchmesser trifft mit einer Geschwindigkeit von 14 m/s zentrisch auf die konkave Krümmung eines Kugelmantelabschnittes, dessen Höhe $h = r/3$ ist.
Wie groß ist die Strahlstoßkraft?

Lösung: $F = 2688\,N$

Aufgabe 37: Ein Peltonrad mit 900 mm mittlerem Raddurchmesser dreht sich mit einer Drehzahl von 350 min^{-1}. Die Turbine hat eine Düse, aus welcher der Wasserstrahl ($\varrho = 1$ kg/dm^3) mit 78,5 cm^2 wirksamem Querschnitt und einem Durchsatz von 1000 m^3/h austritt. Wie groß ist die Leistung am Radumfang unter Vernachlässigung der Flüssigkeitsreibung? (Schaufelwinkel $\beta = 5°$).

Lösung: $P_u = 172,8$ kW

6.5   Der Drallsatz

Ein mit der Geschwindigkeit w bewegtes Massenteilchen m hat die Bewegungsgröße oder den *Impuls*

$$I = m \cdot w$$

Dieser bleibt unverändert, solange auf das Massenteilchen keine Kraft ausgeübt wird.

$$F = m \cdot a = m \cdot \frac{dw}{dt} = \frac{dI}{dt}$$

$F = 0$ bedeutet also $I = $ konst.

Bei der Untersuchung einer gekrümmten Strömung müssen auch die Kraft- und Impulsmomente beachtet werden. Unter dem *Impulsmoment* (Drall) versteht man

$$D = m \cdot w \cdot r = I \cdot r$$

mit r als senkrechtem Abstand von der Drehachse.

$$F \cdot r = m \cdot r \cdot a = M$$

$$M = m \cdot r \frac{dw}{dt} = r \cdot \frac{dI}{dt} = \frac{dD}{dt}$$

$$\boxed{M = \frac{dD}{dt}}$$ *Drallsatz*

Bei einer um eine Achse kreisenden Strömung bleibt das Impulsmoment unverändert, wenn von außen auf die Strömung keine Kräfte ausgeübt werden und ideale Flüssigkeit angenommen wird.

$$F = 0 \quad \text{bedeutet in diesem Falle} \quad D = \text{konst}$$

oder

$$m \cdot r \cdot w = \text{konst.}$$

Für jedes gleichgroße Massenteilchen m auf einem Radiusvektor muß also das Produkt $r \cdot w$ gleich sein.
Somit gilt für die reibungsfreie, kreisende Strömung, bei der alle Massenteilchen sich auf konzentrischen Kreisen bewegen:

$$r_1 \cdot w_1 = r_2 \cdot w_2 = r_3 \cdot w_3 = \cdots\cdots \quad \text{oder}$$

$$r \cdot w \quad = \text{konst.}$$

Die Strömungsform der reibungsfreien, konzentrisch kreisenden Flüssigkeit bezeichnet man als *Potentialwirbel*. Die Geschwindigkeitsverteilung in einer Achse des Potentialwirbels hat die Form einer gleichseitigen Hyperbel.

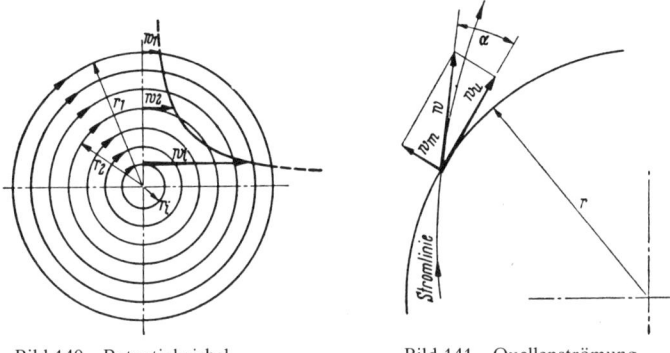

Bild 140   Potentialwirbel   Bild 141   Quellenströmung

Nach dem Drallsatz wächst die Strömungsgeschwindigkeit bei einem Potentialwirbel mit abnehmendem Radius hyperbolisch an. Theoretisch würden in der Mitte des Drehfeldes

für $r = 0$ $w = \infty$ und damit nach Bernoulli $p = -\infty$.

Bei wirklichen Flüssigkeiten entsteht von einem gewissen Radius r_i ab ein wie ein fester Körper rotierender Kern. Dieser Kern kann auch aus einem leichteren Stoff bestehen, der an der Rotation keinen Anteil nimmt, z.B. bei Wasser ein Luftkern (Hohlwirbel). Wenn die kreisende Bewegung durch eine Strömung nach außen – Quellenströmung – oder eine Strömung nach innen – Senkenströmung – überlagert ist, gilt der Drallsatz für die Umfangskomponente w_u der Geschwindigkeit w.

$$r \cdot w_u = \text{konst}$$

Bei ebener, stationärer Strömung ist der Winkel α, den die Stromlinie gegen die Umfangsrichtung bildet, in allen Punkten der Stromlinie konstant. Der Beweis hierfür ergibt sich aus folgenden Beziehungen:

$$w_m \sim \frac{1}{A}\quad \text{nach Kontinuität};$$

mit z als Strömungstiefe ist der Strömungsquerschnitt

$$A = 2 \cdot \pi \cdot r \cdot z \qquad \text{oder}\quad A \sim r \quad \text{und damit}$$

$$w_m \sim \frac{1}{r} \qquad \text{oder}\quad w_m \cdot r = \text{konst}.$$

Wenn aber

$$r \cdot w_u = \text{konst}\quad \text{und}$$

$$r \cdot w_m = \text{konst},\quad \text{folgt}$$

$$\frac{w_m}{w_u} = \text{konst} = \tan\alpha,\qquad \text{somit auch}\quad \alpha = \text{konst}.$$

Die Beziehungen des Drallsatzes sind in der Technik wichtig für alle Strömungsmaschinen. In Strömungsmaschinen übt entweder die strömende Flüssigkeit auf die Schaufeln des Laufrades Kräfte aus (Kraftmaschinen), oder durch das von außen angetriebene Laufrad werden Kräfte auf die Flüssigkeit ausgeübt (Arbeitsmaschinen).
Allen Strömungsmaschinen gemeinsam ist die Tatsache, daß die Flüssigkeit irgendwo in einem Querschnitt *1* in das Laufrand eintritt und es irgendwo in einem Querschnitt *2* wieder verläßt (Bild 143).

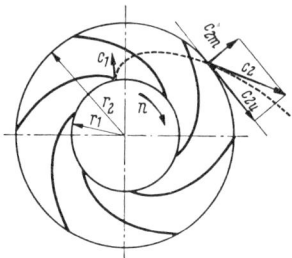

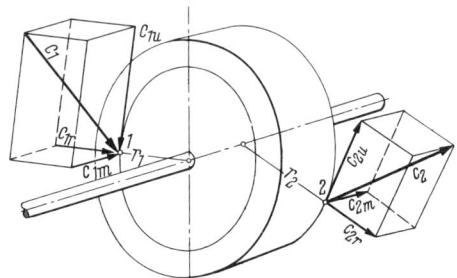

Bild 142
Strömung im Kreiselpumpenlaufrad   Bild 143   Strömungsrichtungen am Laufrad

Bei Strömungsmaschinen ist c die Absolut- und w die Relativgeschwindigkeit. Da Energien nur durch Änderung der absoluten kinetischen Energie übertragen werden, wird in der folgenden Ableitung die entsprechende Geschwindigkeit mit dem Formelzeichen c bezeichnet.
Der Eintrittsradius eines Stromfadens sei r_1, der Austrittsradius r_2. Wir zerlegen die Ein- und Austrittsgeschwindigkeiten c_1 und c_2 in ihre drei Raumkoordinaten in Achsrichtung c_m (Axial- oder Meridiankomponente), in radialer Richtung c_r (Radialkomponente) und in Umfangsrichtung c_u (Umfangskomponente). Für die Energie-Umsetzung können die ersten beiden, nämlich c_m und c_r, keine Rolle spielen, da sie keinen Hebelarm zur Welle haben und folglich auch kein Drehmoment erzeugen können. Einzig und allein die Umfangskomponente c_u greift senkrecht am Hebelarm r an und kann ein Drehmoment an die Welle abgeben (Turbine) oder von der Welle aufnehmen (Pumpe).

Mit $\qquad M = \dfrac{\mathrm{d}D}{\mathrm{d}t} = \dfrac{m}{\mathrm{d}t}\, r \cdot \mathrm{d}c$

ist $\qquad \displaystyle\int_{t_1}^{t_2} M \cdot \mathrm{d}t = m \cdot r \int_1^2 \mathrm{d}c_u$

Aus $M_d \cdot \omega$ folgt die (verlustlos gerechnete) theoretische Leistung

$$P_{th} = \frac{m \cdot r \cdot \omega \cdot \mathrm{d}c_u}{\mathrm{d}t} = \frac{m \cdot u \cdot \mathrm{d}c_u}{\mathrm{d}t}$$

$$P_{th} = \dot{m} \int_1^2 u \cdot \mathrm{d}c_u$$

$$\frac{P_{th}}{\dot{m}} = \int_1^2 u \cdot \mathrm{d}c_u$$

Das ist der Energieumsatz eines Massenstroms von 1 kg/s, der zwischen den Querschnitten *1* und *2* im Laufrad umgesetzt wird. Man nennt ihn die spezifische Schaufelarbeit Y.

$$Y = \int\limits_1^2 u \cdot \mathrm{d}c_\mathrm{u} \qquad \textit{Turbinenhauptgleichung von Euler}$$

Dieser Ausdruck läßt sich auf alle Strömungsmaschinen anwenden, wenn folgendes berücksichtigt wird:
Bei radial durchströmten Maschinen ist $r_1 \neq r_2$ und $u_1 \neq u_2$,
bei axial durchströmten Maschinen ist $r_1 = r_2 = r$ und $u_1 = u_2 = u$.
Bei Kraftmaschinen wird dem Arbeitmittel kinetische Energie entzogen, d.h.

$$c_2 < c_1,$$

bei Arbeitsmaschinen wird dem Arbeitsmittel kinetische Energie zugeführt, d.h.

$$c_2 > c_1.$$

Damit ergeben sich die vier Schreibweisen der Eulerschen Hauptgleichung für Strömungmaschinen:

	Axiale Durchströmung $u_1 = u_2 = u$	Radiale Durchströmung $u_1 \neq u_2$
Kraftmaschinen $c_1 > c_2$	$Y = u(c_{1\mathrm{u}} - c_{2\mathrm{u}})$	$Y = u_1 \cdot c_{1\mathrm{u}} - u_2 \cdot c_{2\mathrm{u}}$
Arbeitsmaschinen $c_1 < c_2$	$Y = u(c_{2\mathrm{u}} - c_{1\mathrm{u}})$	$Y = u_2 \cdot c_{2\mathrm{u}} - u_1 \cdot c_{1\mathrm{u}}$

Eulersche Gleichungen

6.6 Strömung mit Energiezufuhr oder Energieabgabe

Energiezufuhr oder Energieabgabe bei strömenden Flüssigkeiten bedeuten eine Arbeitsleistung. Wenn Energie der Flüssigkeit zugeführt wird, ist die Arbeitsleistung ein Arbeitsaufwand, der eine Vergrößerung der Strömungsenergie bewirkt. Wenn jedoch der Strömung Energie entzogen wird, ist die Arbeitsleistung ein Arbeitsgewinn und kann als Vergrößerung des Strömungswiderstandes angesehen werden.
Für zwei Querschnitte einer Stromröhre, zwischen denen Energie zu- und abgeführt wird, gilt dann folgende erweiterte Energiegleichung:

$$\dot{m}\left(g \cdot z_1 + \frac{p_1}{\varrho} + \frac{w_1^2}{2}\right) = \dot{m}\left(g \cdot z_2 + \frac{p_2}{\varrho} + \frac{w_2^2}{2} + h_\mathrm{v}\right) + \dot{E}_\mathrm{ab} - \dot{E}_\mathrm{zu}$$

oder auf die Mengenstromeinheit bezogen

$$g \cdot z_1 + \frac{p_1}{\varrho} + \frac{w_1^2}{2} = g \cdot z_2 + \frac{p_2}{\varrho} + \frac{w_2^2}{2} + h_\mathrm{v} + \frac{\dot{E}_\mathrm{ab}}{\dot{m}} - \frac{\dot{E}_\mathrm{zu}}{\dot{m}}$$

Anwendungsbeispiele

1) Bestimmung der Förderhöhe einer Kreiselpumpe auf dem Prüfstand (Bild 144).

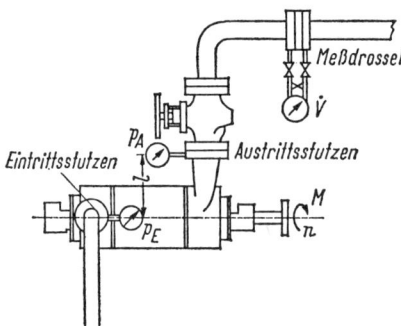

Bild 144   Mehrstufige Kreiselpumpe

Unter der Förderhöhe H einer Pumpe versteht man die pro Mengenstromeinheit zwischen Eintritts- und Austrittsstutzen zugeführte Strömungsenergiehöhe.

$$\dot{E}_{zu} = \dot{m} \cdot g \cdot H = \dot{V} \cdot \varrho \cdot Y_F = P_e \qquad \text{effektive oder Förderleistung}$$

Als Antriebsleistung muß an der Antriebswelle der Pumpe ein um die Pumpenverluste vergrößerter Energiestrom zugeführt werden.

$$P_a = P_e + \text{Verluste} = \frac{P_e}{\eta} = M \cdot \omega = M \cdot 2 \cdot \pi \cdot n$$

Zwischen dem Querschnitt des Eintrittsstutzens, gekennzeichnet durch den Index E, und dem Querschnitt des Austrittsstutzens, gekennzeichnet durch den Index A, wird die Energiegleichung zum Ansatz gebracht.

$$\dot{m}\left(g \cdot z_E + \frac{p_E}{\varrho} + \frac{w_E^2}{2}\right) = \dot{m}\left(g \cdot z_A + \frac{p_A}{\varrho} + \frac{w_A^2}{2}\right) - \dot{m} \cdot g \cdot H$$

$$g \cdot H = g(z_A - z_E) + \frac{p_A - p_E}{\varrho} + \frac{w_A^2 - w_E^2}{2}$$

$$z_A - z_E = l$$

$$w_A = \frac{\dot{V} \cdot 4}{\pi \cdot d_A^2}$$

$$w_E = \frac{\dot{V} \cdot 4}{\pi \cdot d_E^2}$$

$$g \cdot H = g \cdot l + \frac{p_A - p_E}{\varrho} + \frac{1}{2}\left(\frac{4\dot{V}}{\pi}\right)^2 \cdot \left(\frac{1}{d_A^4} - \frac{1}{d_E^4}\right) = Y_F \qquad \begin{array}{l}\text{spezifische}\\\text{Förderarbeit}\end{array}$$

2) Bestimmung der erforderlichen Förderhöhe einer Kreiselpumpe aus gegebenen Betriebsbedingungen.

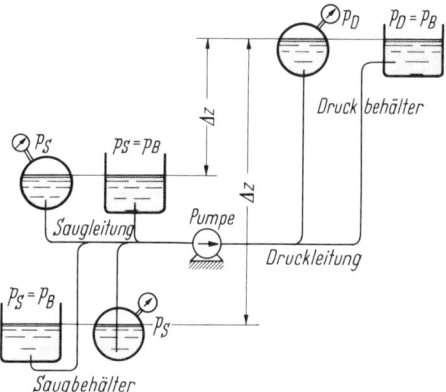

Bild 145
Mögliche Betriebsbedingungen
einer Kreiselpumpe

Bild 145 zeigt die verschiedenen Möglichkeiten, eine Pumpe zwischen einen Saug- bzw. Zulaufbehälter und einen Druckbehälter zu setzen. Zur Kennzeichnung der physikalischen Größen werden folgende Indizes verwendet:

Index S – Saug- bzw. Zulaufspiegel
Index D – Druckspiegel
Index s – Saugleitung
Index d – Druckleitung

Zwischen Saug- bzw. Zulaufspiegel und Druckspiegel wird nun die Energiegleichung zum Ansatz gebracht.

$$g \cdot z_S + \frac{p_S}{\varrho} + \frac{w_S^2}{2} = g \cdot z_D + \frac{p_D}{\varrho} + \frac{w_D^2}{2} + h_v - \frac{\dot{E}_{zu}}{\dot{m}}$$

Es sind

$$h_v = \frac{w_s^2}{2} \cdot \Sigma \zeta_s + \frac{w_d^2}{2} \cdot \Sigma \zeta_d$$

$$w_s = \frac{\dot{V} \cdot 4}{\pi \cdot d_s^2}$$

$$w_d = \frac{\dot{V} \cdot 4}{\pi \cdot d_d^2}$$

$$\dot{E}_{zu} = \dot{m} \cdot g \cdot H = \dot{m} \cdot Y_F$$

$$z_D - z_S = \Delta z$$

w_D und w_S sind vernachlässigbar klein.

Dann ergibt die nach der spezifischen Förderarbeit aufgelöste Energiegleichung:

$$g \cdot H = g \cdot \Delta z + \frac{p_D - p_S}{\varrho} + \frac{1}{2} \left(\frac{4 \dot{V}}{\pi} \right)^2 \cdot \left(\frac{\Sigma \zeta_s}{d_s^4} + \frac{\Sigma \zeta_d}{d_d^4} \right) = Y_F$$

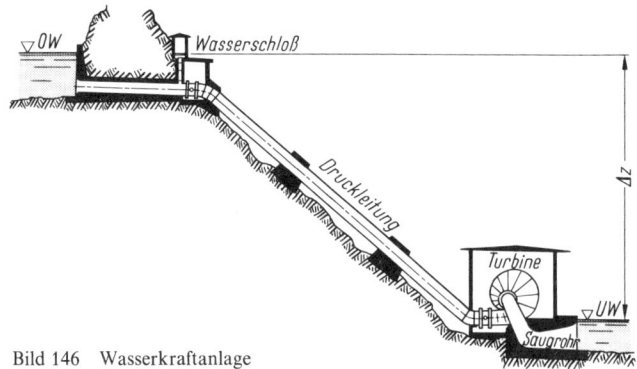

Bild 146   Wasserkraftanlage

3) Bestimmung von Nutzhöhe und effektiver Leistung einer Wasserturbine.

Bild 146 zeigt eine Wasserturbinenanlage. Zur Kennzeichnung der Größen werden folgende Indizes verwendet:

Index 1 – Oberwasserspiegel
Index 2 – Unterwasserspiegel
Index d – Druckleitung
Index s – Saugrohr

Der Ansatz der Energiegleichung zwischen Oberwasser- und Unterwasserspiegel ergibt:

$$g \cdot z_1 + \frac{p_1}{\varrho} + \frac{w_1^2}{2} = g \cdot z_2 + \frac{p_2}{\varrho} + \frac{w_2^2}{2} + h_v + \frac{\dot{E}_{ab}}{\dot{m}}$$

Unter Einführung der Nutzhöhe H sind

$$\frac{\dot{E}_{ab}}{\dot{m}} = g \cdot H$$

$$p_1 = p_2 = p_B$$

$$z_1 - z_2 = \Delta z$$

w_1 und w_2 können vernachlässigt werden.

$$h_v = \frac{w_d^2}{2} \cdot \Sigma \zeta_d + h_s(1 - \eta_s)$$

Darin sind h_s der Druckenergierückgewinn im Saugrohr und η_s der Wirkungsgrad des Saugrohres.

Damit ergibt die Auflösung der Energiegleichung

$$g \cdot H = g \cdot \Delta z - \frac{w_d^2}{2} \cdot \Sigma \zeta_d - h_s(1 - \eta_s)$$

$$P_{th} = \dot{E}_{ab} = \dot{m} \cdot g \cdot H$$

$$P_e = P_{th} \cdot \eta_T = \dot{m} \cdot g \cdot H \cdot \eta_T = \dot{V} \cdot \varrho \cdot g \cdot H \cdot \eta_T$$

6.7 Die Kavitation

In der Strömung einer tropfbaren Flüssigkeit mit der Temperatur t und dem ungestörten Flüssigkeitsdruck p können durch Strömungsvorgänge örtliche Drücke auftreten, die kleiner als p sind *(Bernoulli !)*. Wenn diese Drücke den der Flüssigkeitstemperatur entsprechenden Siededruck p_t erreichen, setzt Verdampfung ein. Durch den Volumenzuwachs bei der Verdampfung werden die Strömungsformen gegenüber der ungestörten Strömung verändert.

Wenn beim Weiterströmen der Flüssigkeitsdruck wieder ansteigt, stürzen die Dampfblasen infolge Kondensation des Dampfes schlagartig mit Schallgeschwindigkeit und unter Geräuschbegleitung in sich zusammen. Dieser Vorgang wird *Kavitation* oder *Hohlsog* genannt.

Kavitation, die an festen Oberflächen auftritt, kann bei längerem Andauern zur Zerstörung des Wandmaterials führen.

Technische Bedeutung kommt der Kavitation bei allen schnellaufenden Flüssigkeits-Kreiselmaschinen zu. Für Wasserturbinen, Schiffspropeller und Kreiselpumpen gilt die Regel:

Vermeidung der niedrigen Drücke!

Eine kennzeichnende Größe für die Kavitationsgefahr ist die Kavitationszahl

$$\sigma = \frac{p - p_t}{\frac{\varrho}{2} \cdot w^2}$$

Kleine σ-Werte bedeuten hohe Strömungsgeschwindigkeit, die aus Gründen der Energieausnutzung erwünscht ist, aber auch erhöhte Kavitationsgefahr.

Soll trotz kleiner σ-Werte die Kavitationsgefahr gemindert werden, gilt für die Konstruktion der Kreiselmaschinen:

Dünne Schaufelprofile!
Kleine Anstellwinkel!

7 Die Strömung um Körper

Während bei durchströmten Rohrleitungen, Kanälen und Gerinnen die Strömungsverluste als Druckverluste auftreten und als solche berechnet oder gemessen werden, interessiert bei umströmten Körpern die Widerstandskraft, die von der strömenden Flüssigkeit auf den Körper ausgeübt wird.

7.1 Der Strömungswiderstand von Körpern

Bei jedem umströmten Körper teilt sich die Strömung im *Staupunkt*. An dieser Stelle ist die Geschwindigkeit gleich null. Das bedeutet aber, daß auch bei noch so turbulenter Anströmung des Körpers die Turbulenz im Staupunkt aufhört.

Vom Staupunkt aus erfolgt dann eine Beschleunigung längs der Verzweigungsstromlinien (s. Abschn. 3.8), womit zunächst die durch Wandreibung verursachte Verzögerung der Grenzschicht kompensiert wird und eine Wirbelbildung nicht auftreten kann. Es bildet sich also vom Staupunkt ab zunächst eine laminare Grenzschicht.

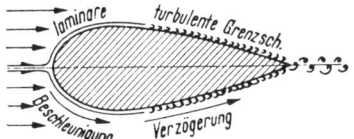

Bild 147
Grenzschichtverhalten
bei der Umströmung von Körpern

Wenn beim weiteren Entlangströmen an der Körperoberfläche der Strömungsdruck wieder ansteigt und die Grenzschichtströmung dadurch verzögert wird, wird an irgend einem Punkt der Oberfläche eine Strömungsablösung mit Wirbelbildung, d.h. Turbulenz der Grenzschicht, entstehen.

Der Umschlag von laminarer zu turbulenter Grenzschicht an der Oberfläche von umströmten Körpern ist vor allem für Tragflügel von ausschlaggebender Bedeutung. Der bei der Umströmung von Körpern auftretende Strömungswiderstand, der auch Körperwiderstand genannt wird, hat zwei Ursprungsformen, nämlich den *Reibungswiderstand* oder *Flächenwiderstand*, hervorgerufen durch die in der Grenzschicht übertragenen Schubspannungen, und den *Druckwiderstand* oder *Formwiderstand*, verursacht durch Ablösung und Sog hinter den Körpern.

Wie in Abschn. 2.4 erwähnt, setzen umströmte Körper einer Strömung keinen Widerstand entgegen, wenn das umströmende Fluid reibungsfrei strömt. Reibungseffekte der Strömung wirklicher Flüssigkeiten wirken sich, wie in Abschn. 3.8 erläutert, nur in der Grenzschicht aus. Sie führen zu Ablösungen, wobei sich an der Rückseite des umströmten Körpers ein verwirbeltes Gebiet bildet, das die annähernd reibungslose Außenströmung abdrängt und verhindert, daß sich der Druck an der Körperrückfläche wieder zum Staudruck aufbaut. Die anteilige Aufteilung des Strömungswiderstandes in Reibungs- und Druckwiderstand ist von der Ausbildung der umströmten Körper abhängig. Eine längs angeströmte, dünne, ebene Platte setzt der Strömung fast ausschließlich Reibungswiderstand entgegen. Wird diese Platte dagegen hochgestellt und quer angeströmt, so besteht der Widerstand nahezu nur aus Druckwiderstand. Profilkörper dagegen setzen der Strömung sowohl Reibungs- als auch Druckwiderstand entgegen (Bild 148).

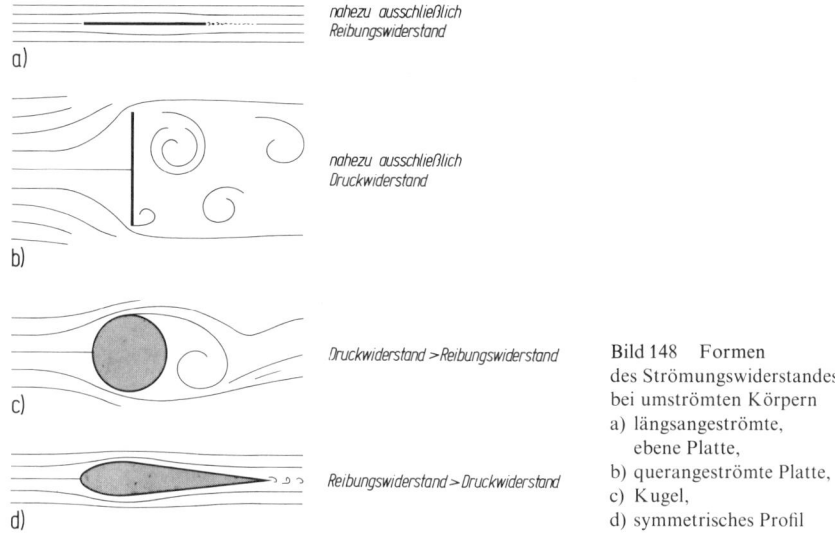

nahezu ausschließlich
Reibungswiderstand

a)

nahezu ausschließlich
Druckwiderstand

b)

Druckwiderstand > Reibungswiderstand

c)

Reibungswiderstand > Druckwiderstand

d)

Bild 148 Formen
des Strömungswiderstandes
bei umströmten Körpern
a) längsangeströmte,
   ebene Platte,
b) querangeströmte Platte,
c) Kugel,
d) symmetrisches Profil

7.2 Der Reibungs- oder Flächenwiderstand

Der Flächenwiderstand ist ein reiner Reibungswiderstand. Man versteht darunter die in Strömungsrichtung wirkende, resultierende Kraft aller Schubspannungen, die auf die Körperoberfläche wirken. Man bezieht den Flächenwiderstand eines umströmten Körpers auf die umspülte Oberfläche und auf den Staudruck der Anströmgeschwindigkeit.

$$F_{\mathrm{W}} = c_{\mathrm{f}} \cdot \frac{\varrho}{2} \cdot w^2 \cdot O$$

Hierin bedeuten

O Umspülte Gesamtoberfläche

$\frac{\varrho}{2} \cdot w^2$ Staudruck

c_{f} Widerstandszahl für Flächenwiderstand

Die Widerstandszahl c_{f} ist abhängig von der Strömungsform der Grenzschicht und der Reynolds-Zahl. Nach Abschnitt 3.6 ist die charakteristische Längenabmessung von umströmten Körpern die Körpertiefe t in Strömungsrichtung.
Es ist also

$$Re \;\; = \frac{w \cdot t}{v} \qquad\qquad w \;\; \text{Anströmgeschwindigkeit}$$

$$Re_{\mathrm{kr}} = \frac{w \cdot t_{\mathrm{u}}}{v} \qquad\qquad t_{\mathrm{u}} \;\; \text{Körpertiefe bis zum Umschlag laminar-turbulent}$$

Nach experimentellen Untersuchungen wurden folgende Näherungsformeln aufgestellt:

Für *laminare* Grenzschicht

$$Re < Re_{\mathrm{kr}} \approx 5 \cdot 10^5 \qquad\qquad c_{\mathrm{f}} = \frac{1{,}328}{\sqrt{Re}}$$

An die Oberflächengüte umströmter Körper werden i.a. sehr hohe Anforderungen gestellt:

Gegossene Körper: Rauhigkeit $k = 0,1 \quad \cdots 0,05$ mm
Gefräste Körper: $\qquad\qquad\qquad k = 0,04 \quad \cdots 0,01$ mm
Polierte Körper $\qquad\qquad\qquad k = 0,005 \cdots 0,001$ mm

Für *turbulente* Grenzschicht bei hydraulisch glatter Oberfläche

  a) wenn die Turbulenz bereits an der Vorderkante des Körpers beginnt. Dieser Fall tritt nur bei dünnen Platten auf, oder wenn die Turbulenz an der Profilvorderkante künstlich erzeugt wird.

$$c_f = \frac{0,074}{Re^{0,2}}$$

  b) wenn ein laminares Anlaufstück vorhanden ist, und die Turbulenz der Grenzschicht erst weiter hinten einsetzt, wie es bei allen Profilkörpern der Fall ist:

Für $\quad t_u \ll t \qquad$ (nach *Schlichting*) $\qquad c_f = \dfrac{0,455}{(\lg Re)^{2,58}}$

Bei $Re_{kr} < Re < 10^7$ ist das laminare Anlaufstück so groß, daß sein Einfluß durch ein Korrekturglied berücksichtigt werden muß:

$$c_f = \frac{0,455}{(\lg Re)^{2,58}} - \frac{1700}{Re}$$

Für *turbulente* Grenzschicht bei hydraulisch rauher Oberfläche

Sobald $\dfrac{w \cdot k}{v} > 100$ wird, überwiegt der Einfluß der Oberflächenrauhigkeit.

c_f ist dann nicht mehr von Re, sondern nur noch von der Rauhigkeit abhängig.

$$c_f = \left(2,82 + 1,41 \lg \frac{t}{k}\right)^{-2,53} \qquad \text{oder nach anderen Untersuchungen}$$

$$c_f = \left(1,89 + 1,62 \lg \frac{t}{k}\right)^{-2,5}$$

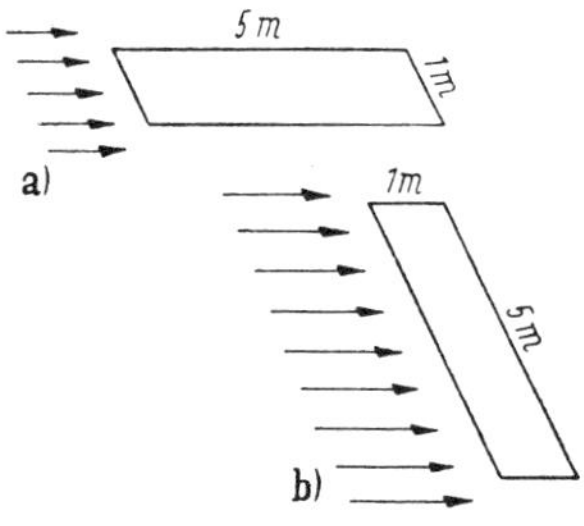

Bild 149
Gleichgroße Platte, längs und quer angeströmt

Beispiel 7.1.: Eine dünne, ebene Platte mit den Abmessungen 1 m × 5 m soll a) in Längsrichtung und b) in Querrichtung mit Luft von 20 °C bei einer Windgeschwindigkeit von 25 m/s angeblasen werden. Welche Widerstandskräfte werden sich ergeben?

Gegeben: $\quad$ Für Luft von 20 °C (und 980 mbar)

$$v = 14,8 \cdot 10^{-6} \text{ m}^2/\text{s}$$

$$\varrho = \frac{p}{R \cdot T} = \frac{98\,000 \text{ N/m}^2}{286,8 \dfrac{\text{Nm}}{\text{kg} \cdot \text{K}}\, 293 \text{ K}} = 1,165 \text{ kg/m}^3$$

$w = 25\,\text{m/s}$

$O = 2 \cdot 1\,\text{m} \cdot 5\,\text{m} = 10\,\text{m}^2$ (Seitenkanten vernachlässigt)

Lösung: Bei dünnen Platten tritt nur Flächenwiderstand auf:

$$F_\text{W} = c_\text{f} \cdot \frac{\varrho}{2}\, w^2 \cdot O \quad \text{mit} \quad c_\text{f} = \frac{0{,}074}{Re^{0{,}2}} \quad \text{bei Turbulenz}$$

a) $Re = \dfrac{w \cdot t}{v} = \dfrac{25\,\text{m} \cdot 5\,\text{m}\, \text{s}}{\text{s} \cdot 14{,}8\,\text{m}^2} \cdot 10^6 = 8{,}45 \cdot 10^6 \qquad Re^{0{,}2} = 24{,}3$

$c_\text{f} = \dfrac{0{,}074}{24{,}3} = 0{,}00305$

$F_\text{W} = 0{,}00305 \, \dfrac{1{,}165\,\text{kg}}{2\,\text{m}^3} \cdot \dfrac{25^2\,\text{m}^2}{\text{s}^2} \cdot 10\,\text{m}^2 = 11{,}1\,\dfrac{\text{kg}\,\text{m}}{\text{s}^2} = 11{,}1\,\text{N}$

b) $Re = \dfrac{25\,\text{m} \cdot 1\,\text{m} \cdot \text{s} \cdot 10^6}{\text{s} \cdot 14{,}8\,\text{m}^2} = 1{,}69 \cdot 10^6 \qquad Re^{0{,}2} = 17{,}6$

$c_\text{f} = \dfrac{0{,}074}{17{,}6} = 0{,}0042$

$F_\text{W} = 0{,}0042 \, \dfrac{1{,}165\,\text{kg}}{2\,\text{m}^3} \cdot \dfrac{25^2\,\text{m}^2}{\text{s}^2} \cdot 10\,\text{m}^2 = 15{,}28\,\text{N}$

Bei Anströmung gegen die lange Seite der Platte ist der Flächenwiderstand also 38 % größer als bei Anströmung gegen die kurze Seite.

7.3 Der Druck- oder Formwiderstand

Unter Druckwiderstand versteht man die in Strömungsrichtung wirkende resultierende Kraft aller Normaldrücke, die auf den umströmten Körper einwirken. Eine solche Resultierende ergibt sich immer dann, wenn durch Ablösungen tote Strömungsgebiete entstanden sind und dadurch die bei reibungsfreier Strömung vorhandene Drucksymmetrie (s. Abschn. 2.4) verloren geht.

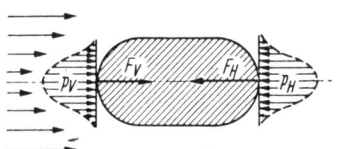

Bild 150
Druck- und Kraftverteilung
auf Vorder- und Hinterfläche
bei der reibungsfreien Umströmung
eines Körpers

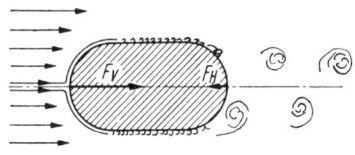

Bild 151
Druckkraftverteilung bei der
Umströmung eines Körpers
mit wirklicher Flüssigkeit

Man bezieht den Druckwiderstand eines umströmten Körpers auf die Stirn- oder Schattenfläche, d. h. das in Strömungsrichtung projizierte Umrißprofil, und auf den Staudruck der Anströmgeschwindigkeit.

$$F_\text{W} = c \cdot \frac{\varrho}{2} \cdot w^2 \cdot A_\text{St}$$

Hierin bedeuten

A_{St} Stirnfläche

c Widerstandszahl für Druckwiderstand

7.4   Messung der Widerstandskräfte

Der *Druckwiderstand* kann auf einem Prüfstand gemessen werden, indem durch Anboh-
rungen an der Oberfläche des umströmten Körpers die Druckverteilung auf dieser ge-
messen und die resultierende Druckkraft in Strömungsrichtung danach ausgerechnet
wird.
Der Druckwiderstand läßt sich durch konstruktive Maßnahmen, d.h. strömungsgerechte
Ausbildung des Profils, weitgehend verringern.
Der *Reibungswiderstand* läßt sich nur, wie in Abschn. 7.2 angegeben, an dünnen Platten
messen, nicht aber an aerodynamischen Profilen.
Man kann ihn jedoch ermitteln, indem man von dem in einem Windkanal gemessenen
Körperwiderstand, d.h. Gesamtwiderstand, den nach der eben genannten Methode ge-
messenen Druckwiderstand abzieht.

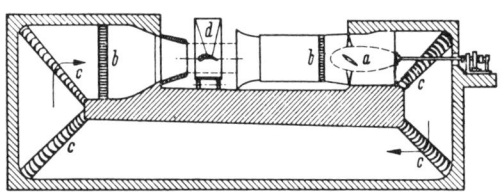

Bild 152
Windkanal
mit offener Meßstrecke
a) Ventilator,
b) Gleichrichter
   bzw. Auffangnetz,
c) Leitschaufeln,
d) Modell
   und Meßanlage

Einwandfreie Messungen der Körperwiderstände werden etwa seit Beginn des Jahrhun-
derts durchgeführt.
Bild 152 zeigt im Seitenriß einen Windkanal in Freistrahlausführung. Der durch einen
Elektromotor angetriebene Ventilator *a* drückt die Luft im Pfeilsinn durch den Kanal.
An den vier Ecken sind Leitschaufeln *c* und vor dem zu untersuchenden Modell Gleich-
richter *b* angebracht, welche die strömende Luft in parallele Bahnen zwingen. Vor dem
Ventilator *a* sitzt ein Auffangnetz *b* für den Fall, daß sich einmal ein Modell aus der Auf-
hängung lösen sollte. Die Modelle *d* werden an feinen Drähten aufgehängt, die zu den
Meßinstrumenten führen. Die Geschwindigkeit der Luft kann von 1 m/s bis über 50 m/s
(Orkan) genau meßbar verändert werden. Zur Erreichung dieser hohen Luftgeschwindigkeiten sind in Freistrahlanlagen Antriebsmotoren für den Ventilator mit etwa 400 kW
Leistung erforderlich.
Bei Freistrahlanlagen werden bei den genannten Luftgeschwindigkeiten und Modelltiefen von ungefähr 20 cm Reynolds-Zahlen in der Größenordnung von 900 000 erreicht.
In Überdruckwindkanälen lassen sich mit etwa den gleichen Modelltiefen bei Luftgeschwindigkeiten von ca. 20 m/s über viermal größere Reynolds-Zahlen erreichen. Die
erforderliche Antriebsleistung des Ventilators beträgt dabei etwa 185 kW. Allerdings
sind bei Überdruckwindkanälen zum Erzeugen und Halten des Überdruckes noch zwei
zusätzliche Kompressoren von insgesamt etwa 300 kW erforderlich.

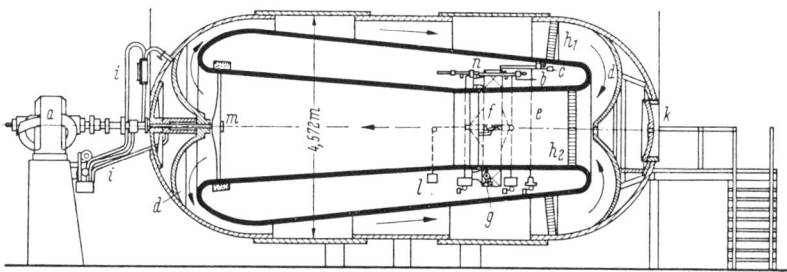

Bild 153 Überdruckwindkanal

a Elektromotor, *b* Auftriebswaage, *c* Widerstandswaage, *d* Umlenkung, *e* Versuchsraum, *f* Modell, *g* Vorrichtung zur Anstellwinkeländerung, h_1 1. Strömungsgleichrichter, h_2 2. Strömungsgleichrichter, *i* Ölsteuerung, *k* Tür, *l* Gewicht, *m* 2-flüglige Luftschraube, *n* Drehzähler

Bei dünnen Platten läßt sich, wie in Beispiel 7.1 gezeigt, der Reibungswiderstand berechnen, weil bei diesen Körpern ein Druckwiderstand nicht auftritt. Bei allen Profilkörpern wirken sowohl Reibungs- als auch Druckwiderstand. Eine Berechnung des Reibungswiderstandes ist dann nicht mehr möglich, da der Umschlagpunkt von laminarer in turbulente Grenzschichtströmung nur in den seltensten Fällen bestimmbar sein dürfte.

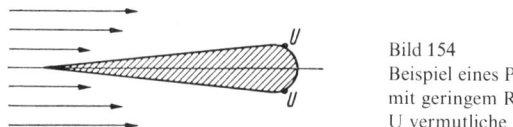

Bild 154
Beispiel eines Profils
mit geringem Reibungswiderstand
U vermutliche Umschlagstellen

Der Druckwiderstand ist am kleinsten bei turbulenter Grenzschicht.
Der Reibungswiderstand ist am kleinsten bei laminarer Grenzschicht.
Der Reibungswiderstand eines Profils kann also dadurch verringert werden, daß der Umschlag in der Grenzschicht verhindert oder wenigstens so weit wie möglich gegen die Hinterkante des umströmten Körperprofils verschoben wird.
Im Vergleich zum schlanken Profil ist die Kugel ein stumpfer Körper. Die Stirnfläche ist im Verhältnis zur Körpertiefe größer. Daher überwiegt der Druckwiderstand gegenüber dem Reibungswiderstand. Der Gesamtwiderstand ist abhängig von der Reynolds-Zahl. Bis $Re = 1$ spricht man von schleichender Strömung. Das Stromlinienbild entspricht dem der Potentialströmung. Nach einem Übergangsgebiet bis etwa $Re = 10^3$ folgt bis $Re = 3 \cdot 10^5$ unterkritische Umströmung mit $c_f \approx 0{,}4$. Infolge der relativ kleinen kinetischen Energie der äußeren Strömung wird die laminare Grenzschicht in ihrer äußeren Randzone nur gering beschleunigt. Sie kann den Druckanstieg längs der Kugeloberfläche kaum überwinden, wird gebremst, und es kommt zu einer frühzeitigen Ablösung (Bild 155a). Bei $Re \approx 3 \cdots 4 \cdot 10^5$ ist die Umströmung überkritisch. Der Umschlag in der Grenzschichtströmung von laminarer in turbulente Grenzschicht erfolgt vor Ablösung der Grenzschicht, und um so weiter zum Staupunkt verschoben, je größer Re ist. Turbulente Grenzschichten lösen später ab als laminare (Bild 155b). Die Widerstandszahl verharrt nach einem stärkeren Absinken beim Überschlag unterkritisch – überkritisch etwa konstant auf dem halben Wert der unterkritischen Umströmung, d.h. $c_f \approx 0{,}2$.

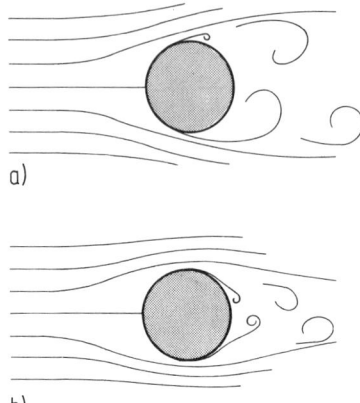

a)

b)

Bild 155   Kugel-Umströmung
a) unterkritische Umströmung,
b) überkritische Umströmung

7.5   Der Luftwiderstand

Der Luftwiderstand von bewegten oder angeströmten Körpern ist überwiegender Druckwiderstand, da die Oberflächenreibung der Luft bei üblichen Strömungsgeschwindigkeiten anteilmäßig gering ist.

Bild 156 zeigt die gemessenen Widerstandskräfte einiger Profilkörper gleicher Stirnfläche in einem Luftstrom von 10 m/s.

Der Reibungswiderstand bei Luftströmung wächst mit Annäherung an die Schallgeschwindigkeit.

Bei den ständig steigenden Geschwindigkeiten der Luft-, aber auch der Bodenfahrzeuge spielt die Berücksichtigung des Luftwiderstandes für die Formgebung der Fahrzeuge eine wachsende Rolle. Der Anteil des Luftwiderstandes an dem Gesamtwiderstand rollender Bodenfahrzeuge ist bis zu einer Geschwindigkeit von etwa 70 km/h gering. Da aber

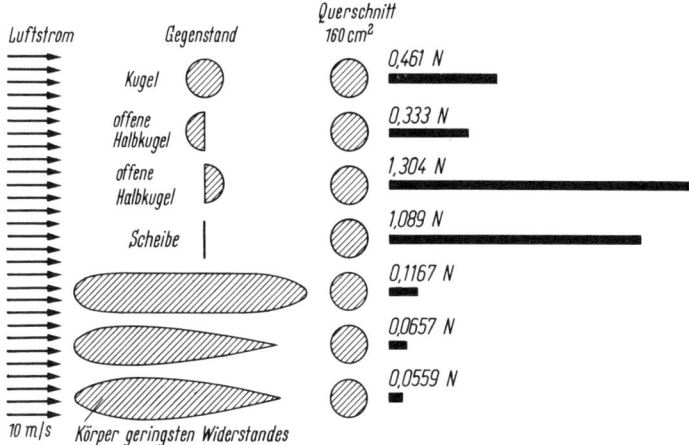

Bild 156   Luftwiderstände von Körpern gleicher Stirnfläche

der Luftwiderstand mit dem Quadrat der Geschwindigkeit wächst, ist sein Einfluß bereits bei Geschwindigkeiten über 100 km/h so groß, daß die Formgebung der Fahrzeugumrisse durch die Forderung nach kleinstem Luftwiderstand entscheidend beeinflußt wird.

$$F_W = c \cdot \frac{\varrho}{2} \cdot w^2 \cdot A$$

A Schattenfläche, d. h. Profilumriß in Fahrtrichtung

c Widerstandszahl für Luftwiderstand,

   z. B. Kastenkarosserie $c = 0,7$

      Stromlinienkarosserie $c = 0,2$

Weitere Widerstandszahlen für Luftwiderstand siehe Tafel 10.

Beispiel 7.2.: Zwei Pkw, der eine mit Kastenkarosserie, der andere mit Stromlinienkarosserie, fahren mit 80 km/h Fahrgeschwindigkeit bei einem Gegenwind von 12 m/s. Die Schattenfläche beider Fahrzeuge in Fahrtrichtung beträgt je 1,8 m². Welche Leistung müssen die Räder jedes Pkw auf die Straße bringen, wenn zur Überwindung der rollenden Reibung für jedes Fahrzeug 147 N erforderlich sind?

Gegeben: $A_{St} = 1,8\,\text{m}^2$ $w_F = 80\,\text{km/h} = 22,2\,\text{m/s}$

            $c_1 = 0,7$ $w_W = 12\,\text{m/s}$

            $c_2 = 0,2$ $\varrho_L = 1,24\,\text{kg/m}^3$ (angenommen)

Lösung: Staudruck $q = \frac{\varrho}{2}(w_F + w_W)^2 = \frac{1,24\,\text{kg}}{2\,\text{m}^3} \cdot 34,2^2\,\text{m}^2/\text{s}^2 = 725\,\frac{\text{kg}}{\text{m} \cdot \text{s}^2}$

Kastenkarosserie:

$$F_W = c_1 \cdot q \cdot A_{St} = 0,7 \cdot 725\,\frac{\text{kg}}{\text{m} \cdot \text{s}^2} \cdot 1,8\,\text{m}^2 = 913\,\frac{\text{kg}\,\text{m}}{\text{s}^2} = 913\,\text{N}$$

$$P = w_F(F_W + F_R) = 22,2\,\frac{\text{m}}{\text{s}}\,(913\,\text{N} + 147\,\text{N}) = 23\,500\,\frac{\text{Nm}}{\text{s}} = 23,5\,\text{kW}$$

Stromlinienkarosserie:

$$F_W = c_2 \cdot q \cdot A_{St} = 0,2 \cdot 725\,\frac{\text{kg}}{\text{m} \cdot \text{s}^2} \cdot 1,8\,\text{m}^2 = 261\,\text{N}$$

$$P = w_F(F_W + F_R) = 22,2\,\frac{\text{m}}{\text{s}}\,(261\,\text{N} + 147\,\text{N}) = 9060\,\frac{\text{Nm}}{\text{s}} = 9,06\,\text{kW}$$

Die Stromlinienkarosserie bringt also eine Einsparung von 61,6%.

Beispiel 7.3.: Welches Moment wirkt am Fundament eines 70 m hohen Kamins, der einen mittleren Durchmesser von 4 m hat und von einer orkanartigen Windböe mit 50 m/s angeblasen wird? Die Luft hat bei einer Temperatur von 10 °C und einem barometrischen Druck von 1013,25 mbar eine Viskosität $v = 14,18 \cdot 10^{-6}\,\text{m}^2/\text{s}$ und eine Dichte $\varrho = 1,246\,\text{kg/m}^3$.

Gegeben: $z = 70\,\text{m}$ $z/d = 17,5$

           $d = 4\,\text{m}$

Lösung: Für $Re = \frac{w \cdot t}{v} = \frac{50\,\text{m} \cdot 4\,\text{m}}{\text{s} \cdot 14,18\,\text{m}}\,\frac{\text{s}^2}{} \cdot 10^6 = 14,1 \cdot 10^6$

und $l/d = z/d = 17,5$ kann $c \approx 0,5$ gewählt werden.

$$F_W = c\,\frac{\varrho}{2}\,w^2 \cdot A_{St} = 0,5\,\frac{1,246\,\text{kg}}{2\,\text{m}^3} \cdot \frac{50^2\,\text{m}^2}{\text{s}^2} \cdot 4\,\text{m} \cdot 70\,\text{m} = 218\,000\,\text{N}$$

$$M = F_W \cdot \frac{z}{2} = 218\,\text{kN} \cdot 35\,\text{m} = 7630\,\text{kNm} = 7630\,\text{kJ}$$

Aufgabe 38: Das Luftschiff „Graf Zeppelin" hatte an seiner dicksten Stelle einen Durchmesser von 27 m. Sein Widerstandsbeiwert betrug $c = 0,0566$. Welche Leistung mußten die Antriebspropeller bei einer relativen Reisegeschwindigkeit von 115 km/h und einer Fahrthöhe von 2000 m ($\varrho = 1,037$ kg/m³) aufbringen, wenn für Gondeln, Leitwerk usw. ein Zuschlag von 15% gegeben wird?

Lösung: $P = 634$ kW

Aufgabe 39: Welchen Widerstand hat eine kreisrunde Strebe von 600 mm Länge und 80 mm Durchmesser, die unter einem Winkel von 60° angeströmt wird? Der Staudruck beträgt 834 N/m², und für den Widerstandsbeiwert kann $c = 0,8$ gesetzt werden.

Lösung: $F_W = 27,7$ N

7.6   Schwebegeschwindigkeit

Ein Körper, der im freien Fall in einer Flüssigkeit oder in einem Gas herabfällt, erreicht dann seine größte Fallgeschwindigkeit, wenn die Widerstandskraft W ebenso groß ist wie seine Gewichtskraft abzüglich Auftriebskraft.

Demnach muß es möglich sein, einen Körper in der Schwebe zu halten, wenn man ihn von unten her mit dieser maximalen Fallgeschwindigkeit anbläst oder anströmt.

Mit F_A Auftriebskraft

      A_{St} Stirnfläche, d. h. Körperumriß in Fallrichtung

      c_W Widerstandsbeiwert

      V Volumen des angeströmten Körpers

      ϱ_F Dichte der strömenden Flüssigkeit

      ϱ_K Dichte des angeströmten Körpers

wird

$$F_W = c_W \cdot \frac{\varrho_F}{2} \cdot w_{max}{}^2 \cdot A_{St} = G - F_A = V \cdot \varrho_K \cdot g - V \cdot \varrho_F \cdot g$$

und durch Umstellung die Schwebegeschwindigkeit

$$w_{max} = w_S = \sqrt{\frac{2 \cdot V \cdot g \cdot (\varrho_K - \varrho_F)}{c_W \cdot \varrho_F \cdot A_{St}}}$$

$$= \sqrt{\frac{2 \cdot g \cdot V}{c_W \cdot A_{St}} \cdot \left(\frac{\varrho_K}{\varrho_F} - 1\right)}$$

Das Problem, Körper in der Schwebe zu halten, findet man in der Technik bei Entstaubungsanlagen, Sichtern, pneumatischen Förderanlagen, Schwebekörper-Durchflußmeßgeräten (s. Abschn. 9.6) und anderen.

8 Die Tragflügel

8.1 Das Linienintegral

Eine strömende, ideale Flüssigkeit erfülle vollständig einen beliebig begrenzten Raum. Die augenblickliche Geschwindigkeit w der Strömung sei an jeder Stelle des Raumes bekannt. Verbindet man nun zwei in diesem Raum liegende Punkte 1 und 2 durch eine beliebige Kurve, welche die Stromlinien zwischen den beiden Punkten schneidet, so ist

$$\Lambda = \int_1^2 w \cdot \cos\alpha \cdot \mathrm{d}s \qquad \text{das } Linienintegral;$$

hierbei sind

$\mathrm{d}s$ ein Element der betrachteten Kurve

α der Winkel zwischen Strömung und Kurve

$w \cdot \cos\alpha$ die Geschwindigkeitskomponente der Strömungsgeschwindigkeit w in Richtung des Kurvenelementes $\mathrm{d}s$.

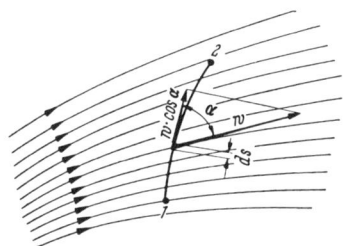

Bild 157   Das Linienintegral

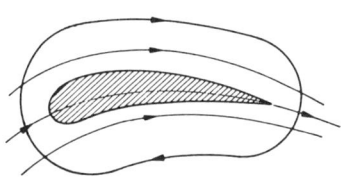

Bild 158   Die Zirkulation

8.2 Die Zirkulation

Fällt der Endpunkt der in Abschnitt 8.1 genannten Kurve 1–2 mit dem Anfangspunkt zusammen, bildet also diese Kurve eine geschlossene Linie, so bezeichnet man den Betrag des Linienintegrals für die geschlossene Kurve als *Zirkulation* Γ und schreibt

$$\Gamma = \oint w \cdot \cos\alpha \cdot \mathrm{d}s$$

Ein Potentialwirbel z. B. drehe sich mit der Winkelgeschwindigkeit ω. Ein Massenpunkt im Abstand r von der Drehachse beschreibt dann den Weg $2 \cdot \pi \cdot r$ mit der Umfangsgeschwindigkeit $u = r \cdot \omega$. Dann ist die Zirkulation für diese geschlossene, konzentrische Kurve

$$\Gamma = r \cdot \omega \cdot 2 \cdot \pi \cdot r = 2 \cdot \omega \cdot A \qquad \text{mit} \qquad A = \pi \cdot r^2.$$

Technisch wichtig wird der Begriff der Zirkulation bei der Betrachtung des Strömungsverhaltens von umströmten Körpern, hauptsächlich von umströmten Tragflügelprofilen.

8.3   Der Satz von Thomson

Im Anschluß an die vorhergehende Definition der Zirkulation soll nun ohne Ableitung
ein Satz von *W. Thomson (Lord Kelvin)* angegeben werden;
Die Zirkulation längs einer geschlossenen, flüssigen Linie in dem Stromlinienfeld einer
reibungsfreien, homogenen Flüssigkeit bleibt zeitlich konstant.
Selbstverständlich läßt sich diese Aussage beweisen, jedoch ist der Beweis weniger wichtig
als die mannigfachen Folgerungen, die aus dem Satz von *Thomson* gezogen werden
können.
Unter anderem:
Beginnt die Strömungsbewegung aus der Ruhe heraus, so ist am Anfang, d.h. vor Beginn
der Bewegung, die Zirkulation für jede geschlossene, flüssige Linie gleich null.
War eine solche Strömung anfangs wirbelfrei, so bleibt sie auch wirbelfrei im weiteren
zeitlichen Verlauf, da die Zirkulation sich nicht ändert, also null bleibt.

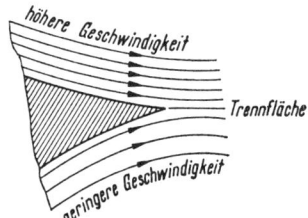

                                                Bild 159   Trennfläche

In der Strömung reibungsfreier Flüssigkeit können jedoch unter Umständen Wirbel entstehen, nämlich durch Trennflächen, wie sie bei spitzen Hinterkanten umströmter Körper
auftreten. In diesen Trennflächen erfolgt ein Druckausgleich bei sprunghaftem Geschwin-
digkeitswechsel. Der Strömungszustand in der Trennfläche wird dadurch labil, und die
Strömung zerfällt in unregelmäßige Wirbel. Bilden sich nun im Gebiet einer Zirkulation
solche Wirbel, so ist das nur möglich, wenn die Gesamtzirkulation konstant bleibt. Ist
die ursprüngliche Zirkulation gleich null, so muß bei der Entstehung von Wirbeln die
Gesamtzirkulation null bleiben, d.h., das Entstehen von Wirbeln verursacht zugleich
auch das Entstehen einer Zirkulation, die den gleichen Betrag wie die Wirbeldrehung
hat, jedoch entgegengesetzt dreht.

8.4   Der Magnuseffekt

Bei einem rotierenden Zylinder wird infolge der Oberflächenreibung die ihn umgebende
Flüssigkeit in eine Zirkulationsströmung versetzt. Je weiter die Flüssigkeitsteilchen vom
Zylinder entfernt sind, desto langsamer bewegen sie sich. Die Zirkulationsströmung hat
also die Form eines Potentialwirbels. Wird nun der rotierende Zylinder durch eine senkrecht zu seiner Achse gerichtete Strömung angeströmt, so übt das Ineinanderwirken
von Zirkulation und Anströmung auf den Zylinder eine Querkraft aus, die nach der
Seite gerichtet ist, wo Drehung und Strömung gleichlaufen. Diese Erscheinung führt
nach ihrem Entdecker *Magnus* die Bezeichnung *Magnuseffekt*.
Verallgemeinert und auf die ideale Flüssigkeit bezogen kann man also sagen: Ein in
einer idealen Flüssigkeit feststehender Körper setzt einer ebenen Anströmung zwar

keinen Widerstand entgegen (s. Abschnitt 2.4). Jedoch erzeugt bei Vorhandensein von
Zirkulation die Flüssigkeit am Körper einen Quertrieb.

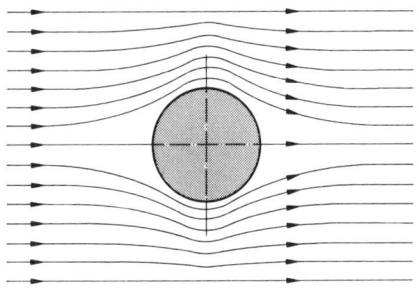

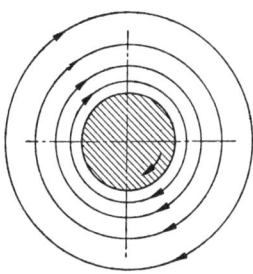

Bild 160   Zylinder in Potentialströmung

Bild 161
Drehender Zylinder mit Potentialwirbel

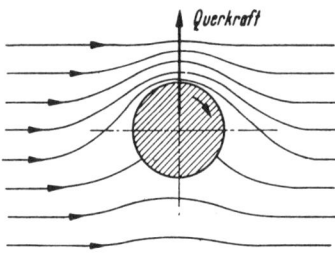

Bild 162
Drehender Zylinder in Potentialströmung

8.5   Die Tragflügeltheorie

Bei den Überlegungen der Aerodynamik wird zunächst die Luft als unzusammendrück-
bare Flüssigkeit angesehen, da sich die Auswirkungen der Kompressibilität erst in der
Nähe der Schallgeschwindigkeit bemerkbar machen. Die innere Reibung der Luft, die
verhältnismäßig klein ist, wird vernachlässigt.
Die Tragflügeltheorie wird am unendlich breiten Tragflügel erläutert. Diese Betrachtung
hat den Vorteil, daß das räumliche Strömungsproblem auf ebene Verhältnisse zurück-
geführt wird.

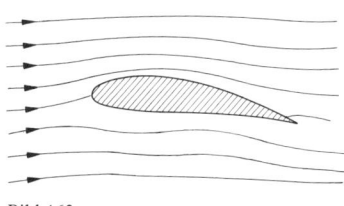

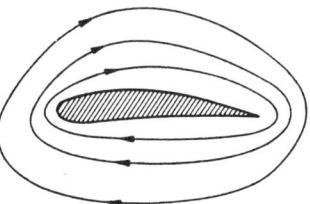

Bild 163
Potentialströmung um einen Tragflügel

Bild 164
Zirkulationsströmung um einen Tragflügel

Durch Überlagerung der Potentialströmung mit einer Zirkulationsströmung um einen Tragflügel erhält man einen theoretischen Strömungsverlauf, der den tatsächlichen Strömungsbildern bis auf die Wirbelablösung vollkommen entspricht.

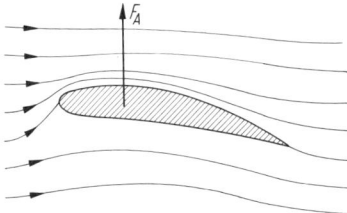

Bild 165   Potentialströmung
und Zirkulation überlagert

Während Potentialströmung oder Zirkulation allein keinerlei Kräfte am Tragflügel ausüben können, erzeugt die Überlagerung der beiden Strömungsformen nach dem Satz von *Bernoulli* auf der Oberseite einen Unterdruck (Sog) und auf der Unterseite einen Überdruck, welche beide die Auftriebskraft F_A bewirken.

Satz von Joukowski:

Die Auftriebskraft steht senkrecht zu der Strömungsrichtung und ist proportional der strömenden Masse (bei Luft der Luftdichte ϱ), der Stärke der Zirkulation und der Geschwindigkeit der Strömung.

$$F_A = \varrho \cdot w \cdot b \cdot \Gamma$$

b   Flügelbreite

w   Anströmgeschwindigkeit

Γ Zirkulation

Bild 166   Anfahrwirbel

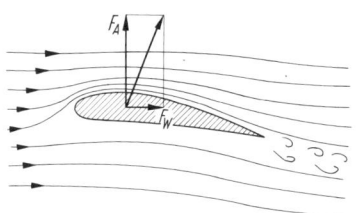

Bild 167   Tatsächlicher Strömungsverlauf um ein Tragflügelprofil

Die Entstehung der Zirkulation um einen Tragflügel erklärt *Prandtl* unter Verwendung des Satzes von *Thomson* durch Annahme des Anfahrwirbels. Der Anfahrwirbel entwickelt sich aus der Potentialströmung bei unsymmetrischen Profilen (Tragflügel) in der Trennfläche an der scharfen Hinterkante. Bei Entstehung des Anfahrwirbels baut sich eine gleichgroße, jedoch entgegengesetzte Zirkulation um den Tragflügel auf, weil bei Potentialströmung die Gesamtzirkulation null sein muß.

Die Zirkulation um den Tragflügel wird durch fortlaufende Ablösung und Neubildung derartiger Wirbel aufrechterhalten.

Diese ständige Wirbelbildung hinter der Tragfläche wirkt sich als nach hinten gerichteter Sog aus. Sog, d.h. Druckwiderstand, und Oberflächenreibung, d.h. Rei-

bungswiderstand, bewirken eine Rück-
triebs- oder Widerstandskraft F_w.
Die Erkenntnis, daß die Zirkulation allein
maßgebend für den Auftrieb ist, hat zu
zahlreichen Versuchen geführt, die Zirkulation künstlich zu steigern. Beispiele dafür sind Einbau eines Rotors in die Profilvorderkante oder rotierende Ausbildung
eines Teiles der Flügelbespannung. Auch
das Ausstoßen eines Luftstrahles auf der
Oberseite ergab eine Vergrößerung der
Zirkulation und gleichzeitig ein längeres
Anliegen der Grenzschicht, wodurch der
Reibungswiderstand verkleinert wurde.
Keine der bisher erwähnten Methoden zur
Vergrößerung der Zirkulation kam allerdings über das Versuchsstadium hinaus.
In der Praxis angewendet wurde allein der
von *Lachmann* und *Handley Page* vorge-
schlagene Spaltflügel.
In diesem Zusammenhange sei auch die
von *Prandtl* bereits im Jahre 1904 vorge-
schlagene Absaugung der Grenzschicht
erwähnt. Versuche neueren Datums haben
gezeigt, daß damit – ohne Beeinträchtigung
der Festigkeit der Tragflächen – der Luftwiderstand um nahezu 80% verringert
werden kann. Der beim Umschlag von
laminarer zu turbulenter Grenzschicht entstehende wirbelbildende Luftfilm wird
durch Längsschlitze ins Innere der Tragfläche gesaugt. Durch diese Wirbelabsau-
gung bleibt die Strömung um das ganze
Profil auch in der Grenzschicht laminar,
und der Flächenwiderstand geht auf ein
Minimum zurück.

Bild 168   Tragflügelprofil mit rotierender Nase,
Tragflügelprofil mit rotierender Bespannung

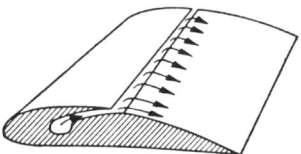

Bild 169   Tragflügel mit Luftstrahlausstoßung

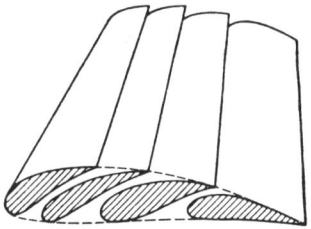

Bild 170   Spaltflügel

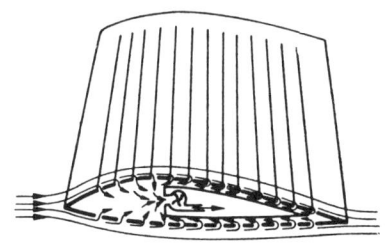

Bild 171   Tragflübel mit Grenzschichtabsaugung

8.6   Die Kräfte am Tragflügel

Auf einen angeströmten Tragflügel wirken Auftriebskraft und Widerstandskraft, welche
sich zu einer resultierenden Luftkraft R zusammensetzen.

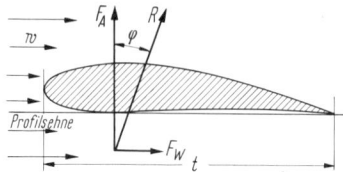

Bild 172   Kräfte
am waagrecht angeströmten Tragflügel

Man bezieht Auftrieb und Widerstand auf die Grundrißfläche des Tragflügels und auf den Staudruck der Anströmgeschwindigkeit.

$$F_A = c_a \cdot \frac{\varrho}{2} \cdot w^2 \cdot A_F$$

A_F Grundrißfläche $= b \cdot t$

mit $b =$ Spannweite

c_a Auftriebsbeiwert

$$F_W = c_w \cdot \frac{\varrho}{2} \cdot w^2 \cdot A_F$$

$$\frac{F_W}{F_A} = \frac{c_w}{c_a} = \tan \varphi = \varepsilon$$

φ Gleitwinkel

ε Gleitzahl

Je kleiner die Gleitzahl, desto besser ist der Tragflügel.
Die Tragflügelkräfte ändern sich, wenn der Tragflügel mit dem Anstellwinkel α gegen die Anströmrichtung geneigt wird.

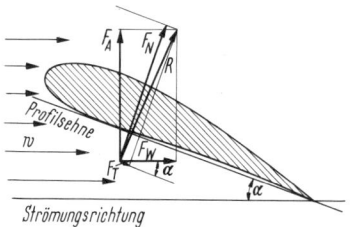

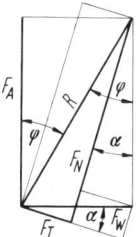

Bild 173
Kräfte am angestellten Tragflügel

Bild 174
Kräfteplan des angestellten Tragflügels

Die Zerlegung der Luftkraft R in die Komponenten parallel und senkrecht zur Profilsehne liefert die Tangentialkraft F_T und die Normalkraft F_N.

$$F_T = R \cdot \sin(\varphi - \alpha) = c_t \cdot \frac{\varrho}{2} \cdot w^2 \cdot A_F$$

$$F_N = R \cdot \cos(\varphi - \alpha) = c_n \cdot \frac{\varrho}{2} \cdot w^2 \cdot A_F$$

Von größerem Interesse ist die Berechnung der Kräfte F_T und F_N aus der Auftriebskraft und der Widerstandskraft.

$$F_T = F_W \cdot \cos \alpha - F_A \cdot \sin \alpha$$

$$F_N = F_A \cdot \cos \alpha + F_W \cdot \sin \alpha$$

Aus Auftriebskraft und Widerstandskraft kann die Größe der Luftkraft errechnet werden. Unbestimmt ist aber noch ihre Lage bzw. ihr Angriffspunkt am Tragflügel. Dieser Angriffspunkt läßt sich auch nicht unmittelbar bestimmen, sondern es kann nur das Moment ermittelt werden, welches die Luftkraft auf eine bestimmte Achse des Tragflügels ausübt. Diese Bezugsachse hat man sich durch den Punkt B (Bild 175) senkrecht zur Blattebene vorzustellen.

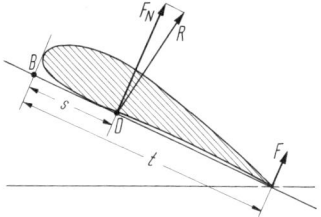

Bild 175   Druckmittelpunkt der Luftkräfte
am Tragflügel

Das durch die Luftkraft R auf die Achse B ausgeübte Moment ist dann

$$M = F_N \cdot s$$

Denkt man sich nun anstelle der tatsächlich wirkenden Kraftkomponente F_N am hinteren Ende des Profils eine Kraft F ebenfalls senkrecht zur Profilsehne angreifend, die so groß sein soll, daß das gleiche Moment hervorgerufen wird, so folgt

$$M = F \cdot t$$

Mit

$$F = c_m \cdot \frac{\varrho}{2} w^2 \cdot A_F$$

wird

$$M = c_m \cdot \frac{\varrho}{2} w^2 \cdot A_l \cdot t$$

c_m nennt man den Momentenbeiwert. Er ist wie c_a und c_w durch Versuche zu bestimmen.

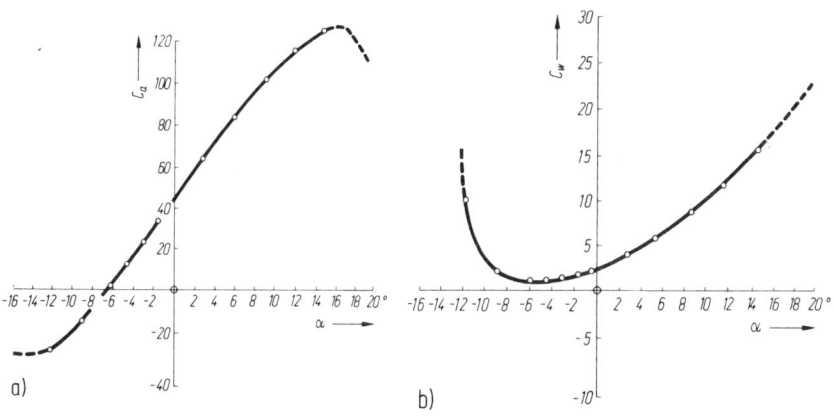

Bild 176   Änderung der Beiwerte in Abhängigkeit vom Anstellwinkel α am Beispiel eines Profils (398)
a) Auftriebsbeiwert c_a b) Widerstandsbeiwert c_w

Der Abstand s von der Profilvorderkante, mit dem die Normalkraft F_N am Tragflügel angreift, ergibt sich aus

$$s = \frac{M}{F_N} = \frac{c_m \cdot \frac{\varrho}{2} \cdot w^2 \cdot A_F \cdot t}{c_n \cdot \frac{\varrho}{2} \cdot w^2 \cdot A_F} = \frac{c_m}{c_n} \cdot t$$

Da $F_N \approx F_A$ oder $c_n \approx c_a$, kann auch überschlägig gesetzt werden

$$s \approx \frac{c_m}{c_a} \cdot t$$

Die Luftkraft R ist die Resultierende aller Sog- und Druckkräfte über den Tragflügel- querschnitt. Infolgedessen kann der Schnittpunkt der Kraftlinie der Normalkraft F_N mit der Profilsehne auch als Schwerpunkt für alle am Tragflügelprofil angreifenden Druckkräfte angesehen werden. Dieser Punkt D wird daher als *Druckmittelpunkt* bezeich- net. Die Lage des Druckmittelpunktes ändert sich mit dem Anstellwinkel α.

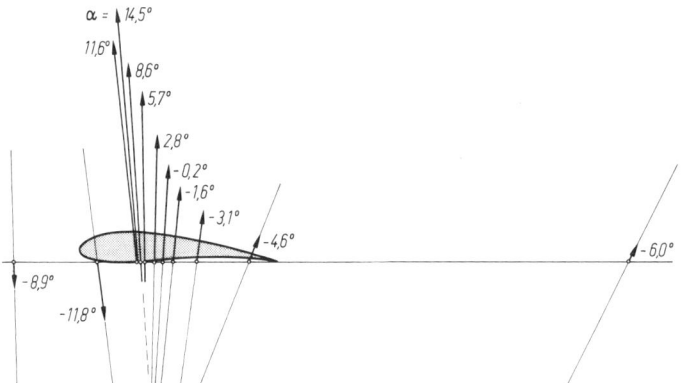

Bild 177   Luftkräfte an einem Tragflügelprofil in Abhängigkeit vom Anstellwinkel α nach Lage, Größe und Richtung

8.7   Das Polardiagramm

Unter den verschiedenen graphischen Darstellungen der Kräfteverhältnisse am Trag- flügel ist das *Polardiagramm nach Lilienthal* am brauchbarsten. Es stellt die Auftriebs- kraft F_A oder den Auftriebsbeiwert c_a als Funktion der Widerstandskraft F_W bzw. des Widerstandsbeiwertes c_w dar. Die Größe des Anstellwinkels α wird neben den zugehöri- gen Kurvenpunkt geschrieben.
Der Vorteil dieser Darstellungsmethode liegt unter anderem darin, daß die Verbin- dungslinie vom Nullpunkt zu einem Punkt der Kurve mit der senkrechten c_a-Achse den Gleitwinkel φ bildet.
Wird allerdings, wie allgemein üblich, der Maßstab der waagerechten c_w-Achse zur übersichtlicheren Darstellung gestreckt, so ist der Winkel der Verbindungslinie zur c_a-Achse nur noch proportional dem Gleitwinkel φ, und es ist zweckmäßig, bei $c_a = 100$

auf einer waagerechten Linie den Winkel φ oder die Gleitzahl $\tan\varphi = \varepsilon$ aufzutragen. Der Gleitwinkel oder die Gleitzahl läßt sich dann am Schnittpunkt mit der Verbindungslinie ablesen.

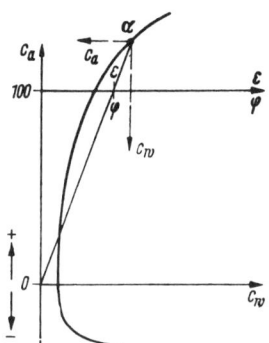

Bild 178   Polardiagramm

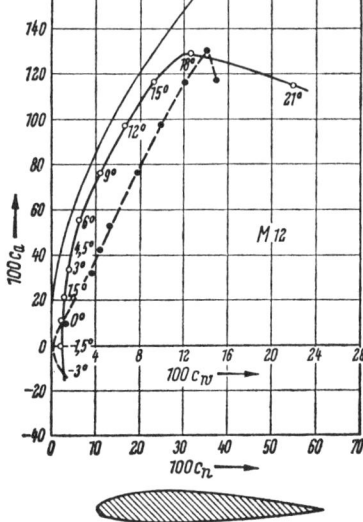

Zahlentafel. Profil: NACA – M 12

Anstellwinkel	$100\,c_a$	$100\,c_w$	$100\,c_m$
$-3°$	$-11,8$	$0,97$	$2,0$
$-1,5°$	$-\;1,7$	$0,89$	$0,1$
$0°$	$9,6$	$0,91$	$2,9$
$1,5°$	$20,7$	$1,20$	$5,7$
$3°$	$31,8$	$1,56$	$8,9$
$4,5°$	$41,7$	$1,91$	$10,7$
$6°$	$53,7$	$2,61$	$13,1$
$9°$	$76,0$	$4,41$	$19,2$
$12°$	$97,1$	$6,62$	$24,3$
$15°$	$115,5$	$9,34$	$29,7$
$18°$	$129,3$	$12,77$	$34,3$
$21°$	$116,5$	$22,03$	$36,3$

$Re = 3\,800\,000$

Bild 179   Polare des Profils NACA-M 12

Trägt man als zweiten waagerechten Maßstab den Momentenbeiwert c_m auf, so kann man in dem gleichen Schaubild auch noch die Kurve

$$c_m = f(c_a) \qquad \text{(Gestrichelte Linie in Bild 179)}$$

abtragen.

Aus der Kurvenform der Polardiagramme kann man einige Eigenschaften der Profile unmittelbar ablesen.

Ein *schnelles* Profil darf nur geringe Widerstandskräfte aufweisen. Seine Kurve muß also möglichst nahe an die senkrechte Achse heranrücken.

Ein *steigfähiges* Profil muß große Auftriebsbeiwerte besitzen.

8.8   Der induzierte Widerstand

Die bisher als vollkommen gleichmäßig über die Spannweite des Tragflügels verteilt angesehene Zirkulation tritt bei einem Tragflügel mit endlicher Länge nicht in dieser Form auf. In der Praxis wird ein Tragflügel immer räumlich umströmt. Wie bereits erwähnt, herrscht auf der Flügeloberseite Unterdruck und auf der Flügelunterseite Überdruck. An den Flügelenden gleicht sich der Druckunterschied aus, indem Luft von unten nach oben strömt.

— Richtung bei unendlicher Spannweite
— — abgelenkt durch Umströmung
der Flügelenden

Ablenkung
n. Flügelmitte

Ablenkung
n. Flügelende

Bild 180
Ablenkung der Stromfäden
durch Umströmung der
Flügelenden

Wie in Bild 180 schematisch angedeutet, werden infolge der Umströmung der Flügelenden die Stromlinien auf der Flügeloberseite zur Flügelmitte hin, die Stromlinien auf der Flügelunterseite zu den Flügelenden hin abgelenkt. Die Ablenkung nimmt gegen die Flügelmitte an Stärke ab. Zu der Geschwindigkeitskomponente der Stromfäden entgegen der Flugrichtung bzw. in Strömungsrichtung tritt nun noch eine durch die Ablenkung hervorgerufene Komponente in Richtung der Spannweite. Wenn sich obere und untere Stromfäden an der Flügelhinterkante wieder vereinigen, ist die Seitenkomponente Anlaß zu einer Wirbelbildung. Am stärksten sind diese Randwirbel an den Flügelenden ausgebildet. Sie bilden mit den Zirkulations- und den Anfahrwirbeln einen geschlossenen Wirbelring (Bild 181).

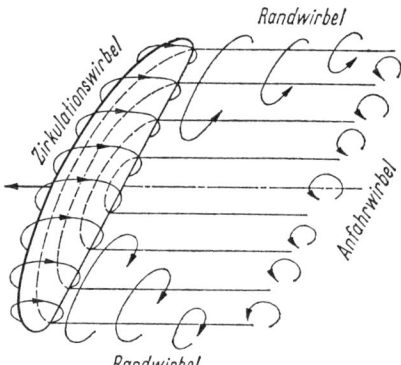

Randwirbel

Zirkulationswirbel

Anfahrwirbel

Randwirbel

Bild 181
Wirbelring hinter einem Tragflügel

Die Bildung und Aufrechterhaltung der Randwirbel verbraucht Energie, deren Verlust sich als zusätzlicher Widerstand bemerkbar macht, der unter der Bezeichnung *induzierter Widerstand* F_{wi} bekannt ist.

Prandtl hat abgeleitet, daß

$$F_{Wi} = \frac{F_A^2}{\pi \cdot q \cdot b^2}$$

F_A	Auftriebskraft
$q = \frac{\varrho}{2} \cdot w^2$	Staudruck
b	Flügelweite

Führt man entsprechend den üblichen Luftkraftgleichungen ein

$$F_{Wi} = c_{wi} \cdot \frac{\varrho}{2} \cdot w^2 \cdot A_F = c_{wi} \cdot q \cdot A_F$$

so ergibt sich als Widerstandsbeiwert für den induzierten Widerstand durch Gleichsetzen

$$c_{wi} \cdot q \cdot A_F \;\; = \frac{F_A^2}{\pi \cdot q \cdot b^2} = \frac{c_a^2 \cdot q \cdot A_F^2}{\pi \cdot b^2}$$

$$c_{wi} = \frac{c_a^2 \cdot A_F}{\pi \cdot b^2}$$

A_F/b^2 ist das Seitenverhältnis eines Tragflügels mit beliebigem Umriß. Für den Rechteckflügel wird.

$$\frac{A_F}{b^2} = \frac{b \cdot t}{b^2} = \frac{t}{b}$$

Die Gleichung für den Widerstandsbeiwert kann in diesem Falle auch lauten

$$c_{wi} = \frac{c_a^2 \cdot t}{\pi \cdot b}$$

Aus obigen Gleichungen läßt sich herauslesen, daß der induzierte Widerstand kleiner wird, wenn das Seitenverhältnis des Tragflügels kleiner wird. Lange und schmale Flügel sind also günstig. Diese Tatsache ist vor allem bei Segelflugzeugen wichtig.
Im Polardiagramm ergibt sich für jedes Seitenverhältnis eine Parabel des induzierten Widerstandes, wie in Bild 179 bereits dargestellt.

8.9 Gitterströmung

Unter einem Tragflügel- oder Schaufelgitter versteht man eine Anordnung hinter- oder untereinandergeschalteter Profile gleicher Form und mit gleichem Abstand voneinander. Die folgenden Ausführungen sollen sich auf ebene, inkompressible und reibungsfreie Durchströmung der Gitter beschränken.
Mit Schaufelteilung t, d.h. Abstand gleicher Punkte eines Profils zum nächsten Profil, und Schaufelbreite b aus der Bildebene heraus wird nach Kontinuität

$$b \cdot t \cdot w_{1m} = b \cdot t \cdot w_{2m}$$

oder

$$w_{1m} = w_{2m}$$

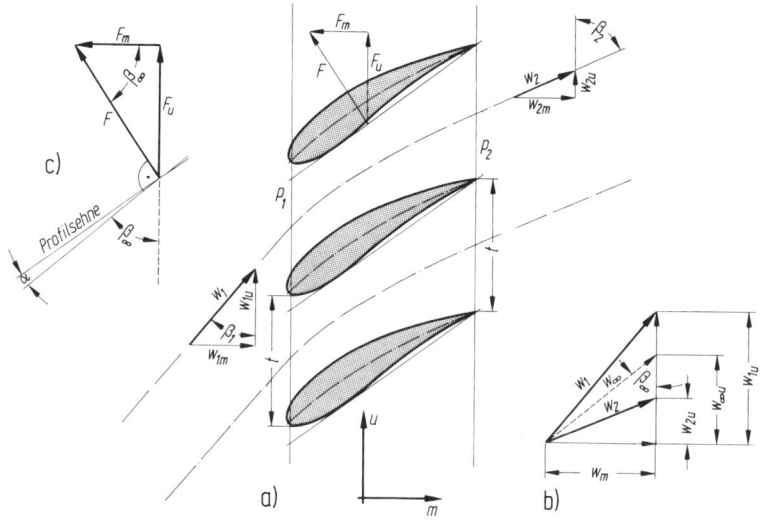

Bild 182   Ebenes Profilgitter
a) Lageplan, b) Geschwindigkeitsplan, c) Kräfteplan

Die Anwendung des Energiesatzes zwischen Anströmung und Abströmung ergibt
($z_1 = z_2$):

$$\frac{p_1}{\varrho} + \frac{w_1^2}{2} = \frac{p_2}{\varrho} + \frac{w_2^2}{2}$$

$$w_1^2 = w_{1m}^2 + w_{1u}^2$$
$$w_2^2 = w_{2m}^2 + w_{2u}^2$$

Damit $p_1 - p_2 = \dfrac{\varrho}{2}\left(w_{2u}^2 - w_{1u}^2\right) = \varrho\left(w_{2u} - w_{1u}\right)\dfrac{w_{2u} + w_{1u}}{2}$

Nun wird w_∞ als vektorielles Mittel von An- und Abströmung eingeführt mit der Definition, daß

$$w_{\infty u} = \frac{w_{1u} + w_{2u}}{2}$$

und $w_{\infty m} = w_m$ sind.

Dann wird

$$p_1 - p_2 = \varrho\left(w_{2u} - w_{1u}\right)w_{\infty u}$$

Als Kraftkomponente in m-Richtung wirkt auf jede Schaufel

$$F_m = (p_1 - p_2) \cdot b \cdot t$$
$$= b \cdot t \cdot \varrho \cdot (w_{2u} - w_{1u})w_{\infty u}$$
$$= -b \cdot t \cdot \varrho(w_{1u} - w_{2u})w_{\infty u}$$

Das Minuszeichen bedeutet, daß die Kraft entgegen der m-Richtung wirkt.

Die Kraftkomponente in u-Richtung erhält man mit Hilfe des Impulssatzes:

$$F_u = \dot{m}(w_{1u} - w_{2u})$$

$$= \dot{V} \cdot \varrho \cdot (w_{1u} - w_{2u})$$

$$= b \cdot t \cdot \varrho (w_{1u} - w_{2u}) w_m$$

Die resultierende Kraft ist dann

$$F = \sqrt{F_u^2 + F_m^2}$$

Die Richtung, in der die mittlere Strömung gegen die u-Achse geneigt ist, ergibt sich aus

$$\tan \beta_\infty = \frac{w_m}{w_{\infty u}} = \frac{|F_u|}{|F_m|}$$

Das aber bedeutet, daß die Richtung der Kraft F mit der Richtung von w_∞ einen rechten Winkel bilden muß. Die Kraft F entspricht also der Auftriebskraft F_A bei reibungsfreier Strömung.

9 Die Messung von strömenden Flüssigkeiten

9.1 Druckmessung

Der Flüssigkeitsdruck wird mit Meßinstrumenten gemessen, die Manometer genannt werden und ausnahmslos nur eine Druckdifferenz angeben. In den meisten Fällen ist der an den Manometern abgelesene Druck der Druckunterschied des absoluten Meßdruckes gegenüber dem barometrischen Luftdruck. Bei Wirkdruckmessungen werden auch Differenzdrücke zwischen Über- oder Unterdrücken verschiedener Größe gemessen. Die Methode der Druckmessung beruht auf einem Kraftvergleich zwischen einer Druckkraft und einer Gewichtskraft oder einer Federkraft.

In der Technik verwendet man zwei Arten von Manometern:

a) *Flüssigkeitsmanometer*

Hierzu zählen U-Rohr-Manometer, Schrägrohrmanometer und Ringwaagen. Überall da, wo es auf besonders exakte Messungen ankommt und es der Meßbereich zuläßt, sollten Flüssigkeitsmanometer bevorzugt werden.

In *U-Rohr-* und *Schrägrohrmanometern* verändert eine Meßflüssigkeit, die sich bei gleicher Druckbelastung in beiden Schenkeln des Instrumentes auf gleiche Höhe einstellt, unter einer einseitigen Überdruckwirkung ihre Lage. Der so erzielte Höhenunterschied der Flüssigkeitsspiegel in den beiden Schenkeln kann bei bekannter Dichte der Flüssigkeit sofort als Druckmaß angenommen werden.

$$g \cdot \varrho \cdot \Delta z = p - p_B$$

wenn als Gegendruck der barometrische Luftdruck wirkt. Bei Druckdifferenzmessungen wird entsprechend

$$g \cdot \varrho \cdot \Delta z = p_1 - p_2$$

Dichten üblicher Meßflüssigkeiten in kg/dm³:

Alkohol	0,79
Meßöl	0,86
Wasser	1,00
Tetrachlorkohlenstoff	1,594
Acetylentetrabromid	2,954
Quecksilber	13,596

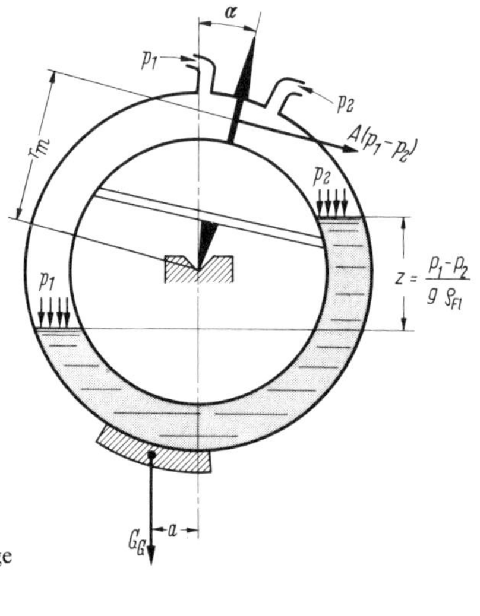

Bild 183 Ringwaage

Die *Ringwaage* dient im allgemeinen nur zur Messung von Wirkdrücken. Das wichtigste Bauteil der Ringwaage ist ein drehbar gelagertes, zum Teil mit einer Meßflüssigkeit gefülltes Ringrohr. Die Druckdifferenz $p_1 - p_2$ übt gegen die Trennwand der Druckräume eine Kraft aus, welche die Ringwaage aus ihrer Nullage um den Winkel α herausdreht. Die Drehbewegung endet, und die Ringwaage steht im Gleichgewicht, wenn das Moment $G_G \cdot a$ eines festen Rückstellgewichtes gleich ist dem Moment $(p_1 - p_2) \cdot A \cdot r_m$ der auf die Trennwand wirkenden Differenzdruckkraft. Hierbei ist A der Ringquerschnitt.

$$(p_1 - p_2) \cdot A \cdot r_m = G_G \cdot a = G_G \cdot r \cdot \sin \alpha$$

also $\quad p_1 - p_2 \sim \sin \alpha$

d.h., der Ausschlag der Ringwaage ist ein Maß für die Größe des zu messenden Druckunterschiedes.

b) Mechanische Manometer

Federmanometer und *Kolbenmanometer* zählen zu den mechanischen Druckmeßinstrumenten. Der zu messende Druck wirkt auf eine Fläche und erzeugt eine Kraft, die aufgewogen wird gegen die Kraft einer aus der Ruhelage gedrückten Feder. Der Ausschlag der Feder wird über ein Hebelsystem auf einen Zeiger übertragen. Der Nachteil der mechanischen Manometer liegt darin, daß sie geeicht werden müssen, weil die Federkonstanten zweier sonst gleicher Federn auch bei genauester Fertigung niemals vollkommen gleich sein werden.

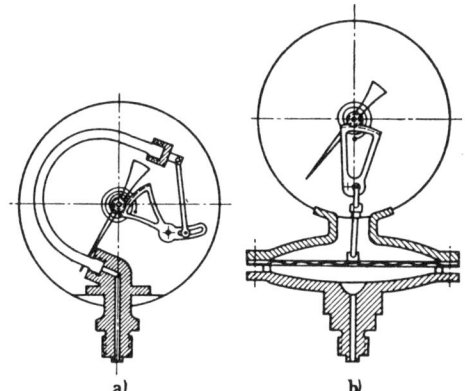

a)   b)

Bild 184   Federmanometer
a) Röhrenfedermanometer,
b) Plattfedermanometer

9.2 Geschwindigkeitsmessung mit dem Prandtlschen Staurohr

Zur Bestimmung der Strömungsgeschwindigkeit von gasförmigen Fluiden verwendet man das *Prandtlsche Staugerät*, das ein Pitotrohr und ein Piezometer zu einer Einheit zusammenfaßt (s. Abschn. 2.3).

Auf den halbkugelförmigen Kopf des Gerätes wirkt der Gesamtdruck p_2, der sich aus dem statischen Druck p_1 und dem dynamischen Druck $\frac{\varrho}{2} \cdot w^2$ zusammensetzt, während auf den Ringspalt am Mantelumfang des Gerätes der statische Druck p_1 allein wirkt.

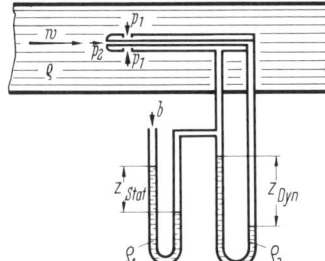

Bild 185   Geschwindigkeitsmessung
mit dem Prandtlschen Staurohr

Die beiden am Staugerät abgenommenen Drücke werden auf ein Differenzdruck-Meß-
gerät übertragen, dessen Anzeige den Druckunterschied $p_2 - p_1 = \frac{\varrho}{2} w^2$ angibt. Aus
dieser Anzeige läßt sich unmittelbar die örtliche Geschwindigkeit errechnen, die in Ein-
tauchtiefe des Staurohres in der Strömung herrscht.

$$w = \sqrt{2 \, \frac{p_2 - p_1}{\varrho}}$$

Werden, wie allgemein üblich, die Drücke p_2 und p_1 auf die beiden Schenkel eines U-Rohr-
oder Schrägrohrmanometers übertragen, dann ist der Ausschlag z_{dyn} der Meßflüssigkeit
ein direktes Maß für den Staudruck.

Staudruck $p_2 - p_1 = \frac{\varrho}{2} w^2 = \varrho_2 \cdot g \cdot z_{dyn}$

Statischer Druck $p_1 = \varrho_1 \cdot g \cdot z_{stat}$

Örtliche Geschwindigkeit $w = \sqrt{2 \cdot g \cdot z_{dyn} \frac{\varrho_2}{\varrho}}$

Wie bereits erwähnt, lassen sich mit dem Staugerät nur Geschwindigkeiten von dünnen
Stromfäden innerhalb der Gesamtströmung messen. Zur Bestimmung einer mittleren
Strömungsgeschwindigkeit sind also immer mehrere, über den Strömungsquerschnitt
verteilte Messungen erforderlich, aus denen dann ein Mittelwert gebildet werden muß.
Bei kreisförmigem Querschnitt bringt eine Sternmessung in mehreren Ebenen das ge-
naueste Ergebnis. Für einen zentrischen Kreis mit dem Radius r in dem Rohrquerschnitt
erhält man aus jeder Meßebene die Geschwindigkeiten w_{r1} und w_{r2}. Die mittlere Geschwindigkeit w_r auf dem Kreisumfang ist dann bei n Meßebenen

$$w_r = \frac{\Sigma(w_{r1} + w_{r2})}{2 \cdot n}$$

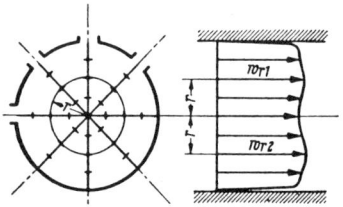

Bild 186   Sternmessung in 4 Ebenen
in einem Rohrquerschnitt

In einem Kreisquerschnitt gilt für das Ringflächenelement

$$\mathrm{d}A = 2 \cdot \pi \cdot r \cdot \mathrm{d}r$$

$$\mathrm{d}\dot{V} = 2 \cdot \pi \cdot r \cdot w_r \cdot \mathrm{d}r$$

Für den gesamten Kreisquerschnitt erhält man durch Integration

$$\dot{V} = 2 \cdot \pi \cdot \int_0^R w_r \cdot r \cdot \mathrm{d}r = \pi \cdot R^2 \cdot w_m$$

$$w_m = \frac{2}{R^2} \cdot \int_0^R w_r \cdot r \cdot \mathrm{d}r$$

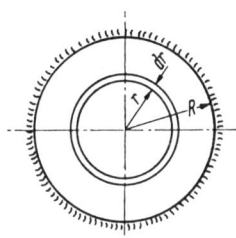 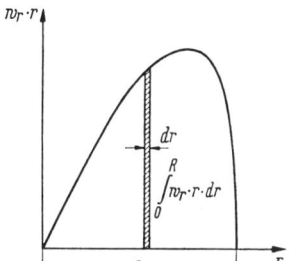

Bild 187   Ringflächenelement

Bild 188   Graphische Integration zur Ermittlung der mittleren Geschwindigkeit

Da sich die Geschwindigkeit w_r mit dem Radius r in unbekanntem Zusammenhang ändern kann, läßt sich das bestimmte Integral nur grafisch lösen.
Man trägt das Produkt $w_r \cdot r$ als Kurve über dem Radius r auf. Die eingeschlossene Fläche zwischen Kurve und Abszisse ist dann das Integral $\int_0^R w_r \cdot r \cdot \mathrm{d}r$ und kann durch Planimetrieren gefunden werden.
Bei anders geformten Strömungsquerschnitten wird der Querschnitt in flächengleiche Teile zerlegt und die Geschwindigkeit in den Schwerpunkten dieser Teile gemessen. Das algebraische Mittel der gemessenen Werte liefert die Durchschnittsgeschwindigkeit.

Vorteile der Staurohrmessung:

Das Staurohr verursacht keine nennenswerte Verengung des Leitungsquerschnittes, daher tritt bei der Staurohrmessung kein spür- oder meßbarer Strömungsverlust auf. Staurohrmessung ist in allen den Fällen vorzuziehen, wo bereits ein kleiner Druckverlust eine untragbare Verringerung der Förderleistung verursachen würde.

Nachteile der Staurohrmessung:

Es wird immer nur die Geschwindigkeit eines Stromfadens gemessen. Zur Bestimmung der mittleren Strömungsgeschwindigkeit müssen Messungen in mehreren Ebenen vorgenommen werden, was wiederum stationäre Strömung voraussetzt. Da bei den Messungen das Staugerät von außen bewegt werden muß, kann die Durchtrittsstelle durch die Leitungswand nicht völlig abgedichtet werden. Es lassen sich mit dem Staurohr also nur ungiftige Medien messen, die nicht unter größeren Über- oder Unterdrücken stehen dürfen.

Beispiel 9.1.: Mit einem Prandtlschen Staugerät, das gegen die Windrichtung eingestellt ist, wird bei einer Lufttemperatur von 28 °C und einem Luftdruck von 1047 mbar ein Staudruck von 275 Pa gemessen. Wie groß ist die Windgeschwindigkeit?

Gegeben: $p_B = 1047\,\text{mbar} = 104\,700\,\text{N/m}^2$

$t_L = 28\,°C \qquad T_L = 301\,K$

$p_2 - p_1 = \Delta p = 275\,\text{Pa} = 275\,\text{N/m}^2$

Lösung: $v_L = \dfrac{R_L \cdot T_L}{p_B} = \dfrac{286{,}8\,\text{Nm} \cdot 301\,\text{K}\,\text{m}^2}{\text{kg} \cdot \text{K} \cdot 104\,700\,\text{N}} = 0{,}825\,\text{m}^3/\text{kg}$

$w = \sqrt{2 \cdot \Delta p \cdot v_L} = \sqrt{2 \cdot 275\,\dfrac{\text{N}}{\text{m}^2}\,0{,}825\,\dfrac{\text{m}^3}{\text{kg}}} = \sqrt{453{,}75\,\dfrac{\text{Nm}}{\text{kg}}} = \sqrt{453{,}75\,\dfrac{\text{m}^2}{\text{s}^2}}$

$w = 21{,}3\,\text{m/s}$

Beispiel 9.2.: In einem Rohr von 500 mm lichtem Durchmesser wird als Mittelwert über den gesamten Querschnitt mit einem Staugerät ein Staudruck von 100 mmWS gemessen. Der statische Überdruck im Rohr beträgt 26 mm HgS und der Druck der Außenluft 1000 mbar. In dem Rohr strömt Luft von 46 °C mit einer relativen Feuchtigkeit von 80%. Wie groß sind Luftgeschwindigkeit und Luftstrom?

Gegeben: $p_B = 1000\,\text{mbar} = 10^5\,\text{N/m}^2$

$p_{ü} = p_{stat} = 26\,\text{mm HgS} = 3469\,\text{N/m}^2$

$p_2 - p_1 = \Delta p = 100\,\text{mmWS} = 981\,\text{N/m}^2$

$t_L = 46\,°C \qquad T_L = 319\,K$

$\varphi = 80\% = 0{,}8$

Lösung: Absoluter Druck der strömenden Luft im Rohr:

$p_1 = p_B + p_{ü} = 10^5\,\text{N/m}^2 + 3469\,\text{N/m}^2 = 103\,469\,\text{N/m}^2$

Partialdruck des Wasserdampfes in der feuchten Luft:

$p_D = \varphi \cdot p'$

für 46 °C ist $p' = 10\,089\,\text{N/m}^2$

$p_D = 0{,}8 \cdot 10\,089\,\text{N/m}^2 = 8071\,\text{N/m}^2$

Spezifisches Volumen der feuchten Luft:

Absolute Feuchtigkeit $x = 0{,}622\,\dfrac{p_D}{p_1 - p_D} = 0{,}622\,\dfrac{8071}{103\,469 - 8071} = 0{,}0527$

$v_L = \dfrac{T_L}{p_1}\,R_L\,\dfrac{1 + 1{,}61\,x}{1 + x} = \dfrac{319\,\text{K}\,\text{m}^2}{103\,469\,\text{N}}\,287\,\dfrac{\text{N m}}{\text{kg} \cdot \text{K}} \cdot \dfrac{1 + 1{,}61 \cdot 0{,}0527}{1{,}0527}$

$v_L = 0{,}911\,\text{m}^3/\text{kg}$

Strömungsgeschwindigkeit:

$w = \sqrt{2 \cdot \Delta p \cdot v_L} = \sqrt{2 \cdot 981\,\dfrac{\text{N}}{\text{m}^2} \cdot 0{,}911\,\dfrac{\text{m}^3}{\text{kg}}} = \sqrt{1787{,}4\,\dfrac{\text{m}^2}{\text{s}^2}} = 42{,}3\,\text{m/s}$

Luftstrom:

$\dot{m} = \dfrac{\pi}{4}\,d^2 \cdot \dfrac{1}{v_L} \cdot w = \dfrac{\pi}{4}\,0{,}5^2\,\text{m}^2 \cdot \dfrac{1}{0{,}911\,\text{m}^3/\text{kg}} \cdot 42{,}3\,\text{m/s} = 9{,}1\,\text{kg/s}$

9.3   Durchflußmessung mit Drosselgeräten

Eine Messung der Strömungsgeschwindigkeit und des Durchflußstromes bei der Strömung von giftigen oder ätzenden Medien oder von Medien mit größeren Über- oder Unterdrücken ist nur möglich, wenn das zu messende Medium während der Messung in einem druckdicht abgeschlossenen Raume verbleibt.

Eine Meßmethode, die das ermöglicht, und die gleichzeitig die Bestimmung der mittleren Strömungsgeschwindigkeit mit nur einer Messung erlaubt, ist die Methode der Durchflußmessung mit Drosselgeräten.

Dieses Meßverfahren beruht auf dem Kontinuitätsgesetz und auf der Energiegleichung. Nach dem Kontinuitätsgesetz verhalten sich Strömungsgeschwindigkeit und Strömungsquerschnitt umgekehrt proportional, und nach dem Energiegesetz bewirkt eine Zunahme der Bewegungsenergie eine Abnahme der Druckenergie, und umgekehrt (Bild 189). Eine Einschnürung des Strömungsquerschnittes verursacht also eine Steigerung der Strömungsgeschwindigkeit und eine Abnahme des statischen Druckes. Dieser Druckabfall, der sogenannte Wirkdruck Δp, ist somit ein Maß für die Strömungsgeschwindigkeit in der ungestörten Rohrströmung.

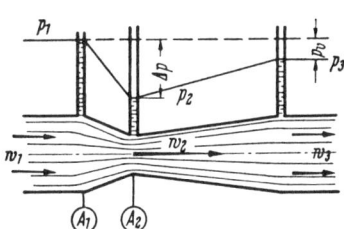

Bild 189   Druck- und Geschwindigkeitsverlauf in einem Drosselgerät,
Prinzipdarstellung

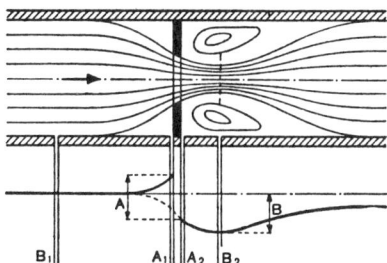

Bild 190   Tatsächlicher Druckverlauf
in einem Drosselgerät
—————— an der Rohrwand
- - - - - in der Rohrachse
$A = A_1 - A_2$ = Wirkdruck nach DIN 1952;
$B = B_1 - B_2$ = Wirkdruck nach ASME

Infolge Einschnürung an der Drosselstelle entstehen örtliche Druckunterschiede innerhalb des Drosselquerschnittes, d.h., in der Strömungsmitte herrscht ein anderer Druck als an der Wand. Für die Genauigkeit der Durchflußmessung ist es daher von großer Bedeutung, an welchen Stellen die Druckentnahme für die Wirkdruckmessung erfolgt. Bild 190 zeigt zwei Möglichkeiten für die Druckentnahme bei Blenden.

Nach DIN 1952, Durchflußmeßregeln, werden die Drücke direkt vor und nach der Blende entnommen, an Stellen also, die ein großes Druckgefälle haben, wodurch die Ablesegenauigkeit verbessert wird. Nach ASME (American Society of Mechanical Engineers) werden die Druckentnahmen an Stellen angebracht, an denen der Druck wenig abhängig ist von Blendenabstand und Entnahmeöffnung, die also ein stabileres Wirkdruckverhalten garantieren.

Zur Erzeugung des Wirkdruckes dienen genormte Drosselgeräte (DIN 1952). Normblenden haben den Vorteil großer Meßgenauigkeit, aber auch den Nachteil eines hohen

Strömungswiderstandes. Bei Normdüsen und Normventuridüsen wird zwar der Druckverlust geringer, dafür nimmt aber auch die Meßgenauigkeit ab.
Mit dem Wirkdruck $p_1 - p_2$ und der erweiterten Energiegleichung für tropfbare Flüssigkeiten

$$\frac{p_1}{\varrho} + \frac{w_1^2}{2} = \frac{p_2}{\varrho} + \frac{w_2^2}{2} + h_v$$

sowie

$$w_1 = w_2 \cdot \frac{d_2^2}{d_1^2} = w_2 \cdot m$$

$$m = \frac{A_2}{A_1} = \frac{d_2^2}{d_1^2} \quad \text{Öffnungsverhältnis}$$

$$h_v = \zeta \cdot \frac{w_2^2}{2}$$

wird

$$\frac{p_1}{\varrho} + m^2 \frac{w_2^2}{2} = \frac{p_2}{\varrho} + \frac{w_2^2}{2} + \zeta \cdot \frac{w_2^2}{2}$$

$$w_2 = \frac{1}{\sqrt{1 + \zeta - m^2}} \cdot \sqrt{2 \cdot \frac{p_1 - p_2}{\varrho}}$$

$$w_2 = \alpha \cdot \sqrt{2 \cdot \frac{p_1 - p_2}{\varrho}}$$

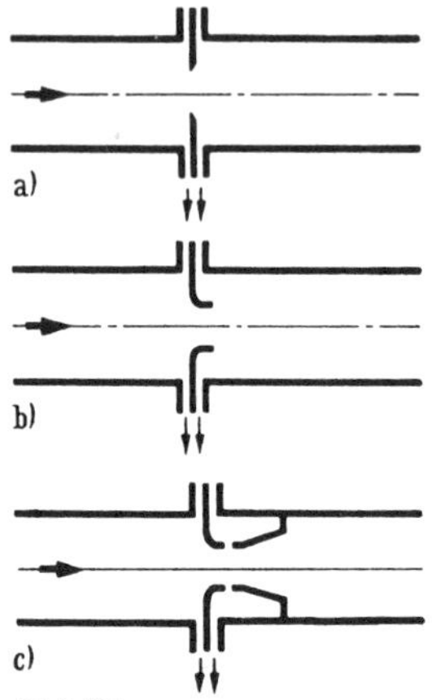

Bild 191
Gebräuchliche Formen
von Drosselgeräten
a) Normblende,
b) Normdüse,
c) Normventuridüse, kurz

Die Durchflußzahl α wird experimentell ermittelt und ist für verschiedene Öffnungs-
verhältnisse m und alle genormten Drosselgeräte in DIN 1952 niedergelegt. Durch die
experimentelle Bestimmung der Durchflußzahl wird in ihr auch der vorerwähnte Einfluß
des Druckunterschiedes zwischen Strömungsmitte und Wand des Drosselquerschnittes
mit erfaßt. (Durchflußzahlen α für Normblenden siehe DIN 1952, Tab. 5)
Bei der Durchflußmessung von strömenden, gasförmigen Fluiden darf die Dichteände-
rung im Drosselquerschnitt nicht vernachlässigt werden. Zur Vereinfachung der Berechnung wird nach Norm der gesamte Einfluß der Kompressibilität zusammenge-
faßt in einer Expansionszahl ε, mit der eine ausreichende Genauigkeit erzielt wird, solange die Strömungsgeschwindigkeit unter der Schallgeschwindigkeit bleibt.
Bei der Durchflußmessung von strömenden Gasen und Dämpfen ist also

$$w_2 = \alpha \cdot \varepsilon \cdot \sqrt{2 \frac{p_1 - p_2}{\varrho_1}}$$

(Expansionszahlen ε für Normblenden siehe DIN 1952, Tab. 6).
Strömungsgeschwindigkeiten im ungestörten Rohr:

$$w_1 = m \cdot w_2 = \frac{d_2^2}{d_1^2} \cdot w_2$$

Volumenstrom (bei tropfbaren Flüssigkeiten):

$$\dot{V} = A_1 \cdot w_1 = A_1 \cdot m \cdot \alpha \cdot \sqrt{2 \frac{p_1 - p_2}{\varrho}} \quad ; \quad p_1 - p_2 = \Delta p \quad \text{Wirkdruck}$$

Mengenstrom (bei gasförmigen Fluiden):

$$\dot m = \frac{A_1 \cdot w_1}{v_1} = A_1 \cdot w_1 \cdot \varrho_1 = A_1 \cdot m \cdot \alpha \cdot \varepsilon \sqrt{2 \frac{p_1 - p_2}{v_1^2 \cdot \varrho_1}}$$

$$\dot m = A_1 \cdot m \cdot \alpha \cdot \varepsilon \sqrt{2 \cdot \varrho_1 \cdot (p_1 - p_2)}$$

Wirkdruckmeßgeräte, deren Anzeige bereits den Volumens- bzw. Mengenstrom ausweisen soll, müssen eine Einrichtung erhalten, die den Zusammenhang zwischen Wirkdruck und Zeigerausschlag linear macht. Eine solche Radiziereinrichtung ist z. B. die in Bild 192 dargestellte Kurvenscheibe an der Ringwaage.

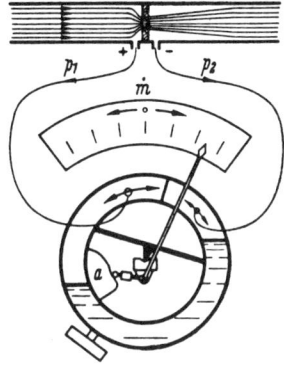

Bild 192 Prinzip der Mengenmessung
mit einem Wirkdruckmeßgerät
a Kurvenscheibe

Um einwandfreie Meßergebnisse zu erzielen, sind bei der Durchflußmessung mit Drosselgeräten folgende Voraussetzungen zu beachten:

1. Ungestörte Anströmung zur Drosselstelle, d. h., Leitungseinbauten vor der Meßstelle müssen in entsprechendem Abstand angebracht sein.

2. Die strömende Flüssigkeit muß sich in reinem Zustand befinden, d. h., sie darf keine Einschlüsse anderen Aggregatzustandes enthalten.

3. Die Dichte der strömenden Flüssigkeit muß genau bekannt sein.

4. Die strömende Flüssigkeit muß den vollen Strömungsquerschnitt im Bereich der Meßstelle ausfüllen.

Die Dichte ist bei tropfbaren Flüssigkeiten von der Temperatur und bei Gasen oder Dämpfen von Temperatur und Druck abhängig. Wenn die Dichte der strömenden Flüssigkeit im Betriebszustand erheblich von dem bei der Berechnung des Drosselgerätes zugrunde gelegten Wert abweicht, treten bei allen Anzeigeinstrumenten, die den Durchflußstrom anzeigen, Meßfehler auf. In solchen Fällen muß der Meßwert korrigiert werden:

$$\dot V_{korr} = \dot V \cdot \sqrt{\frac{\varrho_a}{\varrho_b}} = \dot V \cdot \sqrt{\frac{v_b}{v_a}}$$

$$\dot m_{korr} = \dot m \cdot \sqrt{\frac{\varrho_b}{\varrho_a}} = \dot m \cdot \sqrt{\frac{v_a}{v_b}}$$

$\dot V, \dot m$ abgelesene Meßwerte
Index a   Auslegezustand des Drosselgerätes
Index b   Betriebszustand im Augenblick der Ablesung

Beispiel 9.3.: An eine Normblende mit $D = 82,5\,\text{mm}$ und $d = 60,15\,\text{mm}$ ist ein Präzisions-U-Rohr mit Quecksilberfüllung angeschlossen. Für diese Meßkombination ist die Durchflußcharakteristik $\dot{V} = f(z)$ für Wasser von $20\,°\text{C}$ aufzustellen.

Gegeben:

$D = 82,5\,\text{mm}$ $d = 60,15\,\text{mm}$

$t = 20\,°\text{C}$, dafür $\varrho_{H_2O} = 0,998\,\text{kg/dm}^3$

$\varrho_{Fl} = \varrho_{Hg} = 13,596\,\text{kg/dm}^3$

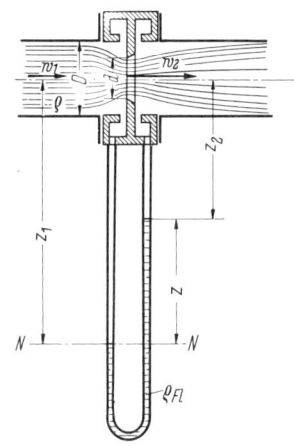

Bild 193
Normblende mit U-Rohr

Lösung:

$$m = \frac{d^2}{D^2} = \frac{60,15^2}{82,5^2} = 0,53$$

$$Re = \frac{w_1 \cdot D}{v} = \frac{\dot{V} \cdot 4 \cdot D}{\pi \cdot D^2 \cdot v} = \dot{V}\,\frac{4}{\pi \cdot D \cdot v} =$$

$$= \dot{V}\,\frac{4}{\pi \cdot 0,0825\,\text{m} \cdot 1,004}\,\frac{10^6}{\text{m}^2}\,\text{s}$$

$$= \dot{V} \cdot 15,38 \cdot 10^6\,\text{s/m}^3$$

$$\dot{V} = m \cdot \frac{\pi}{4} D^2 \cdot \alpha \sqrt{2\,\frac{\Delta p}{\varrho_{H_2O}}}$$

Druckgleichgewicht in $N - N$:

$$p_1 + z_1 \cdot g \cdot \varrho_{H_2O} = p_2 + z_2 \cdot g \cdot \varrho_{H_2O} + z \cdot g \cdot \varrho_{Hg}$$

$$p_1 - p_2 = \Delta p = z \cdot g \cdot \varrho_{Hg} - (z_1 - z_2) \cdot g \cdot \varrho_{H_2O} = z \cdot g\,(\varrho_{Hg} - \varrho_{H_2O})$$

$$\dot{V} = m \cdot \frac{\pi}{4} D^2 \cdot \alpha \sqrt{2 \cdot g \cdot z\left(\frac{\varrho_{Hg}}{\varrho_{H_2O}} - 1\right)}$$

$$= 0,53\,\frac{\pi}{4}\,0,0825^2\,\text{m}^2 \sqrt{2 \cdot 9,81\,\text{m/s}^2\left(\frac{13,596}{0,998} - 1\right)} \cdot \alpha \sqrt{z}$$

$$= 4,465 \cdot 10^{-2}\,\frac{\text{m}^{2,5}}{\text{s}} \cdot \alpha \sqrt{z}$$

$$z = \frac{1}{4,465^2} \cdot 10^4 \left(\frac{\dot{V}}{\alpha}\right)^2 \text{s}^2/\text{m}^5 = 500\left(\frac{\dot{V}}{\alpha}\right)^2 \text{s}^2/\text{m}^5$$

Die Errechnung der Kurve $\dot{V} = f(z)$ erfolgt in Tabellenform:

$\dot{V}$	= 10	20	30	40	50	60	70	m³/h
	= 0,00278	0,00556	0,00833	0,01111	0,01389	0,01667	0,01944	m³/s
Re	= $4,27 \cdot 10^4$	$8,54 \cdot 10^4$	$1,28 \cdot 10^5$	$1,7 \cdot 10^5$	$2,14 \cdot 10^5$	$2,56 \cdot 10^5$	$2,99 \cdot 10^5$	
α	= 0,7211	0,7142	0,7119	0,7116	0,7114	0,7112	0,7110	DIN 1952, Tab. 5
$10^4 \cdot \left(\frac{\dot{V}}{\alpha}\right)^2$	= 0,1486	0,606	1,37	2,437	3,81	5,494	7,476	m⁶/s²
z	= 0,0073	0,0303	0,0685	0,1219	0,1905	0,275	0,374	m
z	= 7,3	30,3	68,5	121,9	190,5	275	374	mm

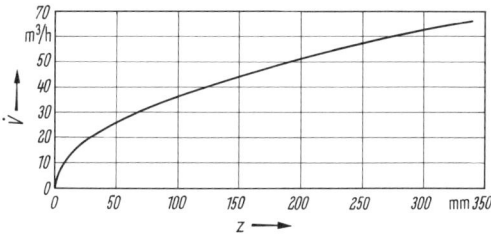

Bild 194
Durchflußcharakteristik
der Normblende in Beispiel 9.3

Beispiel 9.4.: In eine Heißdampf-Rohrleitung von 300 mm lichtem Durchmesser, die von Wasserdampf mit 3 bar und 280 °C durchflossen wird, ist eine Normblende mit $d = 216$ mm
eingebaut. An einer angeschlossenen Ringwaage wird ein Wirkdruck von 2,5 mWS
abgelesen. Wie groß ist der Mengenstrom, wenn die Normblende für eine Dampfdichte
von 1,37 kg/m³ ausgelegt ist?

Gegeben:

$p_D = 3 \cdot 10^5$ N/m² $\varrho_a = 1,37$ kg/m³   Für Heißdampf ist

$t_D = 280$ °C $v_1 = 0,86$ m³/kg $\kappa = 1,3$

$D = 300$ mm $\varrho_1 = 1,162$ kg/m³ $= \varrho_b$ $\dfrac{p_2}{p_1} = \dfrac{p_D - \Delta p}{p_D} = 0,918$

$\Delta p = 2,5$ mWS $= 24517$ N/m² $d = 216$ mm

Lösung:

$$m = \frac{d^2}{D^2} = \frac{2,16^2}{3^2} = 0,519, \qquad Re = 1,33 \cdot 10^6 \text{ geschätzt, dann sind}$$

$\alpha = 0,7024$ und $\varepsilon = 0,9655$ für $p_2/p_1 = 0,918$ und $\kappa = 1,3$ (DIN 1952)

$$\dot{m} = m \cdot \frac{\pi}{4} D^2 \cdot \alpha \cdot \varepsilon \sqrt{2 \cdot \Delta p \cdot \varrho_1}$$

$$= 0,519 \frac{\pi}{4} \cdot 0,3^2 \, \text{m}^2 \cdot 0,7024 \cdot 0,9655 \sqrt{2 \cdot 24\,517 \, \frac{\text{N}}{\text{m}^2} \cdot 1,162 \, \frac{\text{kg}}{\text{m}^3} \cdot \frac{\text{kg m}}{\text{N s}^2}}$$

$$\dot{m} = 5,94 \text{ kg/s}$$

Kontrolle von Re:

$$w_1 = \frac{\dot{m} \cdot v_1}{A_1} = \frac{5,94 \, \text{kg} \cdot 4 \cdot}{\text{s}} \frac{0,86 \, \text{m}^3}{\pi \cdot 0,3^2 \, \text{m}^2 \, \text{kg}} = 72,3 \text{ m/s}$$

$$v = 16,3 \cdot 10^{-6} \text{ m}^2/\text{s} \qquad \text{(Tafel 5)}$$

$$Re = \frac{w_1 \cdot D}{v} = \frac{72,3 \, \text{m} \cdot 0,3 \, \text{m s}}{\text{s} \; 16,3 \, \text{m}^2} 10^6 = 1,33 \cdot 10^6 \qquad \text{wie angenommen}$$

$$\dot{m}_{\text{korr}} = \dot{m} \sqrt{\frac{\varrho_b}{\varrho_a}} = 5,97 \, \frac{\text{kg}}{\text{s}} \sqrt{\frac{1,162}{1,37}} = 5,47 \text{ kg/s} = 19\,700 \text{ kg/h}$$

Aufgabe 40: Die Normblende in einer Dampfleitung ist ausgelegt für den Dampfzustand $p = 10$ bar
und $t = 300$ °C. Bei einer Dampftemperatur von 310 °C und einem Dampfdruck von
8,5 bar an der Normblende zeigt das Anzeigeinstrument einen Mengenstrom von
1360 kg/h an. Welcher Dampfstrom strömt tatsächlich durch die Leitung?

Lösung: 1240 kg/h

9.4   Überfallmessungen

Die Durchflußmessung mit Drosselgeräten ist nicht mehr anwendbar bei großen Wasser-
strömen mit kleinen Strömungsgeschwindigkeiten, z.B. Kanälen, Flußläufen usw. In
solchen Fällen mißt man den Durchflußstrom mit Hilfe eines Überfalles. Durch eine
scharfkantige Platte wird das Wasser angestaut, und aus der Stauhöhe z der Durchflußstrom berechnet.

a) *Rechteckiger Überfall* für die Messung sehr großer Ströme:
Nach Abschnitt 3.18 ist

$$\dot{V} = \mu \frac{2}{3} \cdot b \cdot z \sqrt{2 \cdot g \cdot z}$$

Ausflußziffer μ ohne Seitenkontraktion, d.h. $b = B$, nach Schweizer Norm

$$\mu = 0{,}615 \left(1 + \frac{1}{1000 \cdot z + 1{,}6} \right) \left[1 + 0{,}5 \left(\frac{z}{H} \right)^2 \right]$$

Gültigkeitsbereich:

$$H - z \geqq 0{,}3 \, \text{m}$$

$$\frac{z}{H - z} \leqq 1$$

$$0{,}025 \, \text{m} \leqq z \leqq 0{,}8 \, \text{m}$$

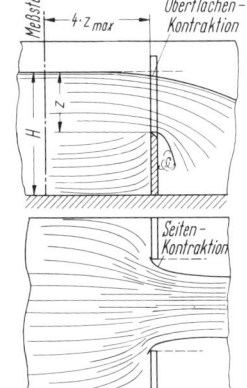

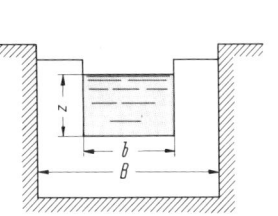

Bild 195   Rechteckiger Überfall

Ausflußziffer μ mit Seitenkontraktion nach Schweizer Norm:

$$\mu = \left[0{,}578 + 0{,}037 \left(\frac{b}{B} \right)^2 + \frac{3{,}615 - 3 \left(\frac{b}{B} \right)^2}{1000 \cdot z + 1{,}6} \right] \cdot \left[1 + 0{,}5 \left(\frac{b}{B} \right)^4 \cdot \left(\frac{z}{H} \right)^2 \right]$$

b) *Dreieckiger Überfall (Thomson-Überfall)* für die Messung kleinerer Ströme:

$$\dot{V}_x = y \cdot \mathrm{d}x \cdot \sqrt{2 \cdot g \cdot x} \qquad\qquad \frac{y}{2} = (z - x) \tan \frac{\alpha}{2}$$

$$\dot{V}_x = 2(z - x) \cdot \tan \frac{\alpha}{2} \cdot \mathrm{d}x \cdot \sqrt{2 \cdot g \cdot x}$$

$$\dot{V}_{th} = 2 \tan \frac{\alpha}{2} \cdot \sqrt{2 \cdot g} \int_0^z (z \cdot x^{0{,}5} - x^{1{,}5}) \cdot \mathrm{d}x$$

$$\dot{V}_{th} = 2 \cdot \tan \frac{\alpha}{2} \cdot \sqrt{2 \cdot g} \cdot \left(z \cdot \frac{z^{1{,}5}}{1{,}5} - \frac{z^{2{,}5}}{2{,}5} \right)$$

$$\dot{V}_{th} = 2 \cdot \tan\frac{\alpha}{2} \cdot \sqrt{2 \cdot g} \cdot z^{2,5} \cdot \frac{4}{15}$$

$$\dot{V} = \mu \cdot \frac{8}{15} \cdot \tan\frac{\alpha}{2} \cdot z^2 \sqrt{2 \cdot g \cdot z}$$

Ausflußziffer μ für dreieckige Überfälle nach *Rehbock*:

$$\mu = 0,5926$$

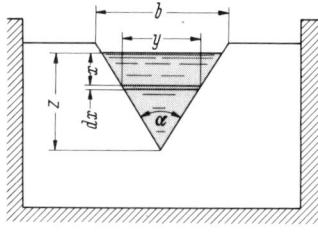

Bild 196   Dreieckiger Überfall

Beispiel 9.5.: Mit Hilfe eines rechteckigen Überfalles soll die abfließende Wassermenge hinter einem Wasserkraftwerk bestimmt werden.

Abmessungen des Überfalles: $b = 2,5\,\text{m}$
$B = 3,5\,\text{m}$

Gemessen wurden: $H = 2,3\,\text{m}$
$z = 1,6\,\text{m}$

Der Überfall arbeitet ohne Rückstau.
Wie groß ist der Wasserdurchsatz?

Lösung:
$$\mu = \left[0,578 + 0,037\left(\frac{b}{B}\right)^2 + \frac{3,615 - 3\left(\frac{b}{B}\right)^2}{1000\,z + 1,6}\right] \cdot \left[1 + 0,5\left(\frac{b}{B}\right)^4 \cdot \left(\frac{z}{H}\right)^2\right]$$

$$\frac{b}{B} = \frac{2,5}{3,5} = 0,715 \qquad \left(\frac{b}{B}\right)^2 = 0,511 \qquad \left(\frac{b}{B}\right)^4 = 0,261$$

$$\frac{z}{H} = \frac{1,6}{2,3} = 0,695 \qquad \left(\frac{z}{H}\right)^2 = 0,484$$

$$\mu = \left(0,578 + 0,037 \cdot 0,511 + \frac{3,615 - 3 \cdot 0,511}{1000 \cdot 1,6 + 1,6}\right) \cdot (1 + 0,5 \cdot 0,261 \cdot 0,484) = 0,636$$

$$\dot{V} = \mu \frac{2}{3} b \cdot z \sqrt{2gz}$$

$$= 0,636 \frac{2}{3} \cdot 2,5\,\text{m} \cdot 1,6\,\text{m} \sqrt{2 \cdot 9,81\,\text{m/s}^2 \cdot 1,6\,\text{m}}$$

$$\dot{V} = 9,5\,\text{m}^3/\text{s}$$

Beispiel 9.6.: Ein dreieckiger Überfall hat bei einer Überfallhöhe z_1 den Durchflußstrom $\dot{V}_1$. Welcher Durchflußstrom $\dot{V}_2$ stellt sich ein bei $z_2 = 0,5 \cdot z_1$?

Lösung:
$$\dot{V}_1 = \mu \cdot \frac{8}{15} \cdot \tan\frac{\alpha}{2} \cdot z_1^2 \sqrt{2 \cdot g \cdot z_1}$$

$$\dot{V}_2 = \mu \cdot \frac{8}{15} \cdot \tan\frac{\alpha}{2} \cdot z_2^2 \sqrt{2 \cdot g \cdot z_2} = \mu \cdot \frac{8}{15} \cdot \tan\frac{\alpha}{2} \cdot \frac{z_1^2}{4} \sqrt{2 \cdot g \cdot \frac{z_1}{2}}$$

$$\frac{\dot{V}_2}{\dot{V}_1} = \frac{z_1^2 \cdot \sqrt{z_1}}{4 \cdot z_1^2 \cdot \sqrt{2 z_1}} = \frac{1}{4\sqrt{2}} = \frac{1}{5,65} = 0,177$$

$$\dot{V}_2 = 0,177 \cdot \dot{V}_1$$

Allgemein: Für $z_2 = x \cdot z_1$

ist $\dot{V}_2 = x^2 \cdot \sqrt{x} \cdot \dot{V}_1$

9.5   Durchflußmessung in offenen Gerinnen

Unter bestimmten Voraussetzungen ist eine Durchflußmessung auch in offenen Gerinnen möglich. Analog zur Messung in geschlossenen Rohren wird ein offenes, rechteckiges Gerinne venturiartig eingeschnürt. Zusätzlich kann noch eine Bodenschwelle eingebaut werden (Bild 197). Die Einschnürung wird so bemessen, daß das Wasser in den Zustand des „Schießens" kommt (s. Abschn. 3.19). Hinter der Einschnürung stellt sich in einem Wassersprung wieder der Zustand des „Strömens" ein. Das Verfahren hat gegenüber der Überfallmessung den Vorteil, daß der Gefälleverlust geringer ist.

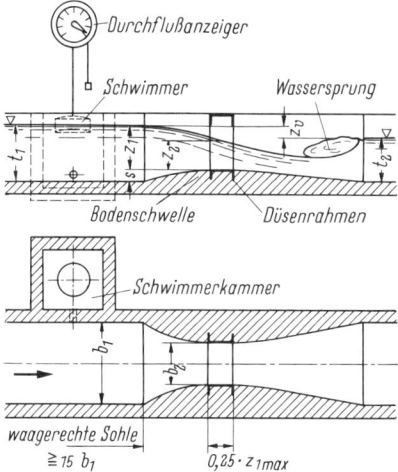

Bild 197   Venturi-Kanal

Da die freie Wasseroberfläche unter konstantem Atmosphärendruck liegt, sind die Druckdifferenzen an der Einschnürung als Höhendifferenzen meßbar.

$$z_1 + \frac{w_1^2}{2 \cdot g} = z_2 + \frac{w_2^2}{2 \cdot g}$$

mit
$$w_1 = w_2 \frac{A_2}{A_1} = w_2 \frac{b_2 \cdot z_2}{b_1 \cdot z_1}$$

wird
$$w_2 = \sqrt{\frac{2g(z_1 - z_2)}{1 - \left(\frac{b_2 \cdot z_2}{b_1 \cdot z_1}\right)^2}}$$

Somit lautet die Durchflußgleichung unter Berücksichtigung der Ausflußkontraktion

$$\dot{V} = \mu \cdot w_2 \cdot A_2 = \mu \cdot \frac{b_2 z_2}{\sqrt{1 - \left(\frac{b_2 \cdot z_2}{b_1 \cdot z_1}\right)^2}} \cdot \sqrt{2g(z_1 - z_2)}$$

In dieser Form ist die Durchflußgleichung wegen des komplizierten Zusammenhanges zwischen dem Durchflußstrom und den Spiegelhöhen für die Auswertung von Betriebsmessungen ungeeignet.

Da aber in der Einschnürung der Zustand des Schießens herrscht, kann für w_2 die Schwall-geschwindigkeit gesetzt werden.

Schwallgeschwindigkeit $w_2 = \sqrt{g \cdot z}$ (s. Abschn. 3.19)

$$w_1 \approx 0$$

Die Bernoulligleichung und die Gleichung für die Schwallgeschwindigkeit ergeben

$$w_2^2 = 2g(z_1 - z_2) = g \cdot z_2$$

$$z_2 = \frac{2}{3} z_1$$

Mit dieser Beziehung und der Schwallgeschwindigkeit liefert die Durchflußgleichung

$$\dot{V} = \mu \cdot A_2 \cdot w_2 = \mu \cdot b_2 \cdot z_2 \sqrt{g \cdot z_2}$$

$$= \mu \cdot b_2 \sqrt{g} \cdot \left(\frac{2}{3} z_1\right)^{1,5}$$

Die Erfahrung hat gezeigt, daß der Beiwert μ nicht über den gesamten Meßbereich kon-stant ist, sondern bei kleinen Höhen z_1 stark vom Durchfluß abhängt. Deswegen wird in der Praxis die Durchflußcharakteristik $\dot{V} = f(z_1)$ in Versuchen ermittelt.

9.6   Durchflußmessung mit Schwebekörper-Meßgeräten

In Abschnitt 7.6 wurde erläutert, daß ein Körper in der Schwebe gehalten wird, wenn er von unten mit der maximal erreichbaren Fallgeschwindigkeit angeströmt wird. Dieses Verhalten macht man sich zunutze bei der Messung von Durchflußströmen in senkrech-ten Leitungen.

Ein frei beweglicher Widerstandskörper, der Schwebekörper, befindet sich in einem senkrechten, nach oben konisch erweiterten Rohr, das aus Glas besteht oder ein Glas-fenster besitzt und von unten nach oben von einer Flüssigkeit durchströmt wird. Durch die Anströmung wird der Körper so weit angehoben, bis seine Gewichtskraft G mit Auftriebskraft F_A und Strömungswiderstandskraft F_W im Gleichgewicht steht. Zur Ver-meidung labiler Stellungen wird der Schwebekörper geführt oder in Rotation versetzt.

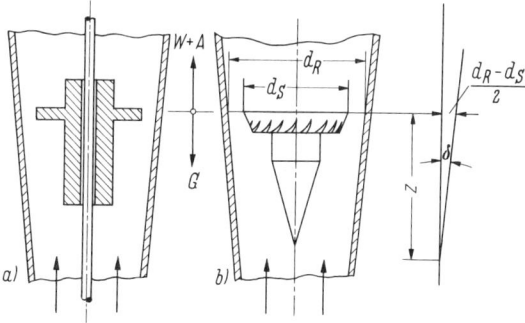

Bild 198   Schwebekörper a) geführt b) frei rotierend

Der Durchflußstrom ist nach Kontinuität

$$\dot{V} = A \cdot w$$

und unter Benutzung der in Abschn.7.6 abgeleiteten Schwebegeschwindigkeit

$$\dot{V} = A \cdot \sqrt{\frac{2 \cdot g \cdot V}{c_W \cdot A_{St}} \left(\frac{\varrho_K}{\varrho_F} - 1 \right)}$$

Der Widerstandsbeiwert c_W ist nicht konstant, sondern ändert sich mit der Lage des Schwebekörpers im Rohr und mit der Reynolds-Zahl der Strömung.

Mit $\qquad A = \frac{\pi}{4} \cdot (d_R^2 - d_S^2)$

$$A_{St} = \frac{\pi}{4} \cdot d_S^2$$

$$\alpha = \frac{1}{\sqrt{c_W}} \qquad \text{Durchflußzahl}$$

V_S Rauminhalt des Schwebekörpers

ϱ_S Dichte des Schwebekörpers

ϱ_F Dichte der Flüssigkeit

wird aus obiger Gleichung

$$\dot{V} = \frac{\pi}{4} \cdot (d_R^2 - d_S^2) \cdot \alpha \cdot \sqrt{\frac{2 \cdot 4 \cdot g \cdot V_S}{\pi \cdot d_S^2} \left(\frac{\varrho_S}{\varrho_F} - 1 \right)}$$

Steht der Schwebekörper in der in Bild 198 dargestellten Lage, so ist

$$z \cdot \tan \delta = \frac{d_R - d_S}{2}$$

und $\qquad A = \frac{\pi}{4} \cdot (d_R^2 - d_S^2) = \frac{\pi}{2} \cdot (d_R + d_S) \cdot \frac{d_R - d_S}{2}$

$$= \frac{\pi}{2} \cdot (d_R + d_S) \cdot z \cdot \tan \delta$$

Somit kann die Gleichung für den Durchflußstrom auch geschrieben werden

$$\dot{V} = \frac{\pi}{2} \cdot (d_R + d_S) \cdot z \cdot \tan \delta \cdot \alpha \cdot \sqrt{\frac{8 \cdot g \cdot V_S}{\pi \cdot d_S^2} \cdot \left(\frac{\varrho_S}{\varrho_F} - 1 \right)}$$

Der Durchflußstrom ist also proportional der Höhenlage des Schwebekörpers. Jedoch muß, weil $d_R + d_S$ und die Durchflußzahl α nur annähernd konstant sind, eine Ablese-skala unter Betriebsverhältnissen geeicht werden.

Anhang

Schrifttum

1. *Albring, W.:* Angewandte Strömungslehre, Steinkopff-Verlag, Dresden und Leipzig
2. *Becker, E.:* Gasdynamik, Teubner-Verlag, Stuttgart
3. *Bohl, W.:* Technische Strömungslehre, kurz und bündig, Vogel-Verlag, Würzburg
4. *Eck, B.:* Technische Strömungslehre, Springer Verlag, Berlin/Göttingen/Heidelberg
5. *Gersten, K.:* Einführung in die Strömungsmechanik, Bertelsmann Universitätsverlag, Düsseldorf
6. *Herning, F.:* Stoffströme in Rohrleitungen, VDI-Verlag, Düsseldorf
7. *Hernig, F.:* Grundlagen und Praxis der Mengenstrommessung, VDI-Verlag, Düsseldorf
8. *Jogwich, A.:* Strömungslehre, Verlag W. Girardet, Essen
9. *Kaufmann, W.:* Technische Hydro- und Aeromechanik, Springer Verlag, Berlin/Göttingen/Heidelberg
10. *Oswatitsch, K.:* Gasdynamik, Springer Verlag, Wien
11. *Prandtl, L.:* Strömungslehre, Vieweg Verlag, Braunschweig
12. *Richter, H.:* Rohrhydraulik, Springer Verlag, Berlin/Göttingen/Heidelberg
13. *Schmidt, M.:* Gerinnehydraulik, Bauverlag, Wiesbaden
14. *Tietjens, O.:* Strömungslehre, Springer Verlag, Berlin/Heidelberg/New York
15. *Timm, J.:* Hydromechanisches Berechnen, Teubner-Verlag, Stuttgart
16. VDI-Wärmeatlas, VDI-Verlag, Düsseldorf
17. *Wieghardt, K.:* Theoretische Strömungslehre, Teubner-Verlag, Stuttgart

Namenverzeichnis

Archimedes, † um 287 v.Chr., altgriechischer Mathematiker, Physiker und Techniker
Bazin, Henry Emile, 1829 bis 1917, französischer Ingenieur
Bernoulli, Daniel, 1700 bis 1782, schweizer Mathematiker, Physiker und Astronom
Chézy, Antoine de, 1718 bis 1798, französischer Mathematiker und Physiker
d'Alembert, Jean le Rond, 1717 bis 1783, französischer Philosoph und Mathematiker
Darcy, Henri, 1803 bis 1855, französischer Physiker
Engler, Carl, 1842 bis 1925, deutscher Erdölforscher und Chemiker
Euler, Leonhard, 1707 bis 1783, schweizer Mathematiker, Physiker und Astronom
Hagen, Gotthilf, 1797 bis 1884, deutscher Wasserbaumeister
Laval, Carl Gustav Patrik de, 1845 bis 1913, schwedischer Ingenieur
Mach, Ernst, 1838 bis 1916, österreichischer Physiker
Magnus, Heinrich Gustav, 1802 bis 1870, deutscher Chemiker und Physiker
Newton, Sir Isaac, 1643 bis 1727, englischer Physiker und Mathematiker
Pascal, Blaise, 1623 bis 1662, französischer Mathematiker und Theologe
Pitot, Henri, 1695 bis 1771, französischer Physiker
Poiseuille, Jean Louis, 1799 bis 1869, französischer Arzt
Prandtl, Ludwig, 1875 bis 1953, deutscher Physiker
Reynolds, Osborne, 1842 bis 1912, englischer Physiker
Stokes, Sir Georg, 1819 bis 1903, englischer Physiker und Mathematiker
Thomson, Sir William (seit 1892 Lord Kelvin of Largs), 1824 bis 1907, englischer Physiker
Venturi, Giovanni Battista, 1746 bis 1822, italienischer Physiker

Tabellen und Diagramme

Tafel 1: Spezifisches Volumen von überhitztem Wasserdampf
Tafel 2: Dichte und kinematische Viskosität von Wasser
Tafel 3: Kinematische Viskosität von Gasen bei 1 bar
Tafel 4: Kinematische Viskosität der Luft bei hohen Drücken und Temperaturen
Tafel 5: Kinematische Viskosität von Wasserdampf
Tafel 6: Kinematische Viskosität von verschiedenen Ölen
Tafel 7: Anhaltswerte für die absolute Rauhigkeit k
Tafel 8: λ, Re-Diagramm
Tafel 9: Richtwerte für Strömungsgeschwindigkeiten in Rohrleitungen
Tafel 10: Luftwiderstandszahlen
Tafel 11: Abminderungsbeiwert für Rückstau
Tafel 12: h, s-Diagramm von Wasserdampf
Tafel 13: Adäquate Leitungslängen
Tafel 14: Druckverluste in Wasserleitungen
Tafel 15: Druckverluste in Dampfleitungen

Tafel 1. Spezifisches Volumen von überhitztem Wasserdampf

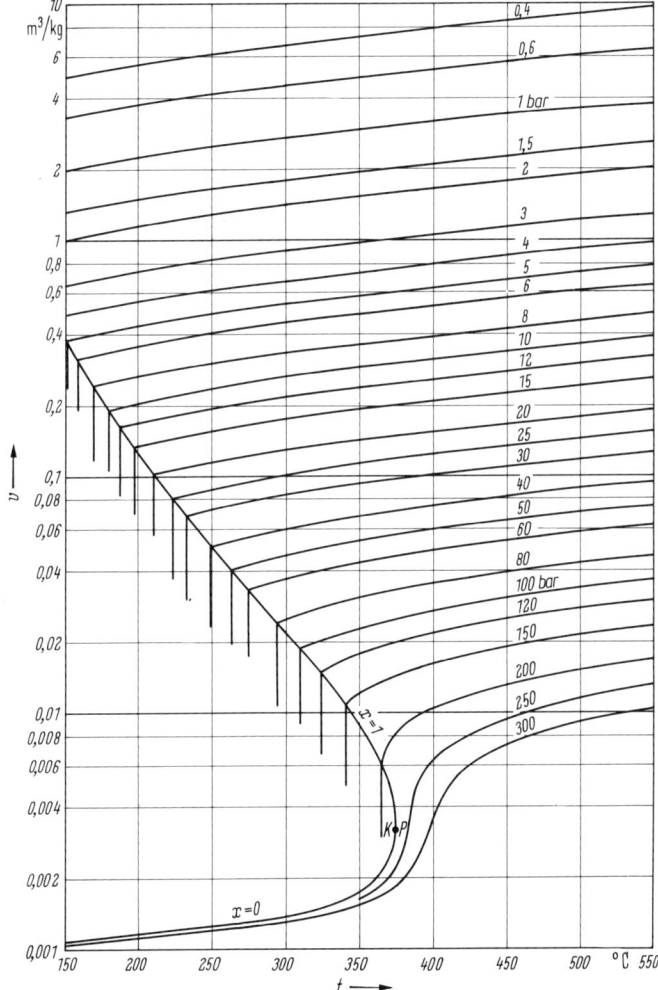

Tafel 2. Dichte und kinematische Viskosität von Wasser, bis 100 °C bei 1 bar, darüber im Siedezustand

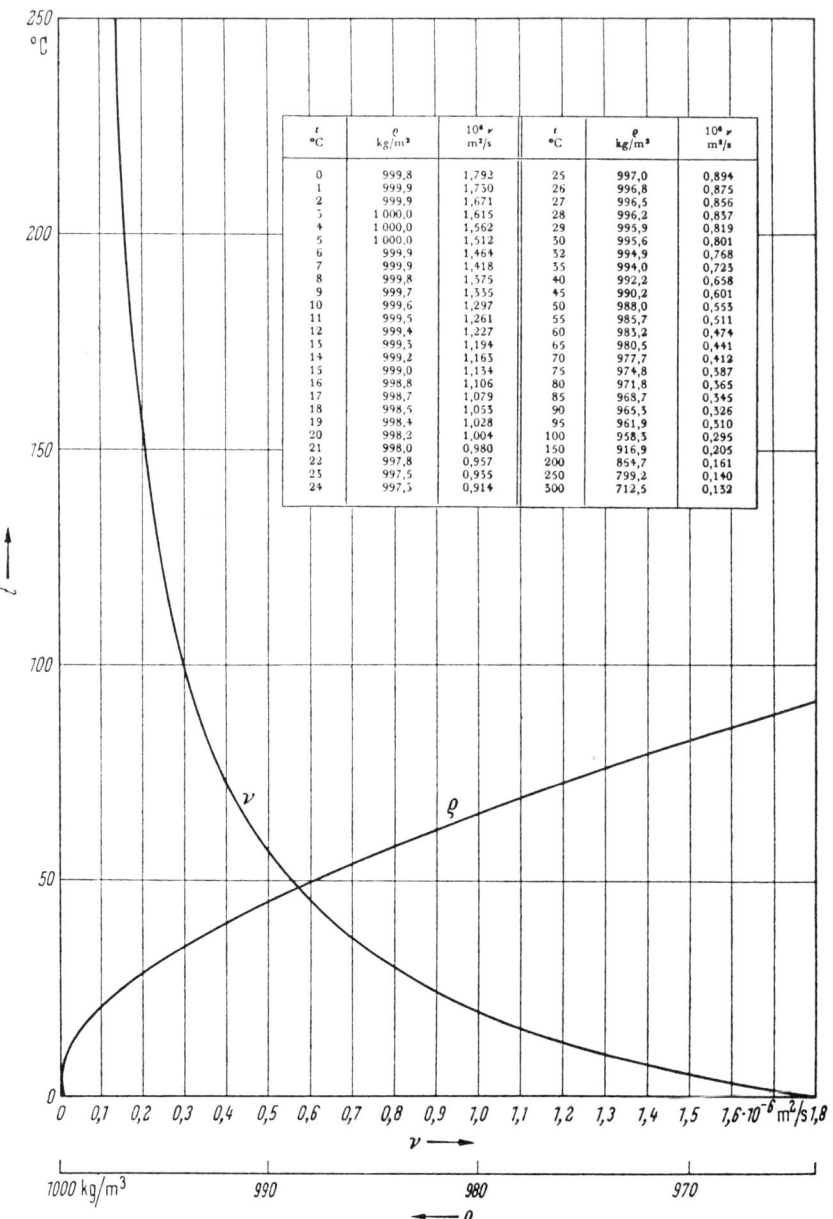

t °C	ϱ kg/m³	$10^6 \, \nu$ m²/s	t °C	ϱ kg/m³	$10^6 \, \nu$ m²/s
0	999,8	1,792	25	997,0	0,894
1	999,9	1,730	26	996,8	0,875
2	999,9	1,671	27	996,5	0,856
3	1 000,0	1,615	28	996,2	0,837
4	1 000,0	1,562	29	995,9	0,819
5	1 000,0	1,512	30	995,6	0,801
6	999,9	1,464	32	994,9	0,768
7	999,9	1,418	35	994,0	0,723
8	999,8	1,375	40	992,2	0,658
9	999,7	1,335	45	990,2	0,601
10	999,6	1,297	50	988,0	0,553
11	999,5	1,261	55	985,7	0,511
12	999,4	1,227	60	983,2	0,474
13	999,3	1,194	65	980,5	0,441
14	999,2	1,163	70	977,7	0,412
15	999,0	1,134	75	974,8	0,387
16	998,8	1,106	80	971,8	0,365
17	998,7	1,079	85	968,7	0,345
18	998,5	1,053	90	965,3	0,326
19	998,4	1,028	95	961,9	0,310
20	998,2	1,004	100	958,3	0,295
21	998,0	0,980	150	916,9	0,205
22	997,8	0,957	200	854,7	0,161
23	997,5	0,935	250	799,2	0,140
24	997,3	0,914	300	712,5	0,132

Tafel 3. Kinematische Viskosität von Gasen bei 1 bar

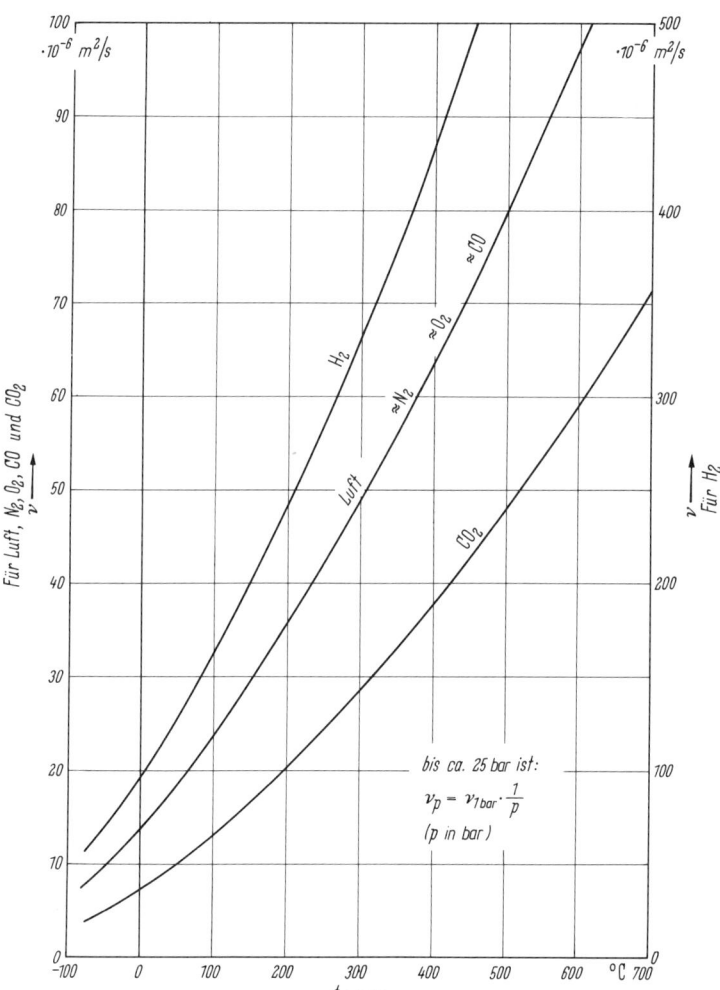

Tafel 4. Kinematische Viskosität der Luft
bei hohen Drücken und Temperaturen

$$10^6 v = \frac{4930 \cdot T}{a \cdot p} \qquad a \text{ aus untenstehendem Schaubild}$$

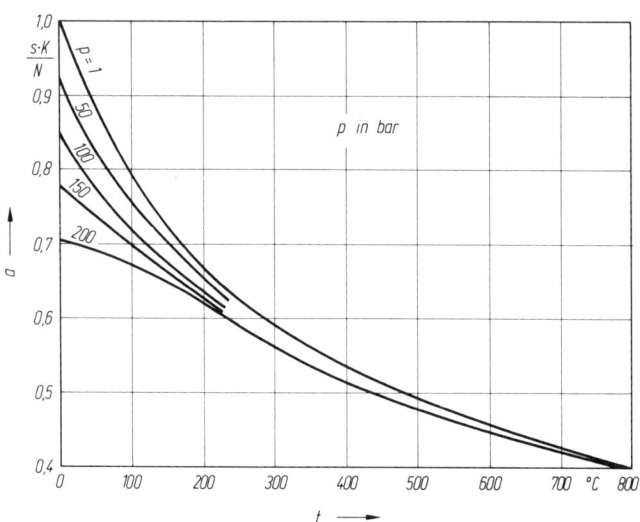

Tafel 5. Kinematische Viskosität von Wasserdampf

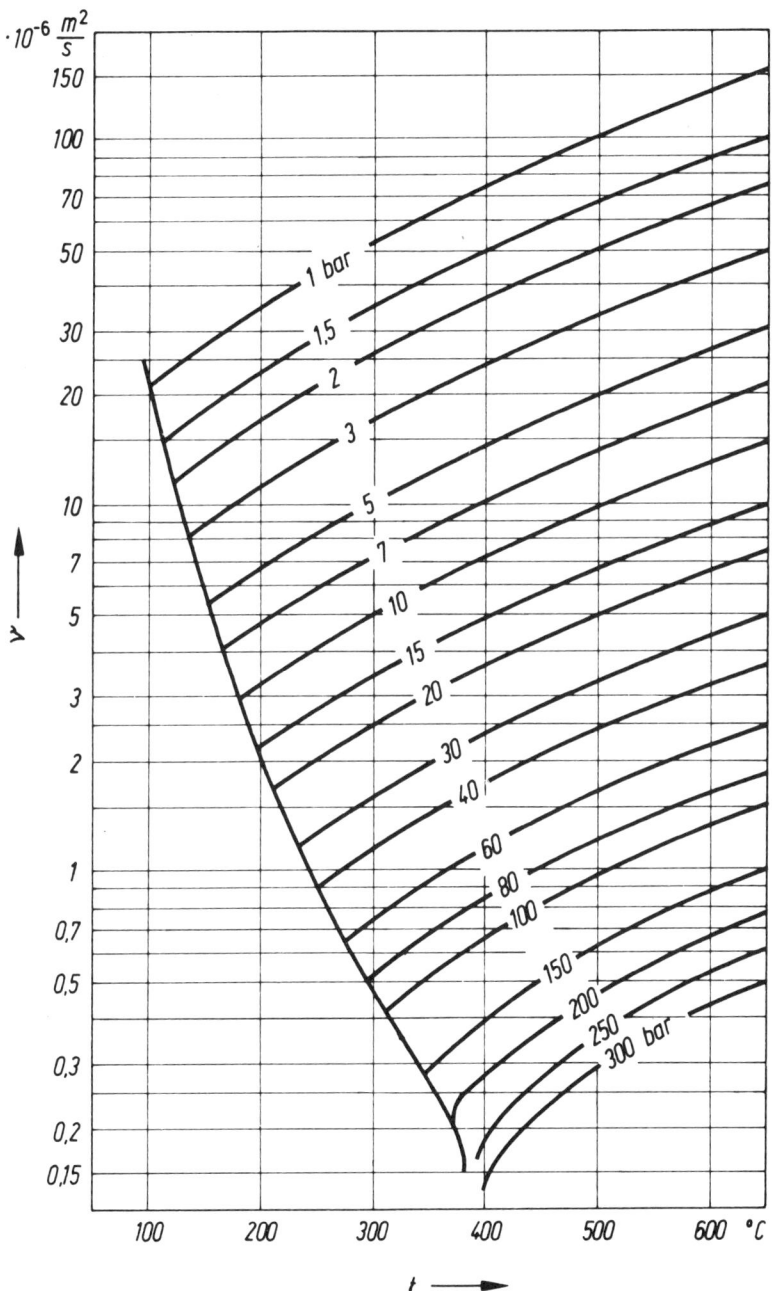

Tafel 6. Kinematische Viskosität von verschiedenen Ölen

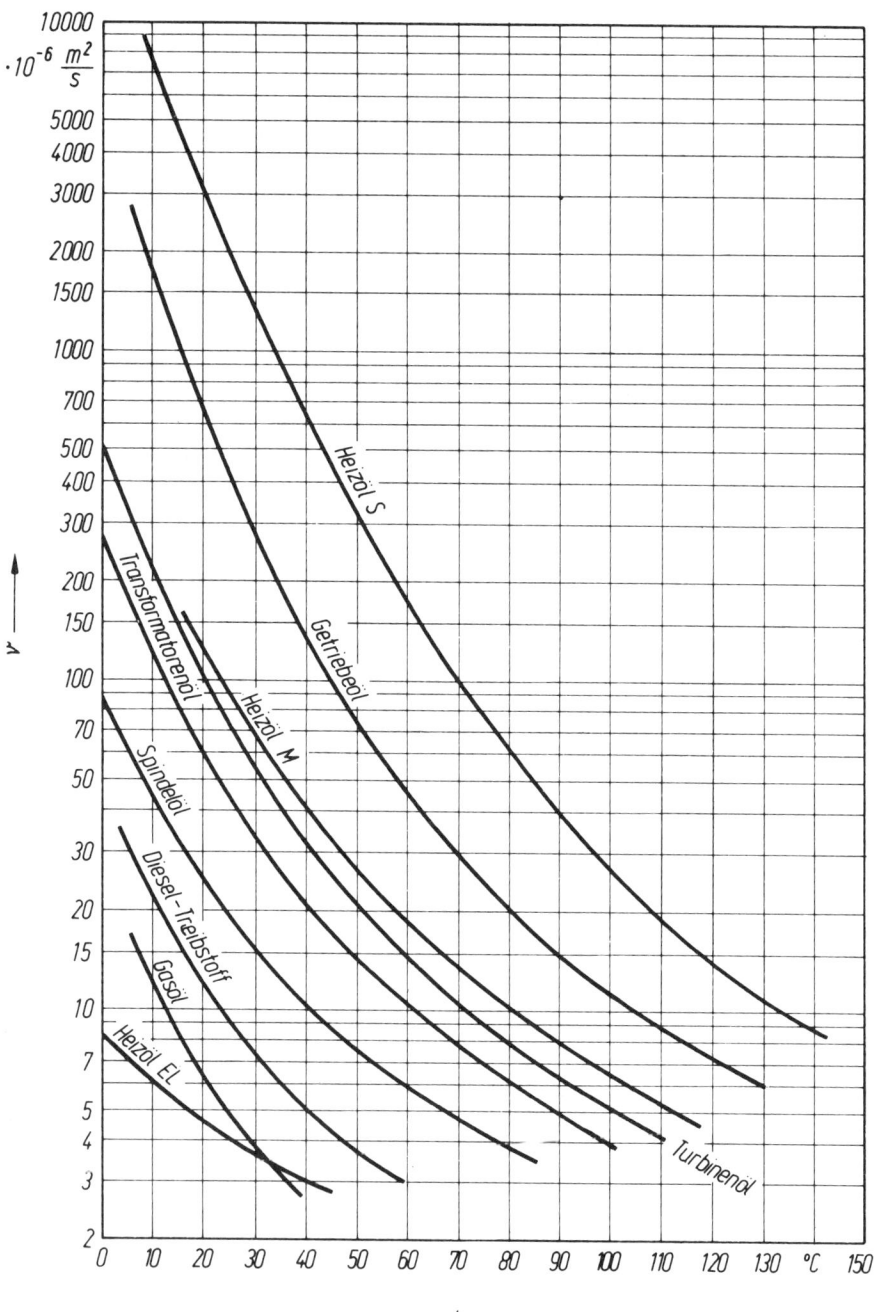

Tafel 7. Anhaltswerte für die absolute Rauhigkeit k

Werkstoff u. Rohrart	Zustand der Rohre	k in mm
Neue gezogene u. gepreßte Rohre aus Cu, Ms, Bronze, Al, sonst. Leichtmet., Glas, Kunststoffen	technisch glatt	0,001 ... 0,0015
Neuer Gummidruckschlauch	technisch glatt	ca. 0,0016
Rohre aus Gußeisen	neu, handelsüblich	0,25 ... 0,5
	angerostet	1,0 ... 1,5
	verkrustet	1,5 ... 3,0
Neue nahtlose Stahlrohre, gewalzt oder gezogen	mit Walzhaut	0,02 ... 0,06
	gebeizt	0,03 ... 0,04
	bei engen Rohren	bis 0,1
Neue längsgeschweißte Stahlrohre	mit Walzhaut	0,04 ... 0,1
Neue Stahlrohre mit Überzug	Metallspritzüberzug	0,08 ... 0,09
	tauchverzinkt	0,07 ... 0,1
	handelsübl. verzinkt	0,1 ... 0,16
	bitumiert	ca. 0,05
	zementiert	ca. 0,18
	galvanisiert	ca. 0,008
Gebrauchte Stahlrohre	gleichm. Rostnarben	ca. 0,15
	leichte Verkrustung	0,15 ... 0,4
	mittlere Verkrustung	ca. 1,5
	starke Verkrustung	2,0 ... 4,0
Asbest-Zementrohre	neu, handelsübl.	0,03 ... 0,1
Betonrohre, neu	handelsübl. Glattstrich	0,3 ... 0,8
	handelsübl. mittelglatt	1,0 ... 2,0
	handelsübl. rauh	2,0 ... 3,0
Betonrohre nach mehrjährigem Betrieb mit Wasser		0,2 ... 0,3
Holzverkleidung, rauh		1,0 ... 2,5
Roher Stein		8 ... 15
Mittelwert für Rohrstrecken ohne Stöße		0,2
Mittelwert für Rohrstrecken mit Stößen		2,0

Tafel 8. λ, Re-Diagramm

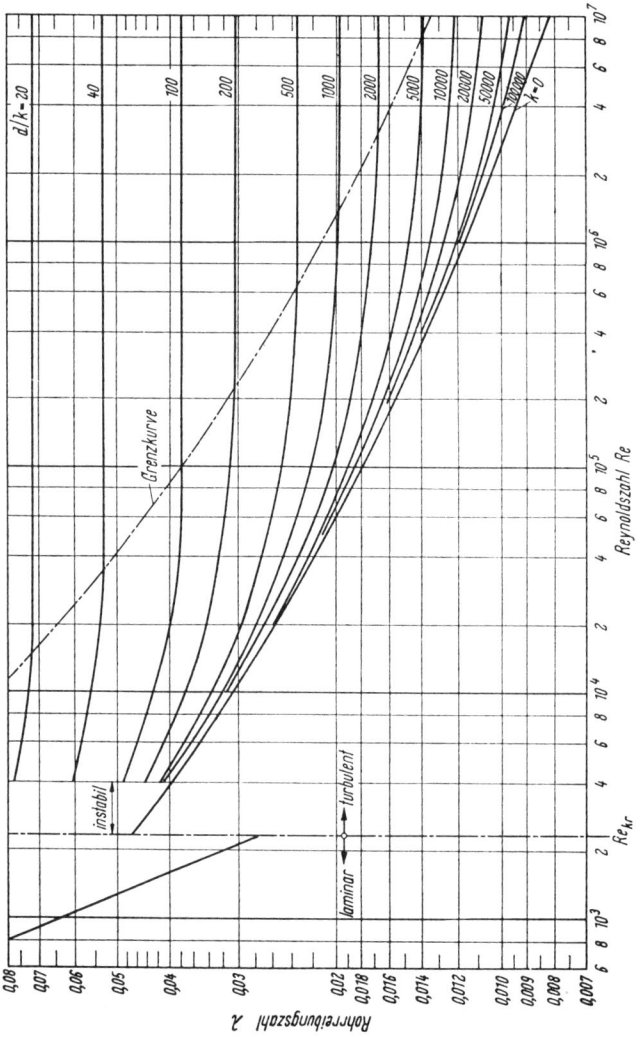

Tafel 9. Richtwerte für Strömungsgeschwindigkeiten in Rohrleitungen

Heißdampfleitungen bei $v \approx 0,025$ m³/kg	$w = 30 \dots 40$	m/s
Heißdampfleitungen bei $v \approx 0,05$ m³/kg	$35 \dots 45$	m/s
Heißdampfleitungen bei $v \approx 0,1$ m³/kg	$40 \dots 55$	m/s
Heißdampfleitungen bei $v \approx 0,2$ m³/kg	$45 \dots 60$	m/s
Sattdampfleitungen	$15 \dots 25$	m/s
Speisepumpen-Zulaufleitungen	$0,6 \dots 1$	m/s
Speisewasserdruckleitungen	$1,5 \dots 3,5$	m/s
Pumpensaugleitungen, allgemein	$0,5 \dots 1$	m/s
Pumpendruckleitungen, allgemein	$1,5 \dots 3,5$	m/s
Druckleitungen von Wasserturbinen	$2 \dots 6$	m/s
Verteilungsnetze für Trinkwasser	$1 \dots 2$	m/s
Druckluftleitungen	$2 \dots 10 \ (\dots 25)$	m/s
Niederdruck-Gasleitungen	$2 \dots 20$	m/s
Ferngasleitungen (p bis 40 bar)	$10 \dots 60$	m/s
Hausverteilungsleitungen für Stadtgas	bis 1	m/s
Fernölleitungen	$1 \dots 2$	m/s

Vorstehende Richtwerte gelten nur für Rohrleitungen mit gleichmäßigem Durchsatz. Bei Leitungen mit pulsierenden Strömungen ist zur Vermeidung unzulässiger Schwingungen die Durchflußgeschwindigkeit bedeutend kleiner zu halten (ca. 50% der angegebenen Werte).

Für sehr lange Fernleitungen müssen ebenfalls kleinere Strömungsgeschwindigkeiten gewählt werden, damit übergroße Druckverluste vermieden werden.

Viskositätsminderung ist bei langen Fernölleitungen durch 20 bis 25%igen Wasserzusatz möglich, vorteilhafter jedoch ist Erwärmung auf 30 bis 40°C.

Bei Heißdampfleitungen mit Dampftemperaturen über 600°C kann es wirtschaftlicher sein, den Dampfstrom auf mehrere parallele Leitungen mit kleinerem Durchmesser und geringerer Wandstärke aufzuteilen.

Tafel 10. Luftwiderstandszahlen

1) Widerstandszahlen von symmetrischen Körpern

Nr.	Körpergestalt (alle Körper werden von links angeströmt)		Reynoldssche-zahl Re	c	Bemerkungen
1	ebene, dünne Kreisplatte senkrecht zur Strömungs-richtung stehend	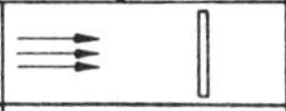		1,10	
2	Kreiszylinder, dessen Achse senkrecht zur Strömungsrichtung steht	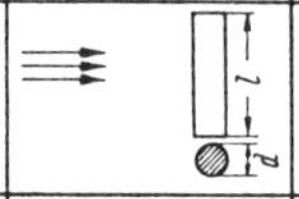	$Re = 100000$	0,68	$l:d = 2$
				0,82	$l:d = 10$
				0,98	$l:d = 40$
3	Zylinder von großer Länge mit stromlinien-förmigem Querschnitt	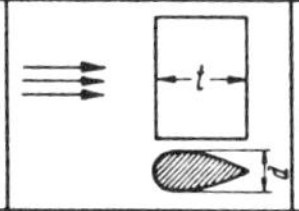	$Re = 1000000$	0,096	$d:t = 1:20$
				0,048	$d:t = 1:8$
				0,04	$d:t = 1:5$
				0,06	$d:t = 1:3$
				0,125	$d:t = 1:2$
4	Kugel	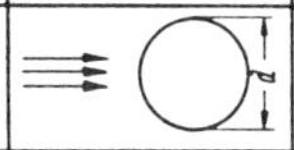	$Re = 250000$	0,22	
5	verlängertes Ellipsoid	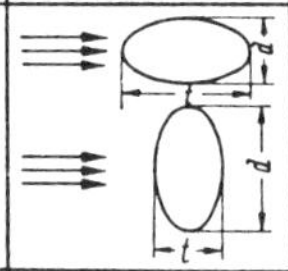	$Re = 100000$	0,1	
				0,5	
6	offene Halbkugelschale	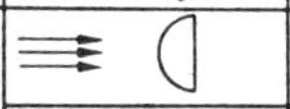		0,34	
7		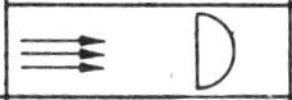		1,33	
8	Halbkugel mit Kegel			0,162	
9				0,088	
10	Ballonkörper	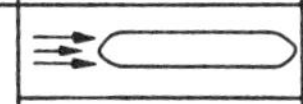		0,12	
11				0,057	

noch Tafel 10. Luftwiderstandszahlen

2) Widerstandszahlen von Flugzeugteilen

Nr.	Flugzeugteil	Bezugsfläche A	c
1	Streben mit $d:t$ kleiner als 0,5	Stirnfläche senkrecht zur Luftströmung	0,12
	mit $d:t$ größer als 0,5	”	0,30
2	Drähte mit d gleich oder kleiner als 5 mm	”	1,30
	mit d größer als 5 mm	”	1,00
3	Achse, Hilfsachse	”	0,40
4	Profildrähte	”	0,40
5	Sporn	”	0,53
6	Ruderhebel	”	0,40
7	Stirnkühler	”	0,68
8	Tragflügelkühler (Flächenkühler)	Grundriß	0,95
9	Leitwerk	Gesamtfläche	0,05
10	Rumpf	Hauptspant	0,20
11	Motorteile, die aus dem Rumpf hervorragen	Stirnfläche	0,30
12	Schwimmer	Hauptspant	0,23
13	Boot	”	0,30
14	Räder (verkleidet)	Stirnfläche	0,465
15	Motor (unverkleidet)	”	1,00
16	Auspuff	”	0,61
17	Abfederung	”	0,20
18	Windschutzscheibe	”	0,30

Tafel 11. Abminderungsbeiwert für Rückstau
        nach *M. Schmidt*

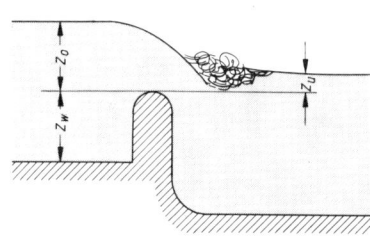

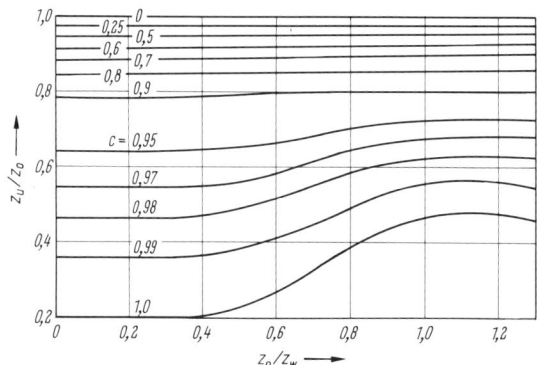

Tafel 12. Mollier-*h,s*-Diagramm für Wasserdampf

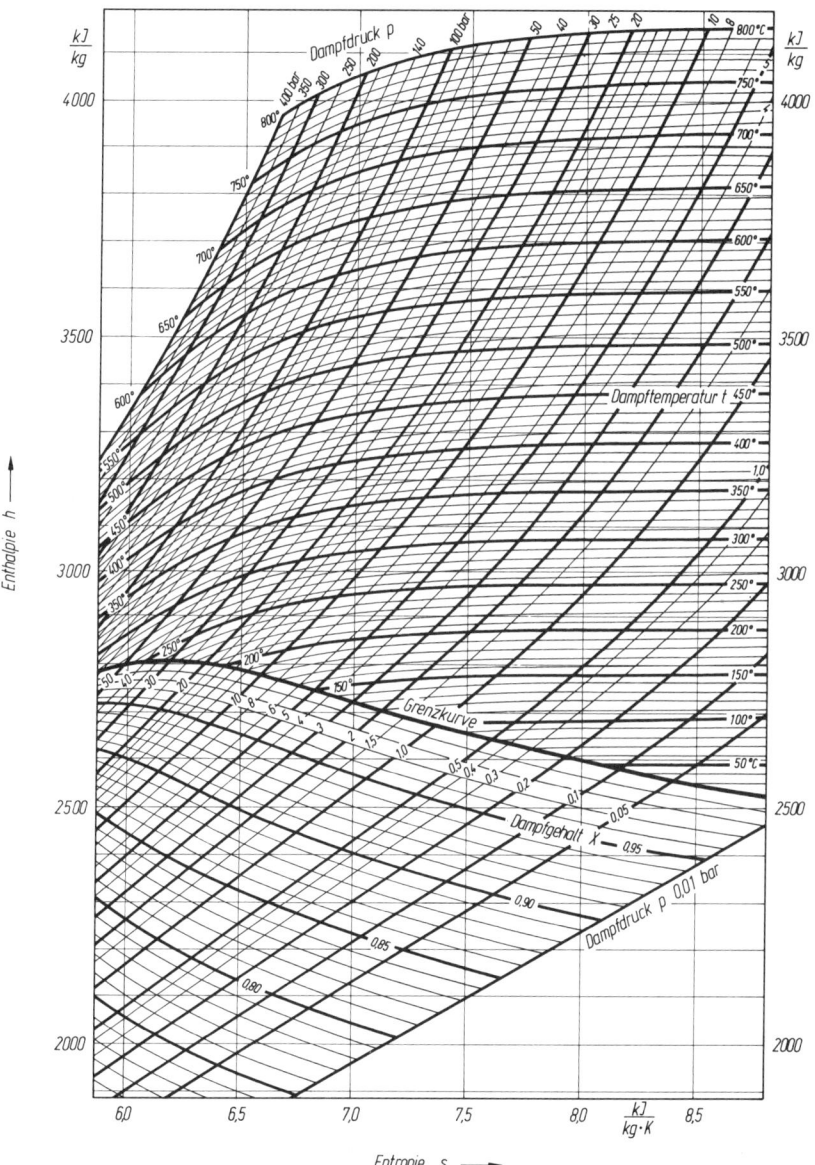

Tafel 13. Adäquate Leitungslängen von Rohreinbauten, abhängig von der Nennweite.
Die Werte gelten angenähert für kaltes Wasser.
Für Heißdampf sind sie mit 1,1 zu multiplizieren.

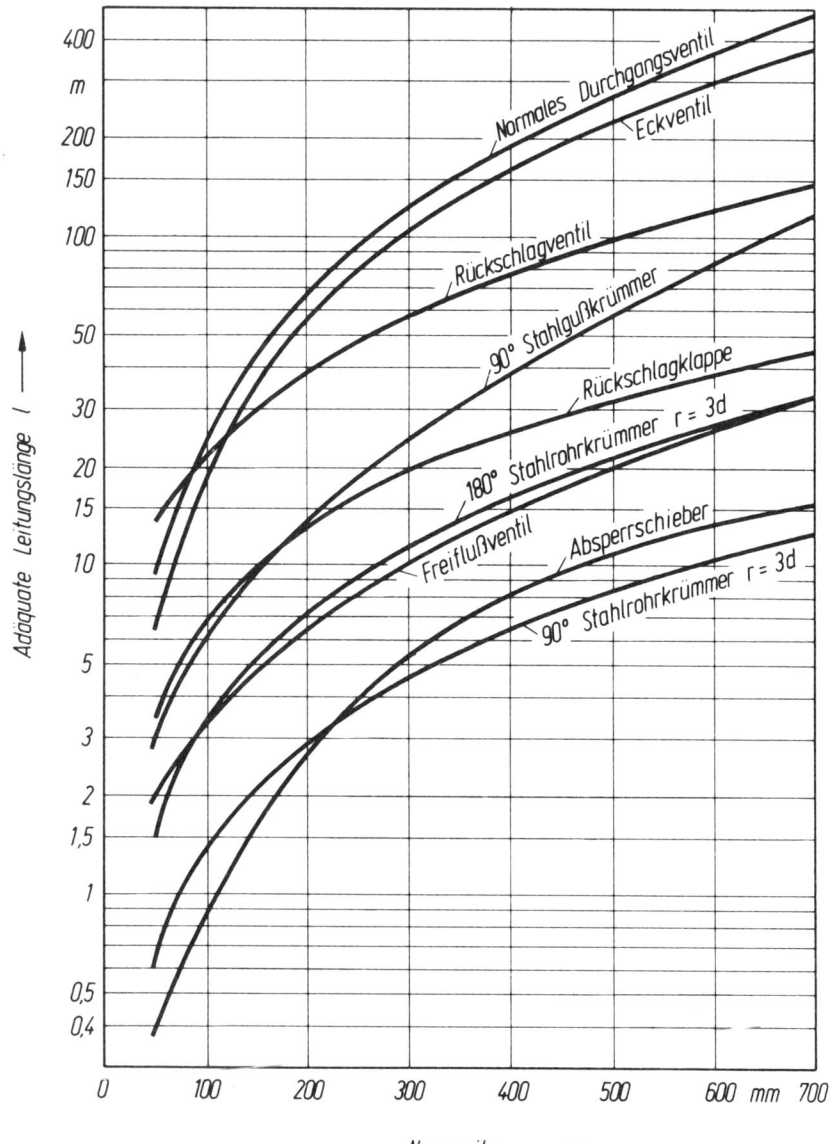

Tafel 14. Druckverlust von Wasserleitungen.
Die Werte gelten angenähert für eine Rohrrauhigkeit $k = 0,3$ mm. Bei einer anderen Rauhigkeit ist der gefundene Wert mit dem eingezeichneten Faktor f zu multiplizieren. (Bei starker Inkrustierung Achtung auf Änderung der lichten Weite!)

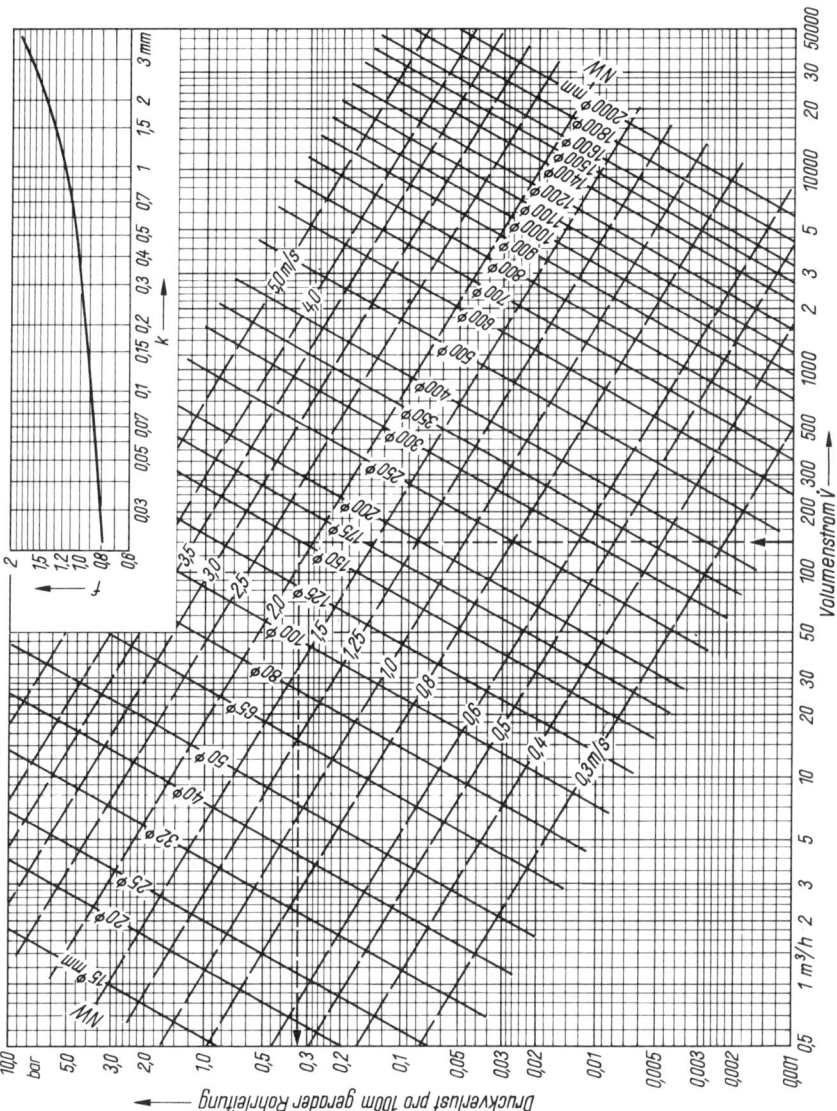

Tafel 15. Druckverlust in dampfdurchströmten Stahlrohrleitungen

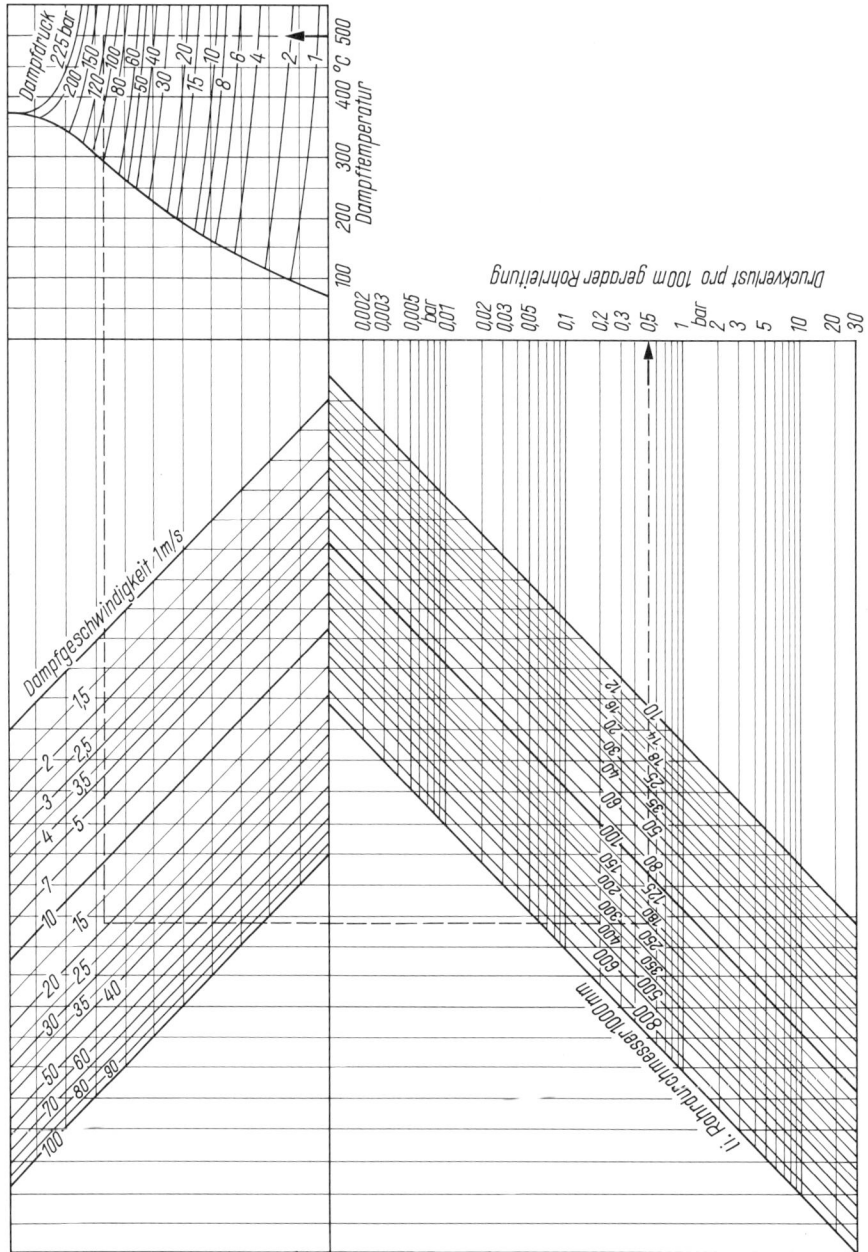

Stichwortverzeichnis

Ablösung 45, 51, 64, 192, 197
Abknickung 65
Absaugen der Grenzschicht 205
Abzweigung 71
Adhäsion 24, 39, 49
Ähnlichkeit, physikalische 42
Anfahrwirbel 204, 210
Anstellwinkel 191, 206
Armaturen 72
Auftriebskraft 19, 21, 23, 206
Ausfluß 31, 81, 87
Ausflußfunktion 119, 144
Ausflußzahl 82, 88, 224
Ausströmung 81, 87, 110

Basiseinheiten 13
Beiwerte 14, 206
Bernoulli 30, 52, 73, 178, 219

Dehnungsausgleicher 67
Dichte 14
Dichtspalte 128
Diffusor 67
Drall 184
Drosselgeräte 73, 219
Drosselklappe 73
Druck, dynamischer 36, 176, 215
–, statischer 15, 16, 36, 138, 215
Druckhöhe 30
Druckmessung 214
Druckmittelpunkt 207
Druckverhältnis, kritisches 112
Druckwiderstand 195
Düse 70, 120, 220
Durchflußgleichung 26, 219
Durchflußstrom 26
Durchflußzahl 220
Durchmesser, gleichwertiger
  bzw. hydraulischer 62

Einheiten 10, 12
–, kohärente 13
Einheitensysteme 12
Einschnürung 81
Energieabgabe 187
Energiegleichung, allgemeine 29, 107, 219
–, erweiterte 52
–, für gasförm. Flüss. 109
Energiesatz 28, 52
Energiezufuhr 187
Erweiterung 48, 67, 120
Euler-Gleichungen 187
Expansionszahl 220, 243

Fallbeschleunigung 15
Fanno-Linie 154
Flächenverhältnis 143
Flächenwiderstand 193
Fließzahl 93
Flüssigkeit, ideale 28
–, wirkliche 39
–, gasförmige 101
Flüssigkeitskraft 174
Fluide 101
Förderhöhe 188
Formelzeichen 10, 12
Formwiderstand 195
Freistrahlturbine 182
Froude-Zahl 44

Gasdynamik 134
Gase 101
Gefälle 53, 107, 190
Gerinne 92
Gesamtdruck 36, 143, 156
Gesamtenthalpie 143
Gesamttemperatur 143
Gesamtzustand 143
Geschwindigkeit, kritische 114
–, mittlere 25, 55
Geschwindigkeitshöhe 30
Geschwindigkeitszahl 82, 109
Gitterströmung 211
Gleichungen 12
Gleitzahl 206
Grenzgeschwindigkeit 118
Grenzschicht 47, 49, 56, 192, 197, 205
Größengleichung 12

Hydraulischer Durchmesser 62
Hydraulischer Radius 93
Hydrostatik 17
Hypersonische Strömung 134

Impuls 174
Impulssatz 68, 153, 157, 164, 174
Induzierter Widerstand 210
Instationäre Strömung 99
Isentrope Zustandsänderung 107

Joukowsky 204

Kavitation 191
Kennzahlen 81, 109, 206, 240
Knallteppich 172
Kniestücke 65

Körper, schwimmender 23
Kohäsion 24
Kontinuität 26
Kontraktion 66, 81, 88, 119, 226
Kritisches Druckverhältnis 112, 121, 130, 145
Kritisches Geschwindigkeit 114, 141
Kritische Reynolds-Zahl 47
Krümmer 64, 176
Kugelumströmung 193, 198, 240

Labyrinth 129
Laminare Strömung 46
– Grenzschicht 47, 50, 192, 193, 197
Lavaldruck 113
Lavaldüse 122, 146, 170
–, Strömungsformen 170
Lavalgeschwindigkeit 114, 141
Lavaltemperatur 140
Leitungseinbauten 63
Leitungslänge, adäquate 78
Linienintegral 201
Luftwiderstand 198

Mach-Beziehungen 141
Machscher-Winkel 137
Mach-Zahl 116, 134
Magnuseffekt 202
Manometer 214
Massenstrom 25
Massenstromdichte 142
Metazentrum 23
Modelluntersuchung 44, 89, 196
Momentenbeiwert 207
Mündung 81, 110

Namensverzeichnis 229
Newtonsche Flüssigkeit 41
Normblende 73, 220
Normdüse 73, 220
Normventuridüse 73, 220
Nutzhöhe 190

Oberflächenreibung 39
Offene Gerinne 92

Paradoxon 17, 37
Peltonrad 182
Pfeilerstau 98
Pitotrohr 36
Polardiagramm 208
Potentialströmung 37
Potentialwirbel 185
Prandtl 36, 49, 56
Profile 193, 197, 203, 210
Profilgitter 212

Quellenströmung 185
Querschnitte, unrunde 61
Quertrieb 203

Radius, hydraulischer 93
Rankine-Hugoniot-Kurve 158
Rauhigkeit 43, 93
–, relative 43, 57
Rayleigh-Linie 154
Reibung 39, 82, 108
Reibungswiderstand 193
Reynolds-Zahl 42, 57, 193
Ringspalt 127
Ringwaage 214, 221
Rohreinläufe 66
Rohrkrümmer 64, 176
Rohrleitungskennlinie 81
Rohrreibungszahl 56, 93
Rohrströmung 53, 55, 81, 101, 247, 248
Rückstau 89, 244
Rückstoßkraft 146, 178

Schallgeschwindigkeit 115, 134
Schaufelgitter 212
Schergefälle 41
Schichtströmung 46
Schieber 72
Schießen 98, 226
Schub 146
Schrifttum 229
Schubspannung 40
Schwebegeschwindigkeit 200
Schwebekörper 227
Schwimmender Körper 19, 23
Schwimmlage 24
Sekundärströmung 52, 64
Senkenströmung 185
Spaltströmung 126
Stabilität 24
Staudruck 36, 143, 193, 211
Staugerät 36, 215
Staupunkt 36, 143, 192
Stautemperatur 137
Strahlstoß 180
Strömung, laminare 46, 53
–, stationäre 24
–, turbulente 46, 55
Strömungsablösung 48, 51, 193, 195
Strömungsformen 45
Strömungsgeschwindigkeit 25, 55
Strömungskraft 176
Strömungsquerschnitt 25
Strömungsverlust 52, 81, 102, 111
Strömungswiderstand 192
Stromfaden 25

Stromlinie 25
Stromröhre 25

Thomson 38, 202
Thomson-Überfall 224
Tragflügel 201
Transsonische Strömung 134
Trennfläche 202
T-Stücke 71
Turbulente Strömung 46, 55

Überdruck 15
Überfall 88, 224
Überfallmessung 224
Überknall 173
Überkritisches Druckverhältnis 123
Überschallgeschwindigkeit 122, 134, 153, 171
Überschallknall 172
Umfang, benetzter 62, 92
Umschlagpunkt 47, 50, 192, 197
Unrunde Querschnitte 61
Unterdruck 15
U-Rohr 18, 214

Vektordiagramm 166
Vektoreneck 176

Ventile 72
Venturidüse 170
Venturikanal 226
Verdichtungsstoß 152
–, schräger 163
–, senkrechter 153
Verengung 70
Viskosimeter 42
Viskosität 39
–, dynamische 40
–, kinematische 41
Volumenstrom 25

Wandrauhigkeit 43, 57, 94
Wärmegefälle 108
Wärmemauer 137
Wassersprung 88, 98, 226
Widerstandsbeiwert 206, 209
Widerstandszahl 63, 193, 199, 240
Windkanal 196
Wirbel 25, 46, 48, 51, 192, 204
Wirkdruck 74, 219

Zähigkeit 39
Zahlenwertgleichung 12
Zirkulation 201, 203, 210
Zustandsänderung 108